移动通信技术

（第 3 版）

主　编　张　帆　宋　拯　惠　聪　孙　婷
参　编　韩俊峰

北京理工大学出版社
BEIJING INSTITUTE OF TECHNOLOGY PRESS

内容简介

本书充分反映了移动通信系统的发展进程及技术应用，以帮助学生建立全面、系统的移动通信网络及技术应用发展的概念。本书编写以各运营商开通的系统为单元，充分体现系统的发展、演进过程，以及移动通信技术在各类系统中应用的区别，主要介绍从 IS-95 CDMA 到 CDMA2000、GSM 和 GPRS 到 WCDMA、TD-SCDMA 的发展中无线接口技术的发展和演进、LTE 系统构架和关键技术，以及其他为保证提供高质量的各类通信业务而采取的一系列关键技术的基本知识、5G 网络架构、无线接口和关键技术、6G 网络的发展前景和趋势等。本书在编写过程中力求简单、全面地阐述各类移动通信系统的基本概念和主要技术，突出系统的发展及技术应用的不同，以方便学生掌握各系统的主要技术特点。

学习本课程需要具有一定的通信网络基础知识，了解网络构成。本书中各章节具有一定的独立性，不同院校可视具体情况节选，不会影响教学的完整性。

本书可作为高职高专院校电子信息、通信、信息工程类高职三年制学生的教材。

图书在版编目（CIP）数据

移动通信技术 / 张帆等主编. -- 3 版. --北京：

北京理工大学出版社，2024.1

ISBN 978-7-5763-3560-6

Ⅰ.①移… Ⅱ.①张… Ⅲ.①移动通信-通信技术-

高等职业教育-教材 Ⅳ.①TN929.5

中国国家版本馆 CIP 数据核字（2024）第 045460 号

责任编辑：陈莉华   **文案编辑**：陈莉华
责任校对：刘亚男   **责任印制**：施胜娟

出版发行 / 北京理工大学出版社有限责任公司

社　　址 / 北京市丰台区四合庄路 6 号

邮　　编 / 100070

电　　话 / （010）68914026（教材售后服务热线）
　　　　　　　（010）68944437（课件资源服务热线）

网　　址 / http：//www.bitpress.com.cn

版 印 次 / 2024 年 1 月第 3 版第 1 次印刷

印　　刷 / 涿州市京南印刷厂

开　　本 / 787 mm×1092 mm　1/16

印　　张 / 12.75

字　　数 / 294 千字

定　　价 / 60.00 元

前　言

随着移动通信技术在我国的发展及其商用规模的不断扩大，社会对通信专业技术人才的需求也迅速增加，对通信技术人才的要求也越来越高。作为新一代的通信技术人才，必须对移动通信系统的发展及技术应用有一个充分的了解，而且要具有全程全网的概念。因此，本书充分反映了移动通信系统的发展进程及技术应用，以帮助学生建立全面、系统的移动通信网络及技术应用发展的概念。

开设"移动通信技术"课程的目的是增加学生对移动通信技术的了解，为后续专业技能课程的学习、技能鉴定和日后求职做好铺垫。因此，课程教学内容覆盖了目前广泛商用的移动通信系统，并体现系统的发展进程及技术应用。目前，我国的移动通信网络已处在5G商用建设阶段，同时，4G用户数开始出现月度净减，这也预示着我国的移动通信将快速跨越4G阶段，开始向5G的全面过渡。移动通信系统的区别主要在于其采用的无线接口不同，因此采用的相关技术在各系统中也会有所区别。基于这一考虑，本书编写以各运营商开通的系统为单元，充分体现系统的发展、演进过程，以及移动通信技术在各类系统中应用的区别，主要介绍IS-95 CDMA到CDMA2000、GSM和GPRS到WCDMA、TD-SCDMA的跨越中无线接口技术的发展和演进、LTE系统构架和关键技术，以及其他为保证各类通信业务的高质量提供而采取的一系列关键技术的基础知识、5G网络架构、无线接口和关键技术、6G网络的发展前景和趋势等。

本书在编写过程中力求简单、全面地阐述各类移动通信系统的基本概念和主要技术，突出各系统的发展及技术应用的不同，以方便学生掌握各系统的主要技术特点。

学习本课程需要有一定的通信网络基础知识，了解网络构成。书中各章节具有一定的独立性，不同院校可视具体情况节选，不会影响教学的完整性。

本书第1章和第2章由惠聪老师编写，第3章、第4章、第5章由孙婷老师编写，第6章和第7章由宋拯老师编写，第8、9、10章由张帆老师编写，另在本书的编写过程中，得到了企业教师韩俊峰的帮助，编者在此一并表示感谢。由于编者水平有限，书中难免存在不足之处，恳请读者批评指正。

编　者

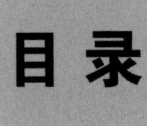

目　录

1

第3部分 WCDMA 核心网原理及关键技术

第4部分 TD-SCDMA 原理与技术

第1部分

GSM 与 GPRS

第1章　GSM 网络

🌐 学习指引

　　GSM（Global System for Mobile Communications，全球移动通信系统）俗称"全球通"，它是由欧洲电信标准化协会（European Telecommunications Standards Institute，ETSI）制定的一个数字移动通信标准，它的空中接口采用时分多址技术。GSM 网络是世界上第一个对数字调制、网络层结构和业务作出规定的蜂窝系统网络。自 20 世纪 90 年代中期投入商用以来，被全球 100 多个国家采用。GSM 标准的无处不在使得在移动电话运营商之间签署漫游协定后，用户的国际漫游变得很方便。GSM 标准相较以前的标准最大的不同是，它的信令和语音信道都是数字式的，因此 GSM 被看作第二代（2G）移动电话系统。本课程配套的在线开放课程资源在超星网络平台，可以帮助学生进行学习。

🌐 本章重难点

　　（1）掌握 GSM 系统的网络结构、无线接口与系统管理功能。
　　（2）理解 GSM 系统的通信流程。

🌐 知识目标

　　（1）掌握 GSM 系统的网络结构与无线接口。
　　（2）掌握 GSM 系统的管理功能，从而加深对安全性管理与移动性管理的理解。

🌐 能力目标

　　（1）理解 GSM 的技术特点，能区分 GSM 网络架构中各部分的构成及功能。
　　（2）理解 GSM 系统的通信流程，能独立地结合生活中的通信过程进行分析。

1

📀 素质目标

本章力求培养学生具有不断进取、勇于创新和钻研的精神。

1.1 移动通信基础

1.1.1 GSM 发展简史

移动通信是指通信双方或至少一方是处于移动中进行信息交流的通信。这一技术于 20 世纪 20 年代开始在军事及某些特殊领域使用，20 世纪 40 年代才逐步向民用扩展；最近 10 年才是移动通信真正迅猛发展的时期，而且由于其具有许多优点，应用前景十分广阔。

移动通信经历了由模拟通信向数字通信的发展过程。目前，比较成熟的数字移动通信制式主要有泛欧的 GSM、美国的 ADC 和日本的 JDC（现改称 PDC）。其中 GSM 的发展最引人注目，其发展历程如下。

（1）1982 年，欧洲邮电行政大会 CEPT 设立了"移动通信特别小组"即 GSM，以开发第二代移动通信系统为目标。

（2）1986 年，在巴黎，对欧洲各国经大量研究和实验后所提出的 8 个建议系统进行现场试验。

（3）1987 年，GSM 成员国经现场测试和论证比较，就数字系统采用窄带时分多址（TDMA）规则、脉冲激励长期预测（RPE-LTP）、语音编码和高斯滤波最小频移键控（GMSK）调制方式达成一致意见。

（4）1988 年，18 个欧洲国家达成 GSM 谅解备忘录（MOU）。

（5）1989 年，GSM 标准生效。

（6）1991 年，GSM 系统正式在欧洲问世，网路开通运行。移动通信跨入第二代。

1.1.2 数字移动通信技术

1. 多址技术（1+X 职业证书考点）

多址技术使众多用户共用公共的通信线路。为使信号多路化而实现多址的方法基本上有 3 种，它们分别采用频率、时隙或代码分隔的多址连接方式，即人们通常所称的频分多址（FDMA）、时分多址（TDMA）和码分多址（CDMA）3 种接入方式。图 1.1-1 用模型表示了这 3 种多址方式。

FDMA 是以不同的频率信道实现通信的，TDMA 是以不同的时隙实现通信的，CDMA 是以不同的代码序列实现通信的。

1）FDMA

频分，有时也称为信道化，就是把整个可分配的频谱划分成许多单个无线电信道（发射和接收载频对），每个信道可以传输一路语音或控制信息。在系统的控制下，任何一个用户都可以接入这些信道中的任何一个。

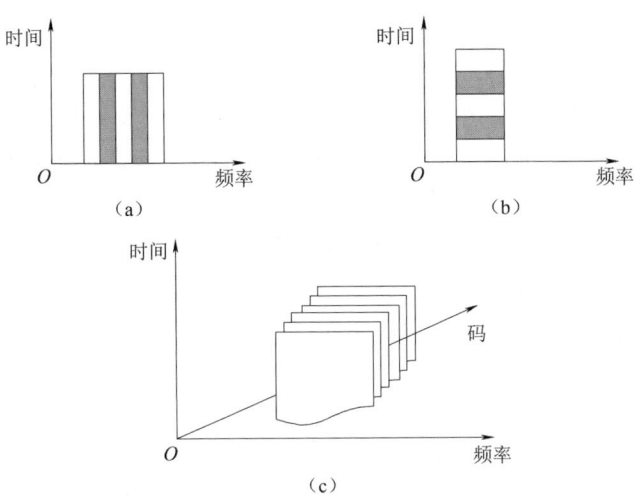

图 1.1-1　3 种多址方式概念示意图

(a) FDMA；(b) TDMA；(c) CDMA

　　模拟蜂窝系统是 FDMA 结构的一个典型例子，数字蜂窝系统中也同样可以采用 FDMA，只是不会采用纯频分的方式，如 GSM 系统就采用了 FDMA。

　　2）TDMA

　　TDMA 是在一个宽带的无线载波上，按时间（或称为时隙）划分为若干时分信道，每一用户占用一个时隙，只在这一指定的时隙内收发信号，故称为时分多址。此多址方式在数字蜂窝系统中被采用，GSM 系统也采用了此种方式。

　　TDMA 是一种较复杂的结构，最简单的情况是单路载频被划分成许多不同的时隙，每个时隙传输一路猝发式信息。TDMA 中的关键部分为用户部分，给每一个用户分配一个时隙（在呼叫开始时分配），用户与基站之间进行同步通信，并对时隙进行计数。当自己的时隙到来时，手机就启动接收和解调电路，对基站发来的猝发式信息进行解码。同样，当用户要发送信息时，首先将信息进行缓存，等待自己时隙的到来。在时隙开始后，再将信息以加倍的速率发射出去，然后开始积累下一次猝发式传输。

　　TDMA 的一个变形是在一个单频信道上进行发射和接收，称之为时分双工（TDD）。其最简单的结构就是利用两个时隙，一个发射一个接收。当手机发射时基站接收，基站发射时手机接收，交替进行。TDD 具有 TDMA 结构的许多优点，如猝发式传输、不需要天线的收发共用装置等。它的主要优点是可以在单一载频上实现发射和接收，而不需要上行和下行两个载频，也就不需要频率切换，因而可以降低成本。TDD 的主要缺点是满足不了大规模系统的容量要求。

　　3）CDMA

　　CDMA 是一种利用扩频技术所形成的不同的码序列实现的多址方式。它不像 FDMA、TDMA 那样把用户的信息从频率和时间上进行分离，它可在一个信道上同时传输多个用户的信息，也就是说，允许用户之间的相互干扰。其关键是信息在传输以前要进行特殊的编码，编码后的信息混合后不会丢失原来的信息。有多少个互为正交的码序列，就可以有多少个用户同时在一个载波上通信。每个发射机都有自己唯一的代码（伪随机码），同时接收机也知道要接收的代码，用这个代码作为信号的滤波器，接收机就能从所有其他信号的背景中恢复出原来的信息码（这个过程称为解扩）。

2. 功率控制

当手机在小区内移动时，它的发射功率需要进行变化。当它离基站较近时，需要降低发射功率，减少对其他用户的干扰；当它离基站较远时，就应该增加功率，克服增加的路径衰耗。

所有的 GSM 手机都可以以 2 dB 为一等级来调整它们的发送功率，GSM900 移动台的最大输出功率是 8 W（规范中最大允许功率是 20 W，但现在还没有 20 W 的移动台存在）。DCS1800 移动台的最大输出功率是 1 W。相应地，它的小区也要小一些。

3. 蜂窝技术

移动通信的飞速发展主要得益于发明了蜂窝技术。移动通信的一大制约因素是使用频带有限，这就限制了系统的容量，为了满足越来越多用户的需求，必须要在有限的频率范围内尽可能大地扩展它的利用率，除了采用前面介绍过的多址技术以外，还发明了蜂窝技术。

移动通信系统是采用一个称为基站的设备来提供无线服务范围的。基站的覆盖范围有大有小，通常把基站的覆盖范围称为蜂窝。采用大功率的基站主要是为了提供比较大的服务范围，但它的频率利用率较低，也就是说，基站提供给用户的通信通道比较少，系统的容量也就大不起来，对于话务量不大的地方可以采用这种方式，也称之为大区制。采用小功率的基站主要是为了提供大容量的服务范围，同时采用频率复用技术来提高频率利用率，在相同的服务区域内增加基站的数目，有限的频率可得到多次使用，所以系统的容量比较大，这种方式称为小区制或微小区制。下面简单介绍频率复用技术的原理。

4. 频率复用

1）频率复用的概念

在全双工工作方式中，一个无线电信道包含一对信道频率，每个方向都用一个频率发射。在覆盖半径为 R 的地理区域 C_1 内的一个呼叫可以使用小区的无线电信道 f_1，也可以在另一个相距为 D、覆盖半径也为 R 的小区内再次使用 f_1。

频率复用是蜂窝移动无线电系统的核心概念。在频率复用系统中，处在不同地理位置（不同的小区）的用户可以同时使用相同频率的信道（见图 1.1-2）。频率复用系统可以极大地提高频谱效率。但是，如果系统设计得不好，将产生严重的干扰，这种干扰称为同信道干扰。这种干扰是由于相同信道公共使用造成的，在频率复用概念中必须加以考虑。

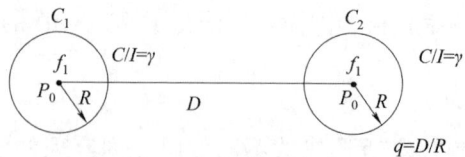

图 1.1-2 频率复用的 D/R 示意图

2）频率复用方案

可以在时域与空间域内使用频率复用的方法。在时域内的频率复用是指在不同的时隙里占用相同的工作频率，叫作时分多路（TDM）。在空间域上的频率复用可分为以下两大类。

（1）两个不同的地理区域配置相同的频率，例如在不同的城市中使用相同频率的 AM 或 FM 广播电台。

（2）在一个系统的作用区域内重复使用相同的频率，这种方案用于蜂窝系统中。蜂窝式移动电话网通常是先由若干邻接的无线小区组成一个无线区群，再由若干个无线区群构成整个服务区。为了防止同频干扰，要求每个区群（即单位无线区群）中的小区不得使用相同频率，只有在不同的无线区群中才可使用相同的频率。单位无线区群的构成应满足以下两个基本条件；

①若干个单位无线区群彼此邻接组成蜂窝式服务区域。

②邻接单位无线区群中的同频无线小区的中心间距相等。

一个系统中有许多同信道的小区，整个频谱分配被划分为 K 个频率复用的模式，即单位无线区群中小区的个数，其中 $K = 3$、4、7，当然还有其他复用方式，如 $K = 9$、12 等。

3）频率复用距离

允许同频率重复使用的最小距离取决于许多因素，如中心小区附近的同信道小区数、地理地形类别、每个小区基站的天线高度及发射功率。

频率复用距离 D 由下式确定，即

$$D = \sqrt{3K}\,R$$

其中，K 是图 1.1-3 所示的频率复用模式的个数，则：

$$D = 3.46R，\quad K = 4$$
$$D = 4.6R，\quad K = 7$$

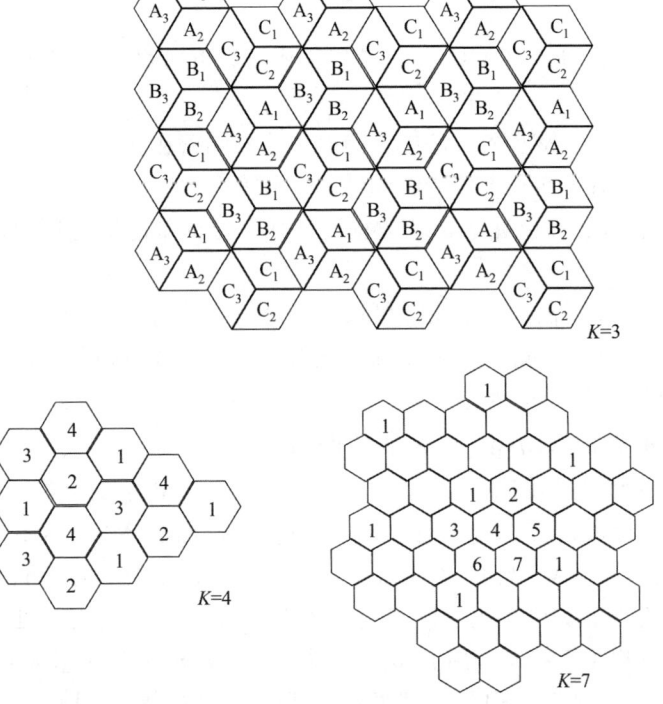

图 1.1-3　GSM 系统结构与相关接口

如果所有小区基站发射相同的功率，则 K 增加，频率复用距离 D 也增大。增大了的频率复用距离将减小同信道干扰发生的可能。

从理论上来说，K 应该大些，然而，分配的信道总数是固定的。如果 K 太大，则 K 个小区中分配给每个小区的信道数将减少，如果随着 K 的增加而划分 K 个小区中的信道总数，则中继效率就会降低。同理，如果在同一地区将一组信道分配给两个不同的工作网络，系统频率效率也将降低。

因此，现在面临的问题是，在满足系统性能的条件下如何得到一个最小的 K 值。解决它必须估算同信道干扰，并选择最小的频率复用距离 D 以减小同信道干扰。在满足条件的情况下，构成单位无线区群的小区个数 $K=i^2+ij+j^2$（i、j 均为正整数，其中一个可以为零，但不能两个同时为 0），取 $i=j=1$，可得到最小的 K 值为 3。

1.1.3 GSM 系统结构

1. GSM 系统的基本特点

GSM 数字蜂窝移动通信系统（简称 GSM 系统）是完全依据欧洲电信标准化协会（ETSI）制定的 GSM 技术规范研制而成的，任何一家厂商提供的 GSM 数字蜂窝移动通信系统都必须符合 GSM 技术规范。

GSM 系统作为一种开放式结构和面向未来设计的系统，具有下列主要特点。

（1）GSM 系统是由几个子系统组成的，并且可与各种公用通信网（PSTN、ISDN、PDN 等）互联互通。各子系统之间或各子系统与各公用通信网之间都明确和详细定义了标准化接口规范，保证任何厂商提供的 GSM 系统或子系统能互联。

（2）GSM 系统能提供穿过国际边界的自动漫游功能，对于全部 GSM 移动用户都可进入 GSM 系统而与国别无关。

（3）GSM 系统除了可以开放语音业务外，还可以开放各种承载业务、补充业务和与 ISDN 相关的业务。

（4）GSM 系统具有加密和鉴权功能，能确保用户保密和网络安全。

（5）GSM 系统具有灵活和方便的组网结构，频率重复利用率高，移动业务交换机的话务承载能力一般都很强，保证在语音和数据通信两个方面都能满足用户对大容量、高密度业务的要求。

（6）GSM 系统抗干扰能力强，覆盖区域内的通信质量高。

（7）用户终端设备（手持机和车载机）随着大规模集成电路技术的进一步发展能向更小型、轻巧和增强功能趋势发展。

2. GSM 系统的结构与功能（1+X 职业证书考点）

GSM 系统的典型结构如图 1.1-4 所示。由图可见，GSM 系统由若干个子系统或功能实体组成。其中基站子系统（BSS）在移动台（MS）和网路子系统（NSS）之间提供和管理传输通路，特别是包括了 MS 与 GSM 系统的功能实体之间的无线接口管理。NSS 必须管理通信业务，保证 MS 与相关的公用通信网或与其他 MS 之间建立通信，也就是说，NSS 不直接与 MS 互通，BSS 也不直接与公用通信网互通。MS、BSS 和 NSS 组成 GSM 系统的实体部分。操作支持子系统（OSS）则提供运营部门一种手段来控制和维护这些实际运行部分。

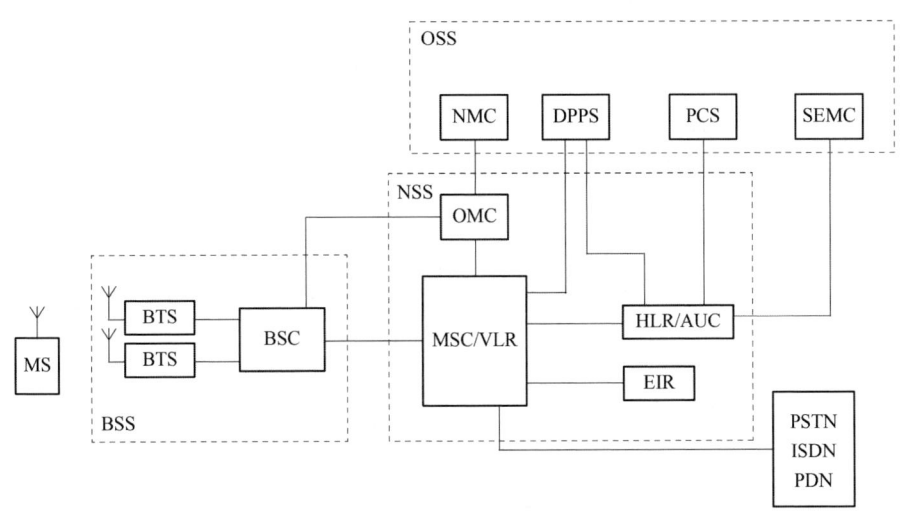

OSS—操作支持子系统；BSS—基站子系统；NSS—网路子系统；NMC—网路管理中心；

DPPS—数据后处理系统；SEMC—安全性管理中心；PCS—用户识别卡个人化中心；OMC—操作维护中心；

MSC—移动业务交换中心；VLR—来访用户位置寄存器；HLR—归属用户位置寄存器；AUC—鉴权中心；

EIR—移动设备识别寄存器；BSC—基站控制器；BTS—基站收发信台；PDN—公用数据网；

PSTN—公用电话网；ISDN—综合业务数字网；MS—移动台。

图 1.1-4　GSM 系统的典型结构

1）移动台

移动台（MS）是公用 GSM 移动通信网中用户使用的设备，也是用户能够直接接触的整个 GSM 系统中的唯一设备。移动台的类型不仅包括手持台，还包括车载台和便携式台。随着 GSM 标准的数字式手持台进一步小型化、轻巧化和增加功能的发展趋势，手持台的用户将占整个用户的极大部分。

除了通过无线接口接入 GSM 系统的通常无线及其处理功能外，移动台必须提供与使用者之间的接口，如完成通话呼叫所需的话筒、扬声器、显示屏和按键；或者提供与其他一些终端设备之间的接口，如与个人计算机或传真机之间的接口；或同时提供这两种接口。因此，根据应用与服务情况，移动台可以是单独的移动终端（MT）、手持机、车载机，或者是由移动终端（MT）直接与终端设备（TE）传真机相连接而构成，或者是由移动终端（MT）通过相关终端适配器（TA）与终端设备（TE）相连接而构成，如图 1.1-5 所示，这些都归类为移动台的重要组成部分之一，即移动设备。

移动台另一个重要组成部分是用户识别模块（SIM），它基本上是一张符合 ISO 标准的"智慧"卡，包含所有与用户有关的信息和某些无线接口信息，其中也包括鉴权和加密信息。使用 GSM 标准的移动台都需要插入 SIM 卡，只有当处理异常的紧急呼叫时，才可以在不插 SIM 卡的情况下操作移动台。SIM 卡的应用使移动台并非固定地服务于一个用户，因此，GSM 系统是通过 SIM 卡来识别移动电话用户的，这为将来发展个人通信打下了基础。

2）基站子系统

基站子系统（BSS）是 GSM 系统中与无线蜂窝关系最密切的基本组成部分。它通过无线接口直接与移动台相接，负责无线发送/接收和无线资源管理。另外，BSS 与网路子系统

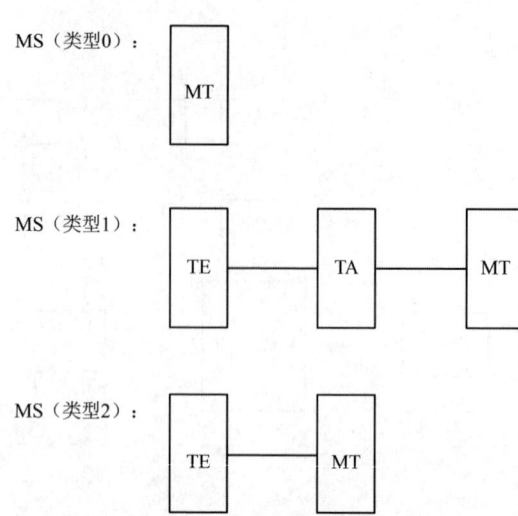

MT—移动终端；TA—终端适配器；TE—终端设备。

图 1.1-5 移动台的功能结构

（NSS）中的移动业务交换中心（MSC）相连，实现移动用户之间或移动用户与固定网路用户之间的通信连接，传送系统信号和用户信息等。当然，要对 BSS 部分进行操作维护管理，还要建立 BSS 与 OSS 之间的通信连接。

BSS 是由基站收发信台（BTS）和基站控制器（BSC）两部分功能实体构成的。实际上，一个基站控制器根据话务量需要可以控制数十个 BTS。BTS 可以直接与 BSC 相连接，也可以通过基站接口设备（BIE）采用远端控制的方式与 BSC 相连接。需要说明的是，BSS 还应包括码变换器（TC）和相应的子复用设备（SM）。TC 在更多的情况下是置于 BSC 和 MSC 之间的，在组网的灵活性和减少传输设备配置数量方面具有许多优点。因此，一种具有本地和远端配置 BTS 的典型 BSS 组成方式如图 1.1-6 所示。

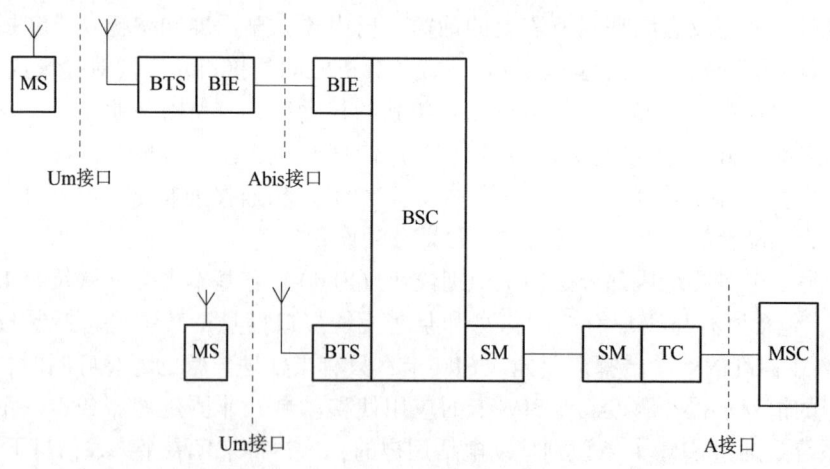

BTS—基站收发信台；BIE—基站接口设备；BSC—基站控制器；

MSC—移动业务交换中心；SM—子复用设备；TC—码变换器。

图 1.1-6 一种具有本地和远端配置 BTS 的典型的 BSS 组成方式

（1）基站收发信台。

基站收发信台（BTS）属于基站子系统的无线部分，由基站控制器（BSC）控制，服务于某个小区的无线收发信设备，完成 BSC 与无线信道之间的转换，实现 BTS 与 MS 之间通过空中接口的无线传输及相关的控制功能。BTS 主要分为基带单元、载频单元、控制单元三大部分。其中，基带单元主要用于必要的语音和数据速率适配以及信道编码等；载频单元主要用于调制/解调与发射机/接收机之间的耦合等；控制单元则主要用于 BTS 的操作与维护。另外，在 BSC 与 BTS 不设在同一处需采用 Abis 接口时，传输单元是必需的，以实现BSC 与 BTS 之间的远端连接。如果 BSC 与 BTS 设置在同一处需采用 BS 接口时，则无须传输单元。

（2）基站控制器。

基站控制器（BSC）是 BSS 的控制部分，起着 BSS 变换设备的作用，即各种接口的管理，承担无线资源和无线参数的管理。BSC 主要由以下部分构成。

①朝向与 MSC 相接的 A 接口或与码变换器相接的 Ater 接口的数字中继控制部分。

②朝向与 BTS 相接的 Abis 接口或 BS 接口的 BTS 控制部分。

③公共处理部分，包括与操作维护中心相接的接口控制。

④交换部分。

3）网路子系统

网路子系统（NSS）主要包含有 GSM 系统的交换功能和用于用户数据与移动性管理、安全性管理所需的数据库功能，它对 GSM 移动用户之间的通信和 GSM 移动用户与其他通信网用户之间的通信起着管理作用。NSS 由一系列功能实体构成，整个 GSM 系统内部，即NSS 的各功能实体之间和 NSS 与 BSS 之间都通过符合 CCITT 信令系统 No.7 协议和 GSM 规范的 7 号信令网路互相通信。

（1）移动业务交换中心。

移动业务交换中心（MSC）是网路的核心，它提供交换功能及面向系统其他功能实体，如归属用户位置寄存器（HLR）、鉴权中心（AUC）、移动设备识别寄存器（EIR）、操作维护中心（OMC）和面向固定网（公用电话网 PSTN、综合业务数字网 ISDN、分组交换公用数据网 PSPDN、电路交换公用数据网 CSPDN）的接口功能，把移动用户与移动用户、移动用户与固定网用户互相连接起来。

MSC 可从 3 种数据库，即归属用户位置寄存器（HLR）、访问用户位置寄存器（VLR）和 AUC 获取处理用户位置登记和呼叫请求所需的全部数据。反之，MSC 也根据其最新获取的信息请求更新数据库的部分数据。

MSC 可为移动用户提供下面一系列业务。

①电信业务，如电话、紧急呼叫、传真和短消息服务等。

②承载业务，如 3.1 kHz 电话、同步数据 0.3 ~ 2.4 Kb/s 及分组组合和分解（PAD）等。

③补充业务，如呼叫前转、呼叫限制、呼叫等待、会议电话和计费通知等。

当然，作为网路的核心，MSC 还支持位置登记、越区切换和自动漫游等移动特征性能和其他网路功能。

对于容量比较大的移动通信网，一个网路子系统 NSS 可包括若干个 MSC、VLR 和

HLR，建立固定网用户与 GSM 移动用户之间的呼叫时，无须知道移动用户所处的位置。此呼叫首先被接入到入口移动业务交换中心，称为 GMSC，入口交换机负责获取位置信息，且把呼叫转接到可向该移动用户提供即时服务的 MSC，称为被访 MSC（VMSC）。因此，GMSC 具有与固定网和其他 NSS 实体互通的接口。目前，GMSC 功能就是在 MSC 中实现的。根据网路的需要，GMSC 功能也可以在固定网交换机中综合实现。

（2）访问用户位置寄存器。

访问用户位置寄存器（VLR）是服务于其控制区域内移动用户的，存储着进入其控制区域内已登记的移动用户相关信息，为已登记的移动用户提供建立呼叫接续的必要条件。VLR 从该移动用户的归属用户位置寄存器（HLR）处获取并存储必要的数据。一旦移动用户离开该 VLR 的控制区域，则重新在另一个 VLR 登记，原 VLR 将取消临时记录的该移动用户数据。因此，VLR 可看作一个动态用户数据库。VLR 功能总是在每个 MSC 中综合实现的。

（3）归属用户位置寄存器。

归属用户位置寄存器（HLR）是 GSM 系统的中央数据库，存储着该 HLR 控制的所有存在的移动用户的相关数据。一个 HLR 能够控制若干个移动交换区域以及整个移动通信网，所有移动用户重要的静态数据都存储在 HLR 中，包括移动用户识别号码、访问能力、用户类别和补充业务等数据。HLR 还存储关于移动用户实际漫游所在的 MSC 区域相关动态信息数据，并且为 MSC 提供这些数据。这样，任何入局呼叫都可以即刻按选择路径送到被叫的用户。

（4）鉴权中心。

GSM 系统采取了特别的安全措施，如用户鉴权以及对无线接口上的语音、数据和信号信息进行加密等。因此，鉴权中心（AUC）存储着鉴权信息和加密密钥，用来防止无权用户接入系统和保证通过无线接口的移动用户的通信安全。

AUC 属于 HLR 的一个功能单元，专用于 GSM 系统的安全管理。

（5）移动设备识别寄存器。

移动设备识别寄存器（EIR）存储着移动设备的国际移动设备识别码（IMEI），通过检查白色清单、黑色清单或灰色清单这 3 种表格（表格中分别列出了准许使用的、出现故障需监视的、失窃不准使用的移动设备的 IMEI 识别码），使运营部门对于不管是失窃还是由于技术故障或误操作而危及网路正常运行的 MS 设备，都能采取及时的防范措施，以确保网路内所使用的移动设备的唯一性和安全性。

（6）操作支持子系统。

操作支持子系统（OSS）需完成许多任务，包括移动用户管理、移动设备管理以及网路操作与维护。

移动用户管理可包括用户数据管理和呼叫计费。用户数据管理一般由归属用户位置寄存器（HLR）来完成这一任务，HLR 是 NSS 功能实体之一。用户识别卡 SIM 的管理也可认为是用户数据管理的一部分，但是，作为相对独立的用户识别卡 SIM 的管理，还必须根据运营部门对 SIM 的管理要求和模式采用专门的 SIM 个人化设备来完成。呼叫计费可以由移动用户所访问的各个移动业务交换中心 MSC 和 GMSC 分别处理，也可以采用通过 HLR 或独立的计费设备来集中处理计费数据的方式。

移动设备管理是由移动设备识别寄存器（EIR）来完成的，EIR 与 NSS 的功能实体之间是通过 SS7 信令网路的接口实现互联，为此，EIR 也归入 NSS 的组成部分。

网路操作与维护是完成对 GSM 系统的 BSS 和 NSS 进行操作与维护管理任务的，完成网路操作与维护管理的设施称为操作维护中心（OMC）。从电信管理网路（TMN）的发展角度考虑，OMC 还应具备与高层次的 TMN 进行通信的接口功能，以保证 GSM 网路能与其他电信网路一起纳入先进、统一的电信管理网路中进行集中操作与维护管理。直接面向 GSM 系统 BSS 和 NSS 各个功能实体的 OMC 归入 NSS 部分。

可以认为，OSS 已不包括与 GSM 系统的 NSS 和 BSS 部分密切相关的功能实体，而成为一个相对独立的管理和服务中心，主要包括网路管理中心（NMC）、安全性管理中心（SEMC）、用于用户识别卡管理的个人化中心（PCS）、用于集中计费管理的数据后处理系统（DPPS）等功能实体。

1.1.4　接口和协议

为了保证网路运营部门能在充满激烈竞争的市场条件下灵活选择不同供应商提供的数字蜂窝移动通信设备，GSM 系统在制定技术规范时就对其子系统之间及各功能实体之间的接口和协议做了比较具体的定义，使不同供应商提供的 GSM 系统基础设备能够符合统一的 GSM 技术规范而达到互通、组网的目的。为使 GSM 系统实现国际漫游功能和在业务上迈入面向 ISDN 的数据通信业务，必须建立规范和统一的信令网路以传递与移动业务有关的数据和各种信令信息，因此，GSM 系统引入 7 号信令系统和信令网路，也就是说，GSM 系统的公用陆地移动通信网的信令系统是以 7 号信令网路为基础的。

1. 主要接口

GSM 系统包括 A 接口、Abis 接口和 Um 接口 3 种主要接口，如图 1.1-7 所示。这 3 种主要接口的定义和标准化能保证不同供应商生产的移动台、基站子系统和网路子系统设备能纳入同一个 GSM 数字移动通信网运行和使用。

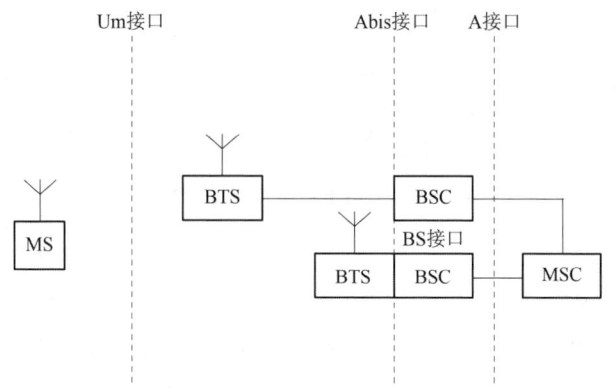

图 1.1-7　GSM 系统的主要接口

1）A 接口

A 接口定义为网路子系统（NSS）与基站子系统（BSS）之间的通信接口，从系统的功能实体来说，就是移动业务交换中心（MSC）与基站控制器（BSC）之间的互联接口，其物理链接通过采用标准 2.048 Mb/s 的 PCM 数字传输链路来实现。此接口传递的信息包括移动台管理、基站管理、移动性管理、接续管理等。

2）Abis 接口

Abis 接口定义为基站子系统的两个功能实体基站控制器（BSC）和基站收发信台（BTS）之间的通信接口，用于 BTS（不与 BSC 并置）与 BSC 之间的远端互联，物理链接通过采用标准 2.048 Mb/s 或 64 Kb/s 的 PCM 数字传输链路来实现。图 1.1-7 所示的 BS 接口作为 Abis 接口的一种特例，用于 BTS（与 BSC 并置）与 BSC 之间的直接互联，此时 BSC 与 BTS 之间的距离小于 10 m。此接口支持所有向用户提供的服务，并支持对 BTS 无线设备的控制和无线频率的分配。

3）Um 接口

Um 接口（空中接口）定义为移动台与基站收发信台（BTS）之间的通信接口，用于移动台与 GSM 系统的固定部分之间的互通，其物理链接通过无线链路实现。此接口传递的信息包括无线资源管理、移动性管理和接续管理等。

2. 网路子系统内部接口

网路子系统由移动业务交换中心（MSC）、访问用户位置寄存器（VLR）、归属用户位置寄存器（HLR）等功能实体组成，因此 GSM 技术规范定义了不同的接口以保证各功能实体之间的接口标准化，其示意图如图 1.1-8 所示。

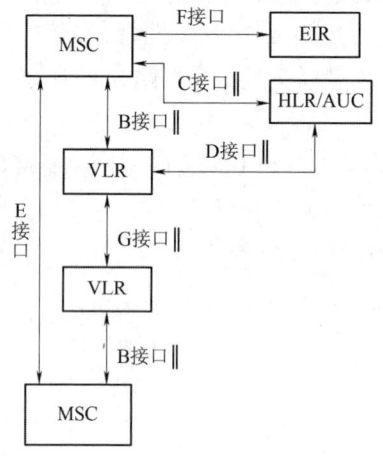

图 1.1-8　网路子系统内部接口示意图

1）D 接口

D 接口定义为 HLR 与 VLR 之间的接口。用于交换有关移动台位置和用户管理的信息，为移动用户提供的主要服务是保证移动台在整个服务区内能建立和接收呼叫。实用化的 GSM 系统结构一般把 VLR 综合于 MSC 中，而把 HLR 与 AUC 综合在同一个物理实体内。因此，D 接口的物理链接是通过 MSC 与 HLR 之间的标准 2.048 Mb/s 的 PCM 数字传输链路实现的。

2）B 接口

B 接口定义为 VLR 与 MSC 之间的内部接口，用于 MSC 向 VLR 询问有关 MS 当前位置信息或者通知 VLR 有关 MS 的位置更新信息等。

3）C 接口

C 接口定义为 HLR 与 MSC 之间的接口，用于传递路由选择和管理信息。如果采用 HLR 作为计费中心，呼叫结束后建立或接收此呼叫的 MS 所在的 MSC 应把计费信息传送给该移动用户当前归属的 HLR，一旦要建立一个至移动用户的呼叫时，入口移动业务交换中心（GMSC）应向被叫用户所属的 HLR 询问被叫 MS 的漫游号码。C 接口的物理链接方式与 D 接口相同。

4）E 接口

E 接口定义为控制相邻区域的不同 MSC 之间的接口。当 MS 在一个呼叫进行过程中，从一个 MSC 控制的区域移动到相邻的另一个 MSC 控制的区域时，为不中断通信，需完成越区信道切换过程，此接口用于切换过程中交换有关切换信息以启动和完成切换。E 接口的物理链接方式是通过 MSC 之间标准 2.048 Mb/s 的 PCM 数字传输链路实现的。

5）F 接口

F 接口定义为 MSC 与 EIR 之间的接口。用于交换相关的国际移动设备识别码管理信息。F 接口的物理链接方式是通过 MSC 与 EIR 之间标准 2.048 Mb/s 的 PCM 数字传输链路实现的。

6）G 接口

G 接口定义为 VLR 之间的接口。当采用临时移动用户识别码（TMSI）时，此接口用于向分配 TMSI 的 VLR 询问此移动用户的国际移动用户识别码（IMSI）的信息。G 接口的物理链接方式与 E 接口相同。

3. GSM 系统与其他公用电信网的接口

其他公用电信网主要是指公用电话网（PSTN）、综合业务数字网（ISDN）、分组交换公用数据网（PSPDN）和电路交换公用数据网（CSPDN）。GSM 系统通过 MSC 与这些公用电信网互联，其接口必须满足 CCITT 的有关接口和信令标准及各个国家邮电运营部门制定的与这些电信网有关的接口和信令标准。

根据我国现有 PSTN 的发展现状和 ISDN 的发展前景，GSM 系统与 PSTN 和 ISDN 网的互联方式采用 7 号信令系统接口。其物理链接方式是通过 MSC 与 PSTN 或 ISDN 交换机之间标准 2.048 Mb/s 的 PCM 数字传输链路实现的。

如果具备 ISDN 交换机，HLR 与 ISDN 网之间可建立直接的信令接口，使 ISDN 交换机可以通过移动用户的 ISDN 号码直接向 HLR 询问移动台的位置信息，以建立至移动台当前所登记的 MSC 之间的呼叫路由。

4. 各接口协议

GSM 系统各功能实体之间的接口定义明确，同样 GSM 规范对各接口所使用的分层协议也做了详细的定义。协议是各功能实体之间共同的"语言"，通过各个接口互相传递有关的消息，为完成 GSM 系统的全部通信和管理功能建立起有效的信息传送通道。不同的接口可能采用不同形式的物理链路，完成各自特定的功能，传递各自特定的消息，这些都由相应的信令协议来实现。GSM 系统各接口采用的分层协议结构是符合开放系统互联（OSI）参考模型的。分层的目的是允许隔离各组信令协议功能，按连续的独立层描述协议，每层协议在明确的服务接入点对上层协议提供它自己特定的通信服务。图 1.1-9 给出了 GSM 系统主要接口所采用的协议分层示意图。

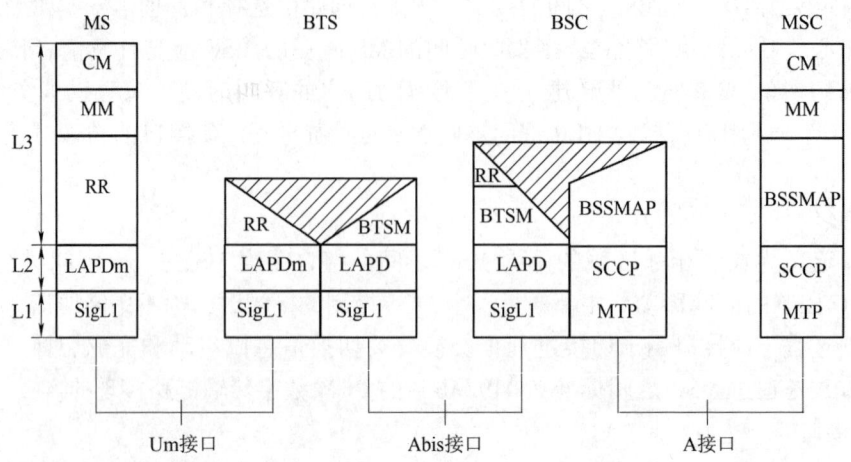

图 1.1-9　GSM 系统主要接口的协议分层示意图

1）协议分层结构

（1）信号层 1（L1 层，也称物理层）。

这是无线接口的最底层，是提供传送比特流所需的物理链路（如无线链路），为高层提供各种不同功能的逻辑信道，包括业务信道和逻辑信道，每个逻辑信道有它自己的服务接入点。

（2）信号层 2（L2 层）。

其主要目的是在移动台和基站之间建立可靠的专用数据链路，L2 协议基于 ISDN 的 D 信道链路接入协议（LAPD），但作了更动，因而在 Um 接口的 L2 协议称为 LAPDm。

（3）信号层 3（L3 层）。

这是实际负责控制和管理的协议层，把用户和系统控制过程中的特定信息按一定的协议分组安排在指定的逻辑信道上。L3 层包括 3 个基本子层，即无线资源管理（RR）、移动性管理（MM）和接续管理（CM）。其中一个 CM 子层中含有多个呼叫控制（CC）单元，提供并行呼叫处理。为支持补充业务和短消息业务，在 CM 子层中还包括补充业务管理（SS）单元和短消息业务管理（SMS）单元。

2）信号层 3 的互通

在 A 接口，信令协议的参考模型如图 1.1-10 所示。由于基站需完成蜂窝控制这一无线特殊功能，这是在基站自行控制或在 MSC 的控制下完成的，所以子层 RR 在基站子系统（BSS）中终止，RR 消息在 BSS 中进行处理和转译，映射成 BSS 移动应用部分（BSSMAP）的消息在 A 接口中传递。

子层 MM 和 CM 都至 MSC 终止，MM 和 CM 消息在 A 接口中是采用直接转移应用部分（DTAP）传递，BSS 则透明传递 MM 和 CM 消息，这样就保证了 L3 子层协议在各接口之间的互通。

3）NSS 内部及 GSM 系统与 PSTN 之间的协议

在网路子系统（NSS）内部各功能实体之间已定义了 B、C、D、E、F 和 G 接口，这些

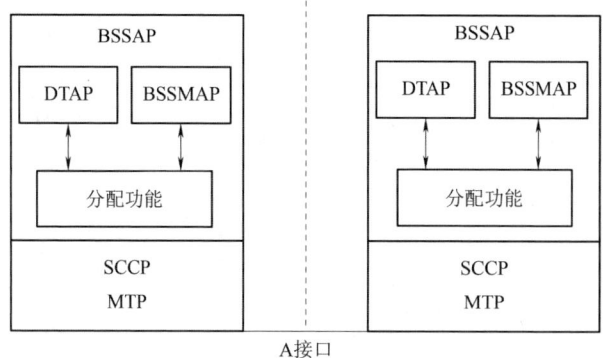

BSSAP—BSS 应用部分；SCCP—信令连接控制部分；DTAP—直接转移应用部分；
MTP—消息传递部分；BSSMAP—BSS 移动应用部分。

图 1.1–10　A 接口信令协议的参考模型

接口的通信（包括 MSC 与 BSS 之间的通信）全部由 7 号信令系统支持，GSM 系统与 PSTN 之间的通信优先采用 7 号信令系统。支持 GSM 系统的 7 号信令系统协议层简单地用图 1.1–11 表示。与非呼叫相关的信令采用移动应用部分（MAP），用于 NSS 内部接口之间的通信；与呼叫相关的信令则采用电话用户部分（TUP）和 ISDN 用户部分（ISUP），分别用于 MSC 之间和 MSC 与 PSTN、ISDN 之间的通信。应该指出的是，TUP 和 ISUP 信令必须符合各国家制定的相应技术规范，MAP 信令则必须符合 GSM 技术规范。

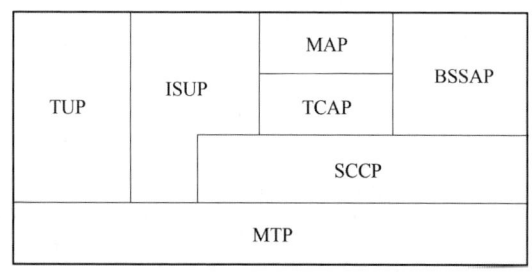

TUP—电话用户部分；BSSAP—BSS 应用部分；ISUP—ISDN 用户部分；
SCCP—信令连接控制部分；MAP—移动应用部分；MTP—消息传递部分；
TCAP—事务处理应用部分。

图 1.1–11　支持 GSM 系统的 7 号信令协议层

5. GSM 系统主要参数

在 GSM 系统中，频带的划分及使用如表 1.1–1 所示。

表 1.1–1　频带的划分及使用

特性	GSM900	DCS1800
发射类别		
业务信道	271KF7W	271KF7W
控制信道	271KF7W	271KF7W

续表

特性	GSM900	DCS1800
发射频带/MHz 基站 移动台	935～960 890～915	1 805～1 880 1 710～1 785
双工间隔/MHz	45	95
射频带宽/kHz	200	200
射频双工信道总数	124	374
基站最大有效发射功率射频载波峰值/W	300	20
业务信道平均值/W	37.5	2.5
小区半径/km 最小 最大	0.5 35	0.5 35
接续方式	TDMA	TDMA
调制	GMSK	GMSK
传输速率/（Kb·s^{-1}）	270.833	270.833
全速率语音编译码 比特率/（Kb·s^{-1}） 误差保护	13 9.8	13 9.8
编码算法	RPE-LTP	RPE-LTP
信道编码	具有交织脉冲检错和1/2编码率卷积码	具有交织脉冲检错和1/2编码率卷积码
控制信道结构 公共控制信道 随路控制信道 广播控制信道	有 快速和慢速 有	有 快速和慢速 有
时延均衡能力/μs	20	20
国际漫游能力	有	有
每载频信道数 全速率 半速率	8 16	8 16

1.2　移动区域定义与识别号

1.2.1　区域定义

在小区制移动通信网中，基站设置很多，移动台又没有固定的位置，移动用户只要在服务区域内，无论移动到何处，移动通信网必须具有交换控制功能，以实现位置更新、越区切换和自动漫游等功能。

在由 GSM 系统组成的移动通信网络结构中，GSM 区域的定义如图 1.2-1 所示。

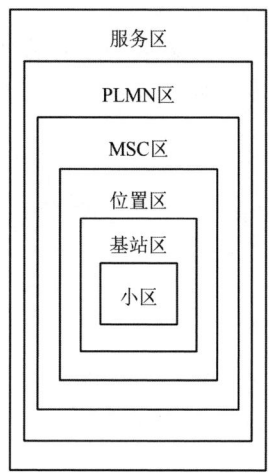

图 1.2-1　GSM 区域定义

1. 服务区

服务区是指移动台可获得服务的区域，即不同通信网（如 PLMN、PSTN 或 ISDN）用户无须知道移动台的实际位置而可与之通信的区域。

一个服务区可由一个或若干个公用陆地移动通信网（PLMN）组成，可以是一个国家或是一个国家的一部分，也可以是若干个国家。

2. PLMN 区

PLMN 区是由一个 PLMN 提供通信业务的地理区域。PLMN 可以认为是网路（如 ISDN 网或 PSTN 网）的扩展，一个 PLMN 区可由一个或若干个移动业务交换中心（MSC）组成。在该区内具有共同的编号制度（如国内地区号）和共同的路由计划。MSC 构成固定网与 PLMN 之间的功能接口，用于呼叫接续等。

3. MSC 区

MSC 区是由移动业务交换中心所控制的所有小区共同覆盖的区域，是构成 PLMN 网的一部分。一个 MSC 区可以由一个或若干个位置区组成。

1）位置区

位置区是指移动台可任意移动而不需要进行位置更新的区域。位置区可由一个或若干个小区（或基站区）组成。为了呼叫移动台，可在一个位置区内所有基站同时发送寻呼信号。

2）基站区

由置于同一基站点的一个或数个基站收发信台（BTS）所覆盖小区的区域。

3）小区

采用基站识别码或全球小区识别码进行标识的无线覆盖区域。在采用全向天线结构时，小区即为基站区。

1.2.2 移动识别号

1. IMSI

IMSI（International Mobile Subscriber Identity）是 GSM 系统分配给移动用户的唯一识别号，此号在所有位置（包括在漫游区）都是有效的。

1）IMSI 的特点

（1）采用 E.212 编码方式。

（2）存储在 SIM 卡、HLR 和 VLR 中，在无线接口及 MAP 接口上传送。

2）结构说明

IMSI 的组成如图 1.2-2 所示。

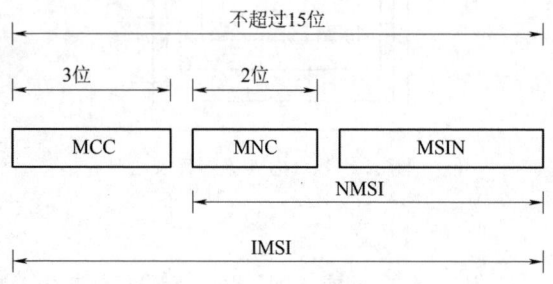

图 1.2-2　IMSI 的组成

图中缩写含义如下。

MCC：Mobile Country Code，移动国家码，3 个数字，如中国为 460。

MNC：Mobile Network Code，移动网号，两个数字，如中国邮电的 MNC 为 00。

MSIN：Mobile Subscriber Identification Number，在某一 PLMN 内移动用户唯一的识别码，其编码格式为 H1H2H3S×××××。

NMSI：National Mobile Subscriber Identification，在某一国家内移动用户唯一的识别码。

典型的 IMSI 举例：460-00-4777770001。

3）IMSI 分配原则

（1）最多包含 15 个数字（0~9）。

（2）MCC 在世界范围内统一分配，而 NMSI 的分配则是各国运营者自己的事。

（3）如果在一个国家有不止一个 GSM PLMN，则每一个 PLMN 都要分配唯一的 MNC。

（4）IMSI 分配时，要遵循在国外 PLMN 最多分析 MCC+MNC 就可寻址的原则。

（5）UpdateLocation、PurgeMS、SendAuthenticationInfo 必须用 IMSI 寻址。

（6）RestoreData 一般用 IMSI 寻址，目前所有到 HLR 的补充业务的操作都是用 IMSI 寻址。

2. TMSI

TMSI（Temporary Mobile Subscriber Identity）是为了加强系统的保密性而在 VLR 内分配的临时用户识别号，它在某一 VLR 区域内与 IMSI 唯一对应。

TMSI 分配原则如下。

（1）它包含 4 个字节，可以由 8 个十六进制数组成，其结构可由各运营部门根据当地情况而定。

（2）TMSI 的 32 bit 不能全为 1，因为在 SIM 卡中比特全为 1 的 TMSI 表示无效的 TMSI。

（3）要避免在 VLR 重新启动后 TMSI 重复分配，可以采取 TMSI 的某一部分表示时间或在 VLR 重启后某一特定位改变的方法。

3. LMSI

LMSI（Local Mobile Subscriber Identity）是为了加快 VLR 用户数据的查询速度而由 VLR 在位置更新时分配，然后与 IMSI 一起送往 HLR 保存，HLR 不会对它做任何处理，但是会将包含 IMSI 的消息发送给 VLR。

LMSI 的长度是 4 个字节，没有具体的分配要求，其结构由各运营部门自定。

4. MSISDN

MSISDN（Mobile Subscriber International ISDN/PSTN Number）是指主叫用户为呼叫 GSM PLMN 中的一个移动用户所需拨的号码，作用与固定网 PSTN 号码相同。

1）MSISDN 的特点

（1）采用 E. 164 编码方式。

（2）存储在 HLR 和 VLR 中，在 MAP 接口上传送。

2）结构说明

MSISDN 的组成如图 1.2-3 所示。

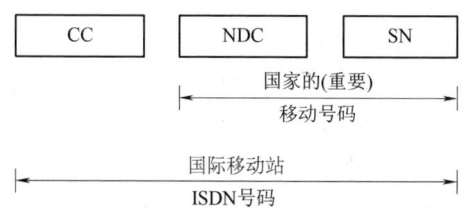

图 1. 2-3　MSISDN 的组成

图中缩写的含义如下。

CC：Country Code，国家码，如中国为 86。

NDC：National Destination Code，国内接入号，如中国移动的 NDC 目前有 139、138、137、136、135 等。

SN：Subscriber Number，用户号。

MSISDN 的一般格式为 86-139（或 8-0）-H1H2H3ABCD。

典型的 MSISDN 举例：861394770001。

SendRoutingInfo 与 SendIMSI 都是用 MSISDN 寻址的。在中国，移动用户号码升位为 11 位后，在 H1H2H3 前面加了一个 H0（0～9），其一般格式变为 86-139（或 8-0）-H0H1H2H3ABCD，典型的号码举例：8613904770001。

5. MSC-Number（MSC 号码）/VLR-Number（VLR 号码）

其特点如下。

（1）它采用 E. 164 编码方式。

（2）编码格式为：CC+NDC+LSP。

其中，CC、NDC 含义同 MSISDN 的规定，LSP（Lacally Significant Part）由运营者自己决定。

典型的 MSC-Number 为 86-139-0477。

（3）PerformHandover 与 PrepareHandover 都是用 MSC-Number 寻址的。

（4）目前在网上 MSC 与 VLR 是合一的，所以 MSC-Number 与 VLR-Number 基本上是一样的。

（5）在中国，MSC 号码和 VLR 号码均已升位，在 M1M2M3 前面加了一个 0，典型的号码举例：8613900477。

（6）SendIdentification、CancelLocation、InsertSubscriberData、DeleteSubscriber Data、Reset、ProvideRoamingNumber 等操作都必须用 VLR-Number 寻址，而 SendParameters 操作则可以用 VLR-Number 寻址。

6. Roaming-Number（漫游号码）与 Handover-Number（切换号码）

Roaming-Number 简称为 MSRN，Handover-Number 简称为 HON。

其特点如下。

（1）在移动被叫或切换过程中临时分配，用于 GMSC 寻址 VMSC 或 MSCA 寻址 MSCB，在接续完成后立即释放。它对用户而言是不可见的。

（2）采用 E.164 编码方式。

（3）编码格式为：在 MSC-Number 的后面增加几个字节。

（4）典型的 Roaming-Number 或 Handover-Number 为 86-139-0477×××。

（5）因 MSISDN 号码、MSC 号码、VLR 号码均已升位，MSRN 和 HON 也随之升位，典型的升位后的 MSRN 和 HON 号码为 86-139-00477ABC。

①对于 MSRN 的分配有以下两种。

a. 在起始登记或位置更新时，由 VLR 分配 MSRN 后传送给 HLR。当移动台离开该地后，在 VLR 和 HLR 中都要删除 MSRN，使此号码能再分配给其他漫游用户使用。

b. 在每次移动台有来话呼叫时，根据 HLR 的请求，临时由 VLR 分配一个 MSRN，此号码只能在某一时间范围（如 90 s）内有效。

②对于 HON，它是用于两移动交换区（MSC 区）间进行切换时，为建立 MSC 之间通话链路而临时使用的号码。

7. HLR-Number（HLR 号码）

其特点如下。

（1）采用 E.164 编码方式。

（2）编码格式为：CC+NDC+H1H2H30000；升位后变为：CC+NDC+H0H1H2H3000。其中，CC、NDC 含义同 MSISDN 的规定。

（3）典型的 HLR-Number 为 86-139-4770000；升位后为 8613904770000。

（4）用 IMSI 寻址的操作，除了必须用的之外，都可转换为用 HLR-Number 寻址。

8. LAI

其特点如下。

（1）在检测位置更新时，要使用位置区域识别 LAI（Location Area Identification）。

（2）LAI 的编码格式如图 1.2-4 所示。

图 1.2-4　LAI 的编码格式

其中，MCC 和 MNC 与 IMSI 中的相同。

LAC：Location Area Code，是 2 个字节长的十六进制 BCD 码，0000 与 FFFE 不能使用。

9. CGI

其特点如下。

（1）全球小区识别（Cell Global Identification，CGI）是所有 GSM PLMN 中小区的唯一标识，是在位置区域识别 LAI 的基础上再加上小区识别 CI 构成的。

（2）编码格式为：LAI+CI。

CI：Cell Identity，是 2 个字节长的十六进制 BCD 码，可由运营部门自定。

10. RSZI

其特点如下。

（1）RSZI（Regional Subscription Zone Identity）明确地定义了用户可以漫游的区域。

（2）RSZI 的编码格式如图 1.2-5 所示。

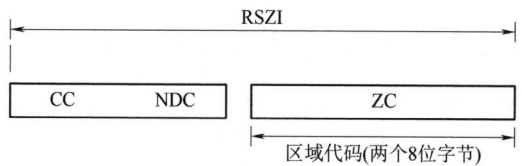

图 1.2-5　RSZI 的编码格式

其中：

①CC 和 NDC 与 MSISDN 中的含义相同。

②ZC（Zone Code）在某一 PLMN 内唯一地识别允许漫游的区域，它是由运营者设定，在 VLR 内存储。

③RSZI 并不在 HLR 与 VLR 之间传送，而只有 ZC 在位置更新时从 HLR 传送到 VLR，用于 VLR 判断某用户是否允许在该 VLR 区域内漫游。

11. BSIC（基站识别色码）

BSIC 用于移动台识别相邻的、采用相同载频的、不同的基站收发信台（BTS），特别用于区别在不同国家的边界地区采用相同载频的相邻 BTS。BSIC 为一个 6 bit 编码，其组成如图 1.2-6 所示。

图 1.2-6　BSIC 的组成

图中编写含义如下。

NCC：PLMN 色码，用来唯一地识别相邻国家不同的 PLMN。相邻国家要具体协调 NCC 的配置。

BCC：BTS 色码，用来唯一地识别采用相同载频、相邻的、不同的 BTS。

12. IMEI（国际移动设备识别码）

IMEI 唯一地识别一个移动台设备，用于监控被窃或无效的移动设备。IMEI 的组成如图 1.2-7 所示。

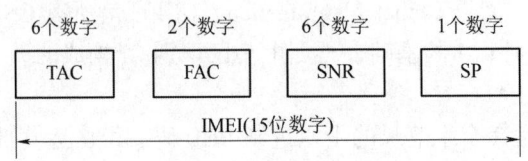

图 1.2-7　IMEI 的组成

图中缩写含义如下。

（1）TAC：型号批准码，由欧洲型号批准中心分配。

（2）FAC：最后装配码，表示生产厂家或最后装配所在地，由厂家进行编码。

（3）SNR：序号码。这个数字的独立序号码唯一地识别 TAC 和 FAC 的每个移动设备。

（4）SP：备用。

1.3　GSM 系统的无线接口与系统消息

1.3.1　无线接口

语音信号在无线接口路径的处理过程如图 1.3-1 所示。

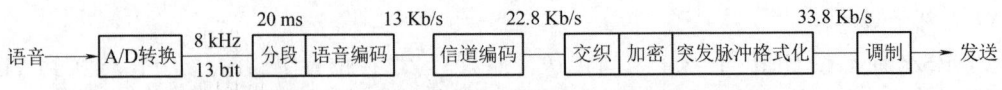

图 1.3-1　语音信号在无线接口路径的处理过程

首先，语音通过 A/D 转换器，实际上是经过 8 kHz 抽样、量化后变为每 125 μs 含有 13 bit 的码流；每 20 ms 为一段，再经语音编码后降低码速率为 13 Kb/s；经信道编码变为 22.8 Kb/s；再经数字交织、加密和突发脉冲格式化后变为 33.8 Kb/s 的码流，经调制后发送出去。接收端的处理过程与此相反。

1. 语音编码

此编码方式称为规则脉冲激励–长期预测编码（RPE-LTP）。其处理过程是先进行 8 kHz 抽样，调整每 20 ms 为一帧，每帧长为 4 个子帧，每个子帧长 5 ms，纯比特率为 13 Kb/s。

现代数字通信系统往往采用语音压缩编码技术，GSM 也不例外。它利用语音编码器为人体喉咙所发出的音调、噪声以及人的口和舌的声学滤波效应建立模型，这些模型参数将通过 TCH 信道进行传送。

语音编码器是建立在残余激励线性预测编码器（REIP）基础上的，并通过长期预测器（LTP）增强压缩效果。LTP 通过去除语音的元音部分，使残余数据的编码更为有利。语音编码器以 20 ms 为单位，经压缩编码后输出 260 bit，因此码速率为 13 Kb/s。根据重要性不同，输出的比特分成 182 bit 和 78 bit 两类。较重要的 182 bit 又可以进一步细分出 50 个最重要的比特。

与传统的 PCM 线路上语音的直接编码传输相比，GSM 的 13 Kb/s 的语音速率要低得多。未来更先进的语音编码器可以将速率进一步降低到 6.5 Kb/s（半速率编码）。

2. 信道编码

为了检测和纠正传输期间引入的差错，在数据流中引入冗余通过加入从信源数据计算得到的信息来提高其速率，信道编码的结果是一个码字流；对语音来说，这些码字长 456 bit。

由语音编码器中输出的码流为 13 Kb/s，被分为 20 ms 的连续段，每段中含有 260 bit，将其又细分为 50 个非常重要的比特、132 个重要比特、78 个一般比特，对它们分别进行不同的冗余处理，如图 1.3-2 所示。

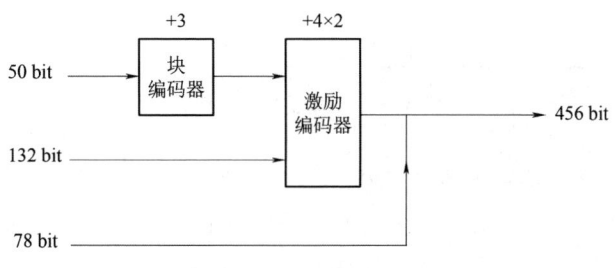

图 1.3-2　信道编码过程

其中，块编码器引入 3 位冗余码，激励编码器增加 4 个尾比特后再引入 2 倍冗余。

用于 GSM 系统的信道编码方法有 3 种，即卷积码、分组码和奇偶码。具体原理见有关资料，这里就不再赘述了。

3. 交织

在编码后，语音组成的是一系列有序的帧。而在传输时的比特错误通常是突发性的，这将影响连续帧的正确性。为了纠正随机错误及突发错误，最有效的组码就是用交织技术来分散这些误差。

交织的要点是把码字的 b 个比特分散到 n 个突发脉冲序列中，以改变比特间的邻近关系。n 值越大，传输特性越好，但传输时延也越大，因此必须做折中考虑。这样，交织就与信道的用途有关，所以在 GSM 系统中规定了几种交织方法。

在 GSM 系统中，采用二次交织方法。由信道编码后提取出的 456 bit 被分为 8 组，进行第一次交织，如图 1.3-3 所示。

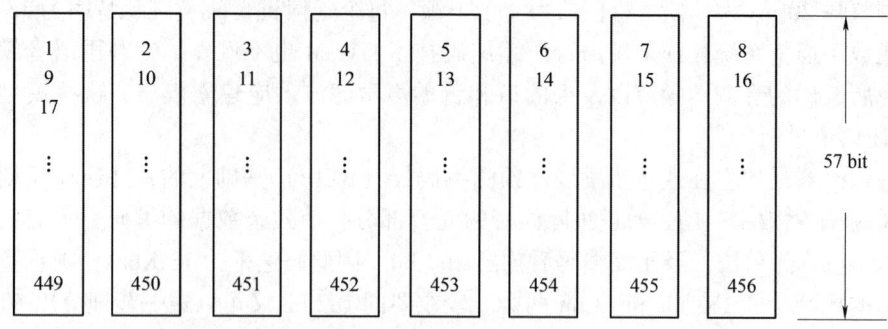

图 1.3-3　456 bit 交织

由它们组成语音帧的一帧，现假设有 3 个语音帧，如图 1.3-4 所示。

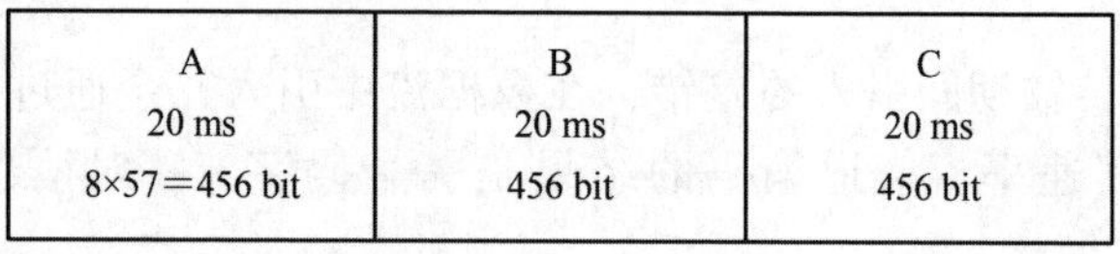

A 20 ms 8×57＝456 bit	B 20 ms 456 bit	C 20 ms 456 bit

图 1.3-4　3 个语音帧

而在一个突发脉冲中包括一个语音帧中的两组，如图 1.3-5 所示。

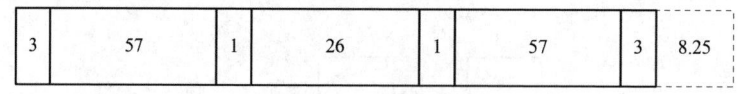

图 1.3-5　突发脉冲的结构

其中，前后 3 个尾比特用于消息定界，26 个训练比特，训练比特的左右各 1 个比特作为"挪用标志"。而一个突发脉冲携带有两段 57 bit 的声音信息（突发脉冲将在后一章介绍），在发送时进行第二次交织。

4. 调制技术

GSM 的调制方式是 0.3GMSK，0.3 表示高斯滤波器的带宽和比特率之间的关系，GMSK 是一种特殊的数字调频方式，它通过在载波频率上增加或者减少 67.708 kHz 来表示 0 或 1，利用两个不同的频率来表示 0 和 1 的调制方法称为 FSK。在 GSM 中，数据的比特率被选择为频偏的 4 倍，可以减小频谱的扩散，增加信道的有效性，比特率为频偏 4 倍的 FSK，称为最小频移键控（Minimum Shift Keying，MSK）。通过高斯预调制滤波器，可以进一步压缩调制频谱。高斯滤波器降低了频率变化的速度，防止信号能量扩散到邻近信道频谱。

0.3GMSK 并不是一个相位调制，信息并不是像 QPSK 那样由绝对的相位来表示。它是通过频率的偏移或者相位的变化来传送信息的。有时把 GMSK 画在 I/Q 平面图上是非常有用的。如果没有高斯滤波器，MSK 将用一个比载波高 67.708 kHz 的信号来表示一个待定的脉冲串 1。如果载波的频率作为一个静止的参考相位，就会看到一个 67.708 kHz 的信号在

I/Q 平面上稳定地增长相位，它每秒钟将旋转 67 708 次。在每一个比特周期，相位将变化
90°。一个 1 由 90°的相位增长表示，两个 1 将引起 180°的相位增长，3 个 1 将引起 270°的
相位增长，如此等等。同样地，连续的 0 也将引起相应的相位变化，只是方向相反而已。
高斯滤波器的加入并没有影响 0 和 1 的 90°相位增减变化，因为它没有改变比特率和频偏之
间的 4 倍关系，所以不会影响平均相位的相对关系，只是降低了相位的变化速率。在使用
高斯滤波器时，相位的方向变换将会变缓，但可以通过更高的峰值速度来进行相位补偿。
如果没有高斯滤波器，将会有相位的突变，但相位的移动速度是一致的。

精确的相位轨迹需要严格的控制。GSM 系统使用数字滤波器和数字 I/Q 调制器去产生
正确的相位轨迹。在 GSM 规范中，相位的峰值误差不得超过 20°，均方误差不得超过 5°。

1.3.2　跳频

语音信号经处理、调制后发射时，还会采用跳频技术，即不同时隙发射载频在不断地
改变（当然，同时要符合频率规划原则）。

引入跳频技术主要出于以下两点考虑。

①由于过程中的衰落具有一定的频带性，引入跳频可减少瑞利衰落的相关性。

②由于干扰源分集特性。在业务密集区，蜂窝的容量受频率复用产生的干扰限制，因
为系统的目标是满足尽可能多买主的需要，系统的最大容量是在一给定部分呼叫由于干扰
使质量受到明显降低的基础上计算的，当在给定的 C/I 值附近统计分散尽可能小时，系统
容量较好。考虑一个系统，其中一个呼叫感觉到的干扰是由许多其他呼叫引起的干扰电平
的平均值。那么，对于一给定总和，干扰源的数量越多，系统性能越好。

GSM 系统的无线接口采用了慢速跳频（SFH）技术。慢速跳频与快速跳频（FFH）之
间的区别在于后者的频率变化快于调制频率。GSM 系统在整个突发序列传输期，传送频率
保持不变，因此是属于慢跳频情况。GSM 系统调频示意图如图 1.3-6 所示。

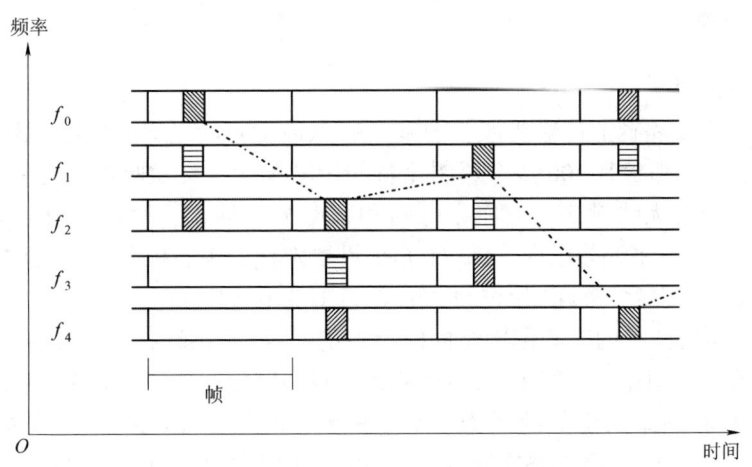

图 1.3-6　GSM 系统调频示意图

在上、下行线两个方向上，突发序列号在时间上相差 3BP，跳频序列在频率上相差
45 MHz。

GSM 系统允许有 64 种不同的跳频序列，对它的描述主要有两个参数，即移动分配指数偏置（MAIO）和跳频序列号（HSN）。MAIO 的取值可以与一组频率的频率数一样多。HSN 可以取 64 个不同值。跳频序列选用伪随机序列。

通常，在一个小区的信道载有同样的 HSN 和不同的 MAIO，这是避免小区内信道之间的干扰所希望的。邻近小区不会有干扰，因它们使用不同的频率组。为了获得干扰参差的效果，使用同样频率组的远小区应使用不同的 HSN。对跳频算法感兴趣的读者，可参阅 GSM Rec.05.02，这里不再细述。

1.3.3 时序调整

由于 GSM 采用 TDMA，且它的小区半径可以达到 35 km，因此需要进行时序调整。由于从手机出来的信号需要经过一定时间才能到达基站，因此必须采取一定的措施来保证信号在恰当的时候到达基站。

如果没有时序调整，那么从小区边缘发射过来的信号，就将因为传输的时延和从基站附近发射的信号相冲突（除非两者之间存在一个大于信号传输时延的保护时间）。通过时序调整，手机发出的信号就可以在正确的时间到达基站。当 MS 接近小区中心时，BTS 就会通知它减少发射的前置时间，而当它远离小区中心时，就会要求它加大发射前置时间。

当手机处于空闲模式时，它可以接收和解调基站发射来的 BCH 信号。在 BCH 信号中有一个 SCH 的同步信号，可以用来调整手机内部的时序，当手机接收到一个 SCH 信号后，它并不知道自己离基站有多远。如果手机和基站相距 30 km，那么手机的时序将比基站慢 100 μs。当手机发出它的第一个 RACH 信号时，就已经晚了 100 μs，再经过 100 μs 的传播时延，到达基站时就有了 200 μs 的总时延，很可能和基站附近的相邻时隙的脉冲发生冲突。因此，RACH 和其他的一些信道接入脉冲将比其他脉冲短。只有在收到基站的时序调整信号后，手机才能发送正常长度的脉冲。在这个例子中，手机就需要提前 200 μs 发送信号。

1.3.4 帧和信道

1. 基本术语简介

GSM 系统在无线路径上传输要涉及的基本概念最主要的是突发脉冲序列（Burst），简称突发序列，它是一串含有 100 多个调制比特的传输单元。突发脉冲序列有一个限定的持续时间，占有限定的无线频谱。它们在时间和频率窗上输出，而这个窗被人们称为隙缝（Slot）。确切地说，在系统频段内，每 200 kHz 设置隙缝的中心频率（以 FDMA 角度观察），而隙缝在时间上循环发生，每次占 15/26 ms 即近似为 0.577 ms（以 TDMA 角度观察）。在给定的小区内，所有隙缝的时间范围是同时存在的。这些隙缝的时间间隔称为时隙（Time Slot），而它的持续时间作为时间单元，标为 BP，意为突发脉冲序列周期（Burst Period）。

我们可用时间/频率图把隙缝画为一个小矩形，其长为 15/26 ms、宽为 200 kHz，如图 1.3-7 所示。类似地，可把 GSM 所规定的 200 kHz 带宽称为频隙（Frequency Slot），相当于 GSM 规范中的无线频道（Radio Frequency Channel），也称射频信道。

时隙和突发脉冲序列这两个术语，在使用中含义有所不同。例如，突发脉冲序列，有时与时-频"矩形"单元有关，有时与它的内容有关。类似地，时隙含有时间值的意思，或意味着在时间上循环地使用每 8 个隙缝中的一个隙缝。

使用一个给定的信道就意味着在特定的时刻和特定的频率，也就是说在特定的隙缝中传送突发脉冲序列。通常，一个信道的隙缝在时间上不是邻接的。

信道对于每个时隙具有给定的时间限界和时隙号码 TN（Time Slot Number），这些都是信道的要素。一个信道的时间限界是循环往复的。

与时间限界类似，信道的频率限界给出了属于信道的各隙缝的频率。它把频率配置给各时隙，而信道带有一个隙缝。对于固定的频道，频率对每个隙缝是相同的。对于跳频信道的隙缝，可使用不同的频率。

帧（Frame）通常被表示为接连发生的 i 个时隙。在 GSM 系统中，目前采用全速率业务信道，i 取为 8。TDMA 帧强调的是以时隙来分组而不是 8BP。这个想法在处理基站执行过程中是很自然的，它与基站执行许多信道的实际情况相吻合。但是从移动台的角度看，8BP 周期的提法更自然，因为移动台在同样的一帧时间中仅处理一个信道，占用一个时隙，更有"突发"的含义。一个 TDMA 帧包含 8 个基本的物理信道。

物理信道（Physical Channel）采用频分复用和时分复用的组合，它由用于基站（BS）和移动台（MS）之间连接的时隙流构成。这些时隙在 TDMA 帧中的位置，从帧到帧是不变的，参见图 1.3-7。

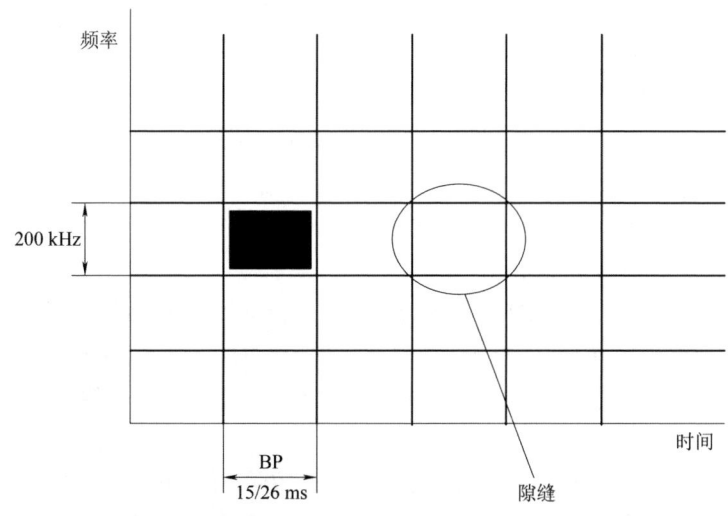

图 1.3-7　时间和频率中的隙缝

逻辑信道（Logical Channel）是在一个物理信道中作时间复用的。不同逻辑信道用于 BS 和 MS 间传送不同类型的信息，如信令或数据业务。在 GSM 建议中，对不同的逻辑信道规定了 5 种不同类型的突发脉冲序列。

图 1.3-8 示出了 TDMA 帧的完整结构，还包括时隙和突发脉冲序列。必须记住，TDMA 帧是在无线链路上重复的"物理"帧。

每一个 TDMA 帧含 8 个时隙，共占 $60/13 \approx 4.615$ ms。每个时隙含 156.25 个码元，占 $15/26 \approx 0.577$ ms。

多个 TDMA 帧构成复帧（Multi Frame），其结构有两种，分别含连贯的 26 个或 51 个 TDMA 帧。当不同的逻辑信道复用到一个物理信道时，需要使用这些复帧。

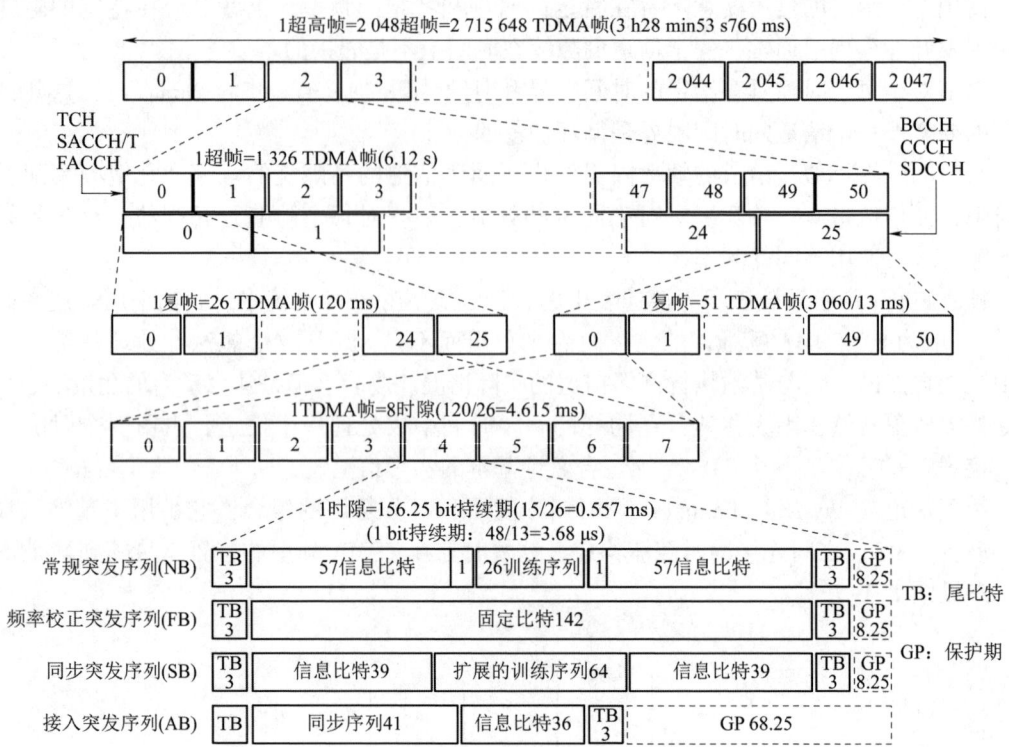

图 1.3-8　帧、时隙和突发脉冲序列

含 26 帧复帧的周期为 120 ms，用于业务信道及其随路控制信道。其中，24 个突发序列用于业务，2 个突发序列用于信令。

含 51 帧复帧的周期为 3 060/13≈235.385 ms，专用于控制信道。

多个复帧又构成超帧（Super Frame），它是一个连贯的 51×26 TDMA 帧，即一个超帧可以是包括 51 个 26 TDMA 复帧，也可以是包括 26 个 51 TDMA 复帧。超帧的周期均为 1 326 个 TDMA 帧，即 6.12 s。

多个超帧构成超高帧（Hyper Frame），它包括 2 048 个超帧，周期为 12 533.76 s，即 3 h 28 min 53 s 760 ms。用于加密的语音和数据，超高帧每一周期包含 2 715 648 个 TDMA 帧，这些 TDMA 帧按序编号，依次从 0 至 2 715 647，帧号在同步信道中传送。帧号在跳频算法中也是必需的。

2. 信道类型和组合

无线子系统的物理信道支撑着逻辑信道。逻辑信道可分为业务信道（Traffic Channel）和控制信道（Control Channel）两大类，其中后者也称为信令信道（Signalling Channel）。

1）业务信道

业务信道（TCH）载有编码的语音或用户数据，有全速率业务信道（TCH/F）和半速率业务信道（TCH/H）之分，两者分别载有总速率为 22.8 Kb/s 和 11.4 Kb/s 的信息。使用全速率信道所用时隙的一半，就可得到半速率信道。因此，一个载频可提供 8 个全速率或 16 个半速率业务信道（或两者的组合），并包括各自所带有的随路控制信道。

（1）语音业务信道。

载有编码语音的业务信道分为全速率语音业务信道（TCH/FS）和半速率语音业务信道（TCH/HS），两者的总速率分别为 22.8 Kb/s 和 11.4 Kb/s。

对于全速率语音编码，语音帧长 20 ms，每帧含 260 bit，提供的净速率为 13 Kb/s。

（2）用户数据业务信道。

在全速率或半速率信道上，通过不同的速率适配、信道编码和交织，支撑着直至 9.6 Kb/s 的透明和非透明数据业务。用于不同用户数据速率的业务信道，具体有以下几种。

①9.6 Kb/s，全速率数据业务信道（TCH/F9.6）。

②4.8 Kb/s，全速率数据业务信道（TCH/F4.8）。

③4.8 Kb/s，半速率数据业务信道（TCH/H4.8）。

④≤2.4 Kb/s，全速率数据业务信道（TCH/F2.4）。

⑤≤2.4 Kb/s，半速率数据业务信道（TCH/H2.4）。

数据业务信道还支撑具有净速率为 12 Kb/s 的非限制性数字承载业务。

在 GSM 系统中，为了提高系统效率，还引入一类信道，即 TCH/8，它的速率很低，仅用于信令和短消息传输。如果 TCH/H 可看作 TCH/F 的一半，则 TCH/8 便可看作 TCH/F 的 1/8。TCH/8 应归于慢速随路控制信道（SACCH）的范围。

2）控制信道

控制信道（CCH）用于传送信令或同步数据。它主要有 3 种，即广播信道（BCCH）、公共控制信道（CCCH）和专用控制信道（DCCH）。

（1）广播信道。

广播信道仅作为下行信道使用，即 BS 至 MS 单向传输。它分为以下 3 种信道。

①频率校正信道（FCCH）：载有供移动台频率校正用的信息。

②同步信道（SCH）：载有供移动台帧同步和基站收发信台识别的信息。实际上，该信道包含两个编码参数：

a. 基站识别码（BSIC），它占有 6 bit（信道编码之前），其中 3 bit 为 0~7 范围的 PLMN 色码，另外 3 bit 为 0~7 范围的基站色码（BCC）；

b. 简化的 TDMA 帧号（RFN），它占有 19 bit。

③广播控制信道（BCCH）：通常，在每个基站收发信台中总有一个收发信机含有这个信道，以向移动台广播系统信息。BCCH 所载的参数主要有：

a. CCCH（公共控制信道）号码以及 CCCH 是否与 SDCCH（独立专用控制信道）相组合；

b. 为接入准许信息所预约的各 CCCH 上的区块（block）号码；

c. 向同样寻呼组的移动台传送寻呼信息之间的 51 TDMA 复帧号码。

（2）公共控制信道。

公共控制信道为系统内移动台所共用，它分为以下 3 种信道。

①寻呼信道（PCH）：这是一个下行信道，用于寻呼被叫的移动台。

②随机接入信道（RACH）：这是一个上行信道，用于移动台随机提出入网申请，即请求分配一个 SDCCH。

③准予接入信道（AGCH）：这是一个下行信道，用于基站对移动台的入网请求作出应

答，即分配一个 SDCCH 或直接分配一个 TCH。

（3）专用控制信道。

使用时由基站将其分给移动台，进行移动台与基站之间的信号传输。它主要有以下几种。

①独立专用控制信道（SDCCH）：用于传送信道分配等信号。它可分为独立专用控制信道（SDCCH/8）与 CCCH 相组合的独立专用控制信道（SDCCH/4）。

②慢速随路控制信道（SACCH）：它与一条业务信道或一条 SDCCH 联用，在传送用户信息期间带传某些特定信息，如无线传输的测量报告。该信道包含下述几种：

a. TCH/F 随路控制信道（SACCH/TF）；

b. TCH/H 随路控制信道（SACCH/TH）；

c. SDCCH/4 随路控制信道（SACCH/C4）；

d. SDCCH/8 随路控制信道（SACCH/C8）。

③快速随路控制信道（FACCH）：与一条业务信道联用，携带与 SDCCH 同样的信号，但只在未分配 SDCCH 时才分配 FACCH，通过从业务信道借取的帧来实现接续，传送如"越区切换"等指令信息。FACCH 可分为以下几种：

a. TCH/F 随路控制信道（FACCH/F）；

b. TCH/H 随路控制信道（FACCH/H）。

除了上述 3 类控制信道外，还有一种小区广播控制信道（CBCH），它用于下行线，载有短消息业务小区广播（SMSCB）信息，使用与 SDCCH 相同的物理信道。

图 1.3-9 归纳了上述逻辑信道类型。

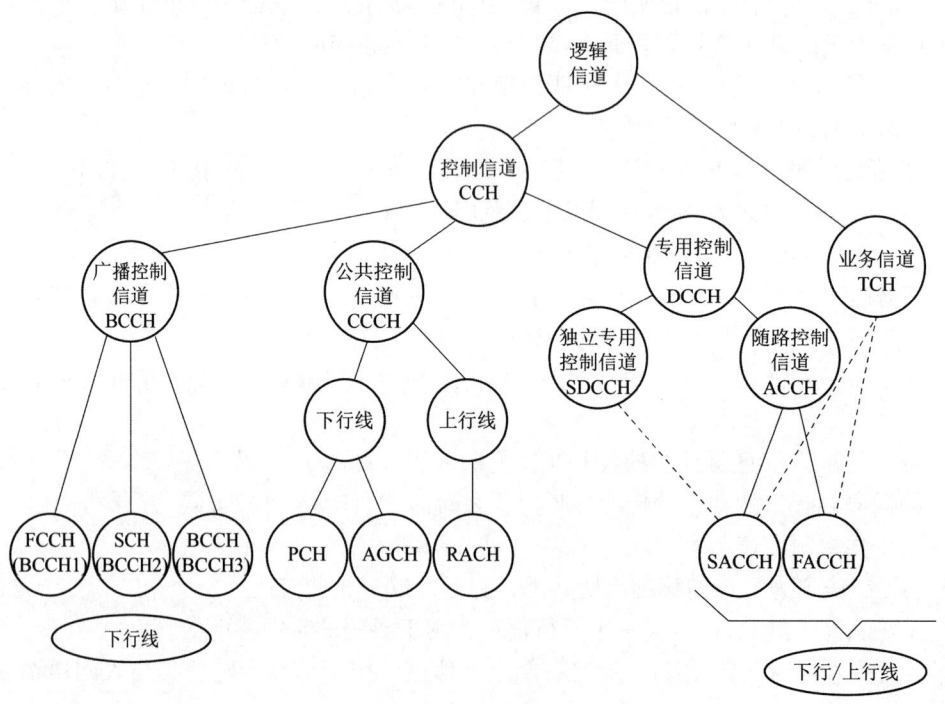

图 1.3-9　逻辑信道类型

3）信道组合

可能的信道组合有多种，举例如下。

（1）TCH/F+FACCH/F+SACCH/TF；

（2）TCH/H+FACCH/H+SACH/TH；（26 复帧）

（3）FCCH+SCH+BCCH+CCCH；

（4）FCCH+SCH+BCCH+CCCH+SDCCH/4+SACCH/C4；

（5）BCCH+CCCH；

（6）SDCCH/8+SACCH/C8。（51 复帧）

其中，CCCH＝PCH+RACH+AGCH；上述组合的第（3）和第（4）种，严格地分配到小区配置的 BCCH 载频的时隙 0 位置上。

图 1.3-10 和图 1.3-11 所示为全速率情况下，支撑广播、公共控制和业务信道的复帧格式。

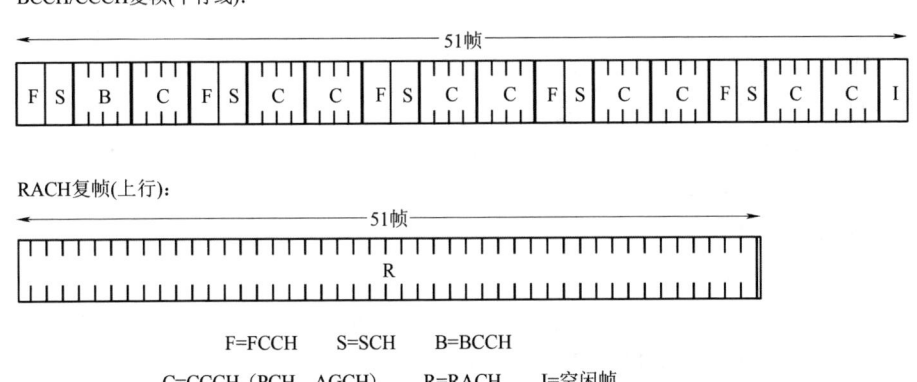

图 1.3-10   广播和公共控制信道的复帧格式

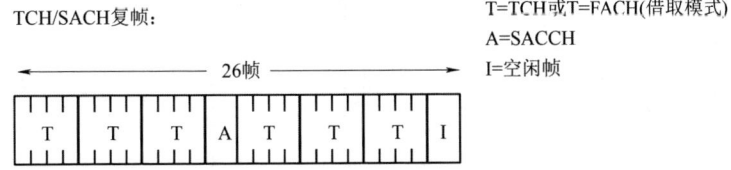

图 1.3-11   业务信道的复帧格式

1.3.5 Um 接口语音处理

1. 语音在无线信道上的传送

下面以一语音发送（见图 1.3-1）为例，讲述语音的无线传输；语音的接收仅仅是发送的反过程。

语音处理过程综述：首先，语音通过一个 A/D 转换器，实际上是经过 8 kHz 抽样，每个脉冲均匀量化为 13 bit；每 20 ms 为一段，再经语音编码后降低码速率为 13 Kb/s；经信道编码变为 22.8 Kb/s；再经码字交织、加密和突发脉冲格式化后变为 33.8 Kb/s 的码流；经调制后发送出去。接收端的处理过程与此相反。

2. 信道编码

为了检测和纠正传输期间引入的误码，在数据流中引入冗余比特用于纠错；信道编码器把语音分成很重要（50 bit）、较重要（132 bit）和不重要（78 bit）3 个部分。对前两部分分别加入 3 和 4 位奇偶校正码［（50+3）+（132+4）= 189 bit］，然后做 1 : 2 的卷积（189×2 = 378 bit），再加上不重要的 78 bit，形成了 456 bit/20 ms = 22.8 Kb/s 的信道编码组。结果使 20 ms 段比特数从 260 bit 增加到 456 bit，相应地语音速率从 13 Kb/s 增加到 22.8 Kb/s。

3. 交织

由于无线传输干扰和误码通常在某个较小时间段内发生，影响连续的几个突发脉冲；如果把语音帧内的比特顺序按一定的规则错开，使原来连续的比特分散到若干个突发脉冲中传输，则可分散误码，使连续的长误码变为若干分散的短误码，以便于纠错，提高语音质量。

（1）交织处理的两个优点。

①可以减少一个语音帧内的误码数量。

②通过信道解码，可实现部分误码的纠正。

（2）交织处理的两个缺点。

①语音处理的长时延。

②信号处理的复杂程度。

第一次交织把 456 bit/20 ms 的语音码分成 8 块，每块 57 bit。前后两个 20 ms 段的块交织，组成 8 个 114 bit 的块，如图 1.3-12 所示。

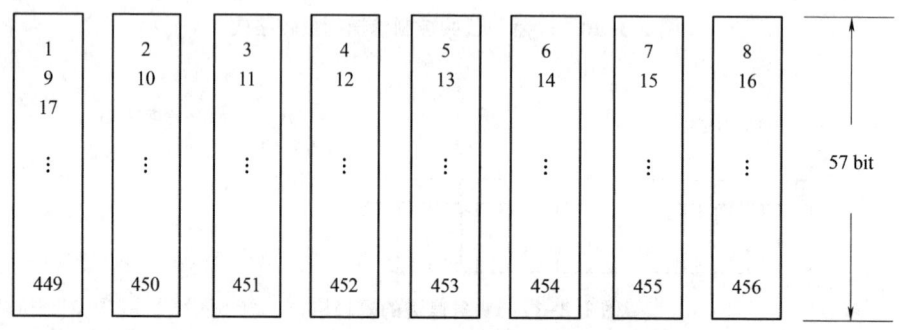

图 1.3-12　第一次交织

第二次交织是把每个 114 bit 块里来自两个 20 ms 语音码段的 57 bit 块进行比较交织，形成第二次交织后的 114 bit 块，如图 1.3-13 所示。

4. 加密

对无线接口上传送的信息（语音或数据）进行加密，可以防止无线侦听导致失密；GSM 系统的加密技术仅仅保护无线接口。

把交织后的 114 bit 块和一个 114 bit 的加密块进行加密，示意图如图 1.3-14 所示。

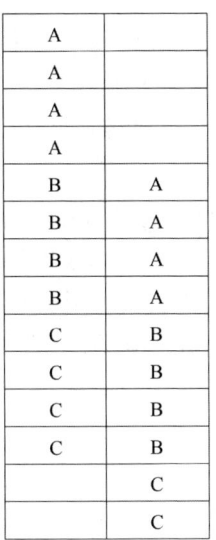

A	
A	
A	
A	
B	A
B	A
B	A
B	A
C	B
C	B
C	B
C	B
	C
	C

图 1.3-13　第二次交织

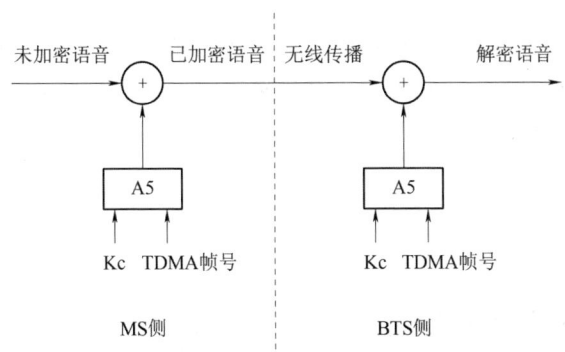

图 1.3-14　加密块加密示意图

1.3.6　Um 接口控制技术

1. 自动功率控制技术（APC）

采用 APC 技术可降低手机功耗，延长电池使用时间；可减小系统内的干扰，提高频率利用率，增加系统容量。APC 技术原理如下。

（1）MS 功率控制。MS 接收 BTS 发射的信号，从而得到射频信号强度、质量等级参数，然后进行自动功率控制；手机起始发射功率由系统消息决定；可能导向切换、掉话。

（2）BTS 功率控制。BTS 接收 MS 发射的信号，从而得到射频信号强度、质量等级参数，经 BTS 预处理后上报 BSC，由 BSC 进行自动功率控制。

2. 非连续发射技术（DTX）

因为通话是双向的，对于 MS 用户来说，平均的说话时间在 40% 以下；采用 DTX 技术可降低手机功耗，延长电池使用时间；也可减小系统内的干扰，提高频率利用率，增加系统容量。

DTX 原理：采用 VAD（语音激活检测）技术。在说话时，正常发射信号；在停止说话时，每隔一段时间发送一个静音帧，由静音帧在 BTS 产生舒适噪声；使对方不会误以为通话中断。重新开始说话时，由 VAD 功能检测到语音后，重新正常发射信号。

3. 非连续接收技术（DRX）

因为手机绝大部分时间处于空闲状态，所以需要随时准备接收 BTS 发来的寻呼信号。系统按照 IMSI 将 MS 用户进行分类，不同类别的手机在不同的时刻接收系统寻呼消息，无须连续接收；采用 DRX 技术可降低手机功耗，延长电池使用时间。

DRX 原理：系统根据 IMSI 将 MS 进行分类，分时刻接收寻呼消息。

4. 跳频技术

跳频即在不同时隙发射载频在不断地改变。

引入跳频，可减少瑞利衰落，提高每个用户的语音质量；可减小系统内的干扰，提高频率利用率，增加系统容量。GSM 系统的无线接口采用了慢速跳频（SFH）技术，即系统在整个突发序列传输期（BP），传送频率保持不变。

5. 时延调整

由于 GSM 采用 TDMA，每个载频 8 个时隙，应严格保持时隙间的同步；GSM 的小区半径可以达到 35 km，从手机出来的信号需要经过一定时间才能到达基站，单程传输极限时间是 100 μs，双程传输极限时间为 200 μs。因此必须采取一定的措施来保证信号在恰当的时候到达基站，即要进行时延调整。

1.4 系统管理功能介绍

1.4.1 GSM 系统的安全性管理

1. GSM 系统的主要安全性措施

（1）访问 AUC，进行用户鉴权。

（2）无线通道加密。

（3）移动设备确认。

（4）IMSI 临时身份——TMSI 的使用。

在明确这些措施之前，有必要回顾一下表明用户身份的 SIM 卡的内容和 AUC 的内容。

2. SIM 卡中的内容

（1）固化数据、IMSI、Ki、安全算法。

（2）临时的网络数据 TMSI、LAI、Kc 及被禁止的 PLMN。

（3）与业务相关的数据。

3. AUC 的内容

（1）用于生成随机数（RAND）的随机数发生器。

（2）鉴权键 Ki。

（3）各种安全算法。

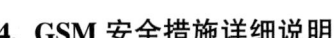

4. GSM 安全措施详细说明

1）访问 AUC 进行用户鉴权

AUC 的基本功能是产生一套三参数组，即（RAND、SRES、Kc），其中，RAND 由随机数发生器产生，SRES 由 RAND 和 Ki 用 A3 算法得出；Kc 由 RAND 和 Ki 用 A8 算法得出。三参数组存放于 HLR 中。对于某一已登记的 MS，由其服务区的 MSC/VLR 从 HLR 中装载至少一套三参数组为此 MS 服务。

当用户要建立呼叫进行位置更新等操作时，需要先对其鉴权，其过程如下：

①MSC/VLR 传送 RAND 至 MS。

②MS 用 RAND 和 Ki 算出 SRES 并返至 MSC/VLR。

③MSL/VLR 把收到的 SRES 与存储于其中的 SRES 进行比较，决定其真实性。

2）无线通道加密

无线通道加密过程如下（见图 1.4-1）。

①MSC/VLR 把加密模式命令"M"和 Kc 一起送给 BTS。

②加密模式命令"M"被传送至 MS。

③加密模式完成消息 M′和 Kc 用 A5 算法加密，同时 TDMA 帧号也用 A5 算法加密，合成 M′c。

④将 M′c 送至 BTS。

⑤M′c 和 Kc 用 A5 算法解密，TDMA 帧号也由 A5 算法解密。

⑥若 M′c 能被解密成 M′（加密模式成功）并送至 MSC，则所有信息从此时开始加密。

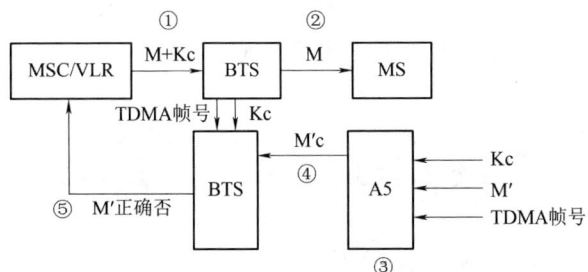

图 1.4-1　无线通道加密过程

3）移动设备识别

移动设备识别过程如下：

①MSC/VLR 要求 MS 发送 IMEI。

②MS 发送 IMEI。

③MSC/VLR 转发 IMEI。

④在 EIR 中核查 IMEI，返回信息至 MSC/VLR。

4）TMSI 的使用

当 MS 进行位置更新并发起呼叫或激活业务时，MSC/VLR 将分配给 IMSI 一个新的 TMSI，并由 MS 存储于 SIM 卡上，此后 MSC/VLR 与 MS 间信令联系只使用 TMSI，使用 TMSI 主要是出于用户号码保密和避免被别人对用户定位。

1.4.2 GSM 系统移动性管理

由于 MS 的移动性，要求网路对此特性给予支持及管理。其最终目的就是确定 MS 当前位置及使 MS 与网络的联系达到最佳状态。根据 MS 当前状态的不同，可分为漫游管理及切换管理。

1. 漫游管理

当 MS 处于空闲模式时，怎样确定其位置是很重要的。只有明确知道 MS 当前位置，才能在有对 MS 的呼叫时迅速建立其与被叫 MS 的连接。

移动用户在移动的情况下要求改变与小区和网络联系的特点称为漫游。而在漫游期间改变位置区及位置区的确认过程则称为位置更新。在相同位置区中的移动不需通知 MSC，而在不同位置区的小区间移动则需要通知 MSC，位置更新主要由以下几种形式组成。

（1）常规位置更新。

MS 由 BCCH 传送的 LAI 确定要更新后，通过 SDCCH 与 MSC/VLR 建立连接，然后发送请求，更新 VLR 中数据，若此时 LAI 属于不同的 MSC/VLR，则 HLR 也要更新，当系统确认更新后，MS 和 BTS 释放信道。

（2）IMSI 分离。

当 MS 关机后，发送最后一次消息要求进行分离操作，MSC/VLR 接到该消息后在 VLR 中的 IMSI 上作分离标记。

（3）IMSI 附着。

当 MS 开机后，若此时 MS 处于分离前相同的位置区，则将 MSC/VLR 中 VLR 的 IMSI 作附着标记；若位置区已改变，则要进行新的常规位置更新。

（4）强迫登记。

（5）在 IMSI 要求分离时（MS 关机），若此时信令链路质量不好，则系统会认为 MS 仍在原来位置，因此每隔 30 min 要求 MS 重发位置区信息，直到系统确认为止。

（6）隐式分离。

在规定时间内未收到系统强迫登记后 MS 的回应信号，则对 VLR 中的 IMSI 作分离标记。

2. 切换管理

在 MS 通话阶段中，MS 小区的改变引起的系统相应操作叫切换。切换的依据是由 MS 对周围 BTS 信号强度的测量报告和 BTS 对 MS 发射信号强度及通话质量决定的，并统一由 BSC 评价后决定是否进行切换。下面将结合图解具体分析 3 种不同的切换。

1）由相同 BSC 控制的小区间的切换

相同 BSC 控制小区间的切换如图 1.4-2 所示。

①BSC 预订新的 BTS 激活一个 TCH。

②BSC 通过旧 BTS 发送一个包括频率、时隙及发射功率参数的信息至 MS，此信息在 FACCH 上传送。

③MS 在规定新频率上发送一个切换接入突发脉冲（通过 FACCH 发送）。

④新 BTS 收到此突发脉冲后，将时间提前量信息通过 FACCH 回送 MS。

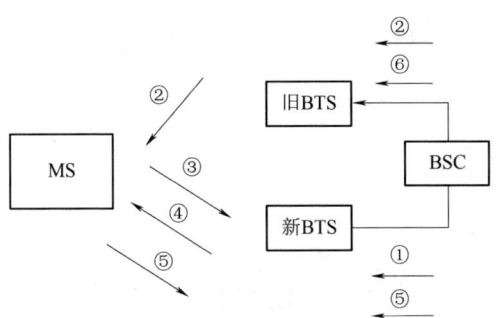

图 1.4-2　相同 BSC 控制小区间的切换

⑤MS 通过新 BTS 向 BSC 发送一个切换成功信息。

⑥BSC 要求旧 BTS 释放 TCH。

2）由同一 MSC 不同 BSC 控制小区间的切换

由同一 MSC 不同 BSC 控制小区间的切换如图 1.4-3 所示。

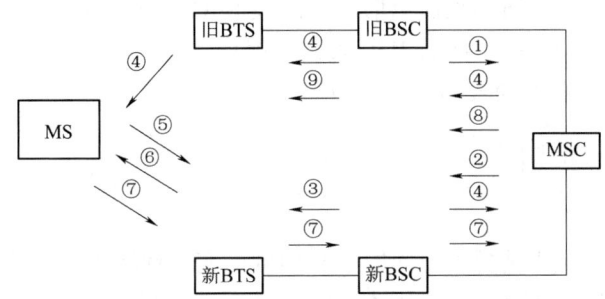

图 1.4-3　由同一 MSC 不同 BSC 控制小区间的切换

①旧 BSC 把切换请求及切换目的小区标识一起发送给 MSC。

②MSC 判断是哪个 BSC 控制的 BTS，并向新 BSC 发送切换请求。

③新 BSC 预订目标 BTS 激活一个 TCH。

④新 BSC 把包含有频率、时隙及发射功率的参数通过 MSC、旧 BSC 和 BTS 传到 MS。

⑤MS 在新频率上通过 FACCH 发送接入突发脉冲。

⑥新 BTS 收到此脉冲后，回送时间提前量信息至 MS。

⑦MS 发送切换成功信息并通过新 BSC 传至 MSC。

⑧MSC 命令旧 BSC 释放 TCH。

⑨旧 BSC 转发 MSC 命令至 BTS 并执行。

3）由不同 MSC 控制的小区间的切换

由不同 MSC 控制小区间的切换如图 1.4-4 所示。

①旧 BSC 把切换目标小区标识和切换请求发送至旧 MSC。

②旧 MSC 判断出小区属另一 MSC 管辖。

③新 MSC 分配一个切换号（路由呼叫用），并向新 BSC 发送切换请求。

④新 BSC 激活 BTS 的一个 TCH。

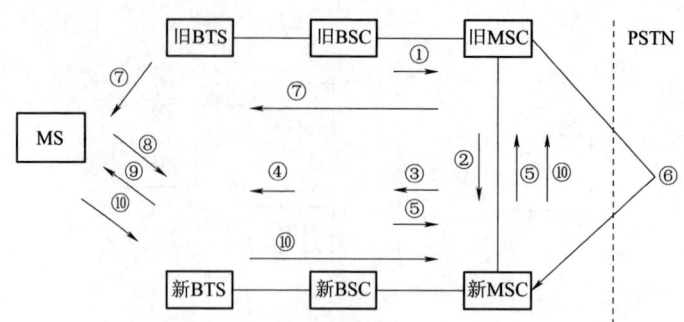

图 1.4-4　由不同 MSC 控制小区间的切换

⑤新 MSC 收到新 BSC 回送信息并与切换号一起转至旧 MSC。

⑥一个连接在 MSC 间被建立（也许会通过 PSTN 网）。

⑦旧 MSC 通过旧 BSC 向 MS 发送切换命令，其中包含频率、时隙和发射功率。

⑧MS 在新频率上发送一个接入突发脉冲（通过 FACCH 发送）。

⑨新 BTS 收到后，回送时间提前量信息（通过 FACCH 回送）。

⑩MS 通过新 BSC 和新 MSC 向旧 MSC 发送切换成功信息。

此后，旧 TCH 被释放，而控制权仍在旧 MSC 手中。

1.4.3　GSM 移动通信网

1. 网络结构

GSM 移动通信网的组织情况视不同国家和地区而定，地域大的国家可以分为三级（第一级为大区（或省级）汇接局，第二级为省级（地区）汇接局，第三级为各基本业务区的 MSC），中小型国家可以分为两级（一级为汇接中心，另一级为各基本业务区的 MSC）或无级。下面以中国的 GSM 组网情况为例做一介绍。

1）移动业务本地网的网络结构

在中国，全国划分为若干个移动业务本地网，原则上长途编号区为一位、二位、三位的地区可建立移动业务本地网，它可归属于某长途编号区为一位、二位、三位地区的移动业务本地网。每个移动业务本地网中应相应设立 HLR，必要时可增设 HLR，用于存储归属该移动业务本地网的所有用户的有关数据。

2）每个移动业务本地网中可设一个或若干个移动业务交换中心 MSC（移动端局）

在中国电信分营前，移动业务隶属于中国电信，移动网和固定网连接点较多。在移动业务本地网中，每个 MSC 与局所在本地的长途局相连，并与局所在地的市话汇接局相连。在长途局多局制地区，MSC 应与该地区的高一级长途局相连。如没有市话汇接局的地区，可与本地市话端局相连。移动业务本地网由几个长途编号组成的示意图，如图 1.4-5 所示。

电信和移动分营后，移动网和固定网完全独立出来，在两网之间设有网关局。一个移动业务本地网可只设一个移动交换中心（局）MSC；当用户多达相当数量时也可设多个 MSC，各 MSC 间以高效直达路由相连，形成网状网结构，移动交换局通过网关局接入到固定网，同时它至少还应和省内两个二级移动汇接中心连接，当业务量比较大时，它还可直接与一级移动汇接中心相连，这时，二级移动汇接中心汇接省内移动业务，一级移动汇接中心汇接省级移动业务。典型的移动本地网组网方式如图 1.4-6 所示。

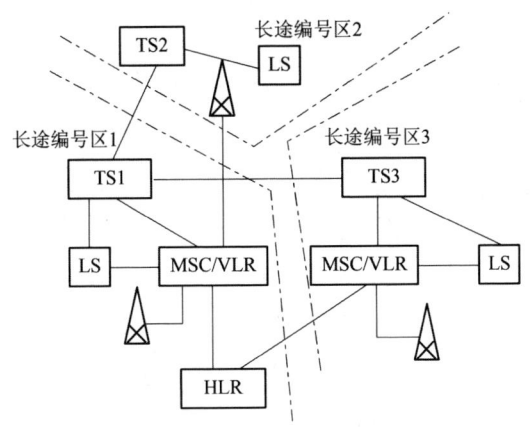

图 1.4-5 移动业务本地网由几个长途编号组成的示意图

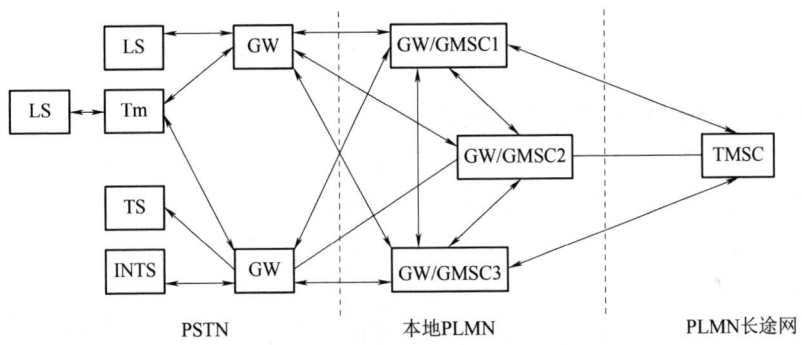

图 1.4-6 典型的移动本地网组网方式（MSC 较少）

根据各地方不同情况，移动本地网还有其他组网方式，如图 1.4 7 和图 1.4-8 所示。

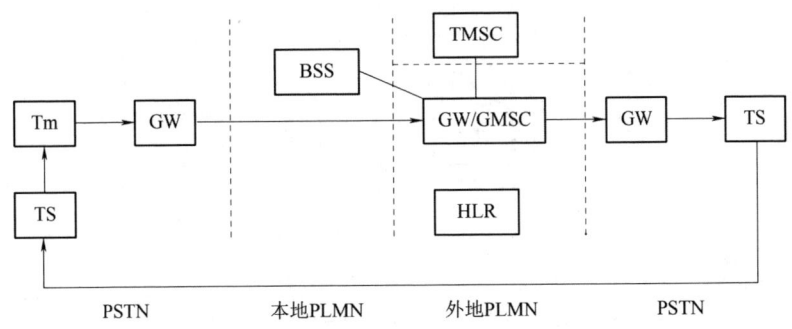

图 1.4-7 移动本地网组网图（本地未建 MSC）

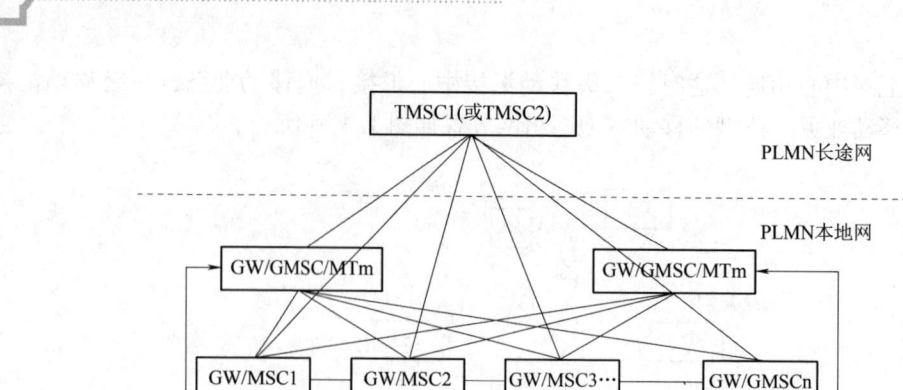

图 1.4-8　移动本地网组网图（大规模组网）

2. 省内数字公用陆地蜂窝移动通信网络结构

在中国，省内数字公用陆地蜂窝移动通信网由省内的各移动业务本地网构成，省内设有若干个二级移动业务汇接中心（或称为省级汇接中心）。二级汇接中心可以只作汇接中心，或者既作端局又作汇接中心的移动业务交换中心。二级汇接中心可以只设基站接口和VLR，因此它不带用户。

省内数字蜂窝公用陆地蜂窝移动通信网中的每一个移动端局，至少应与省内两个二级汇接中心相连，也就是说，本地移动交换中心和二级移动业务汇接中心以星型网连接，同时省内的二级汇接中心之间为网状连接，如图 1.4-9 所示。

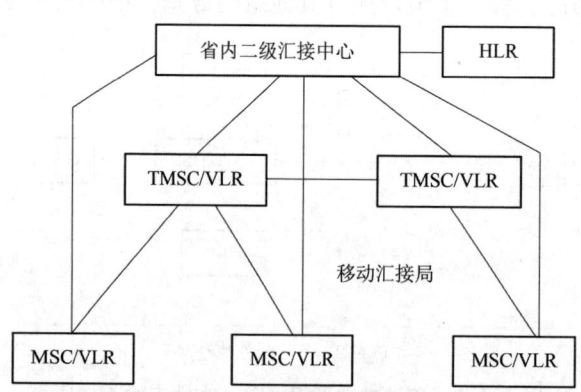

图 1.4-9　省内数字公用陆地蜂窝移动通信网络结构

3. 全国数字公用陆地蜂窝移动通信网络结构

我国数字公用陆地蜂窝移动通信网采用三级组网结构。在各省或大区设有两个一级移动业务汇接中心，通常为单独设置的移动业务汇接中心，它们以网状网方式相连；每个省内至少应设有两个以上的二级移动业务汇接中心，把它们置于省内主要城市并以网状网方式相连，同时它还应与相应的两个一级移动业务汇接中心连接，如图 1.4-10 所示。

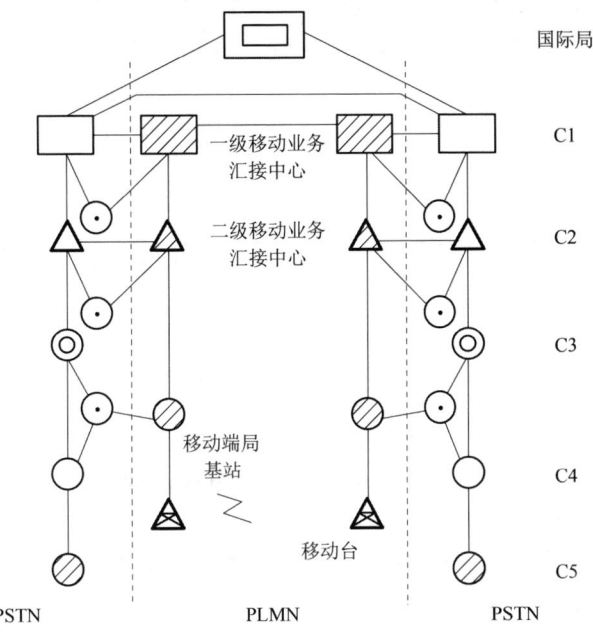

图 1.4-10　全国数字蜂窝 PLMN 的网络结构及其与 PSTN 连接的示意图

假设每个用户忙时话务量为 0.03 Erl，长途约占总业务量的 10%，其中省内长途约占 80%。中继负荷 = 用户数×0.03 Erl×80% $N \geq 20$ Erl，用户分布在各 MSC 中（包括汇接 MSC），省际业务量较小，它等于总用户数×0.03×2%，若采用网状（30 个省市链路达 C_{30}^2 条），就难以达到每条链路 20Erl 标准，因此考虑增加大区一级汇接中心，采用单星型结构，这样比较经济。表 1.4-1 给出了用户数与局数的对应关系。

表 1.4-1　用户数与局数的对应关系

局数 N	5	10	15
省内用户数	4.7 万	8.3 万	12.5 万

4. 移动信令网结构

7 号信令网的组建也和国家地域大小有关，地域大的国家可以组建三级信令网（HSTP、LSTP 和 SP），地域偏小的国家可以组建二级信令网（STP 和 SP）或无级网，下面以中国 GSM 信令网为例来做一介绍。

在中国，信令网有两种结构：一是全国 No.7 网；二是组建移动专用的 No.7 信令网，是全国信令网的一部分，它简单、经济、合理，因为 No.7 信令网就是为多种业务共同服务的，但随着移动和电信的分营，移动建立了自己独有的 No.7 信令网。

我国移动信令网采用三级结构（有些地方采用二级结构），在各省或大区设有两个 HSTP，同时省内至少还应设有两个以上的 LSTP（少数 HSTP 和 LSTP 合一），移动网中其他功能实体作为信令点 SP。

　　HSTP 之间以网状网方式相连，分为 A、B 两个平面；在省内的 LSTP 之间也以网状网方式相连，同时它们还应和相应的两个 HSTP 连接；MSC、VLR、HLR、AUC、EIR 等信令点至少要接到两个 LSTP 点上，若业务量大时，信令点还可直接与相应的 HSTP 连接。大区、省市信令网的转接点结构如图 1.4-11 所示。

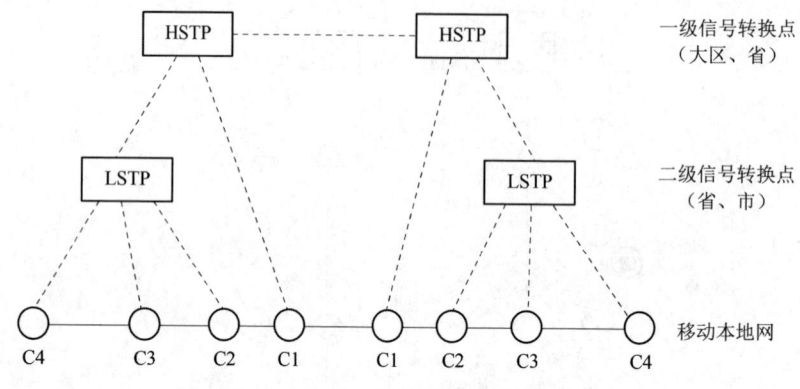

图 1.4-11　大区、省市信令网的转接点结构

　　我国移动网中信令点编码采用 24 位，只有在 A 接口连接时采用 14 位的国内备用网信令点编码。国际信号点编码格式如表 1.4-2 所示。

表 1.4-2　国际信号点编码格式

NML	KJIHGFED	CBA
大区识别	区域网识别	信令点识别
信号区域网编码 SANC		
国际信号点编码 ISPC		

　　注：表 1.4-2 中，NML—识别世界编号大区；K~D—识别世界编号大区内的地理区域或区域网；CBA—识别地理区域或区域网内的信号点。

　　NML 和 K~D 两部分合起来的名称为信号区域网编号，每个国家都分配了一个或几个备用 SANC。如果一个不够用（SANC 中的 8 个编码不够用）可申请备用。我国被分配在第 4 个信号大区，其 NML 编码为 4，区域编码为 120，所以 SANC 的编码是 4~120。

　　在国际电话连接中，国际接口局负责两个信号点编码的变换。

1.5　GSM 通信流程简介

1.5.1　呼叫信令分析

1. 主叫过程流程

　　移动台作为起始呼叫者，在与网络端接触以前拨被叫号码，然后发送，网络端会向主叫用户作出应答表明呼叫的结果。

1）接入阶段

接入阶段，手机与 BTS（BSC）之间建立了暂时固定的关系。其过程包括信道请求、信道激活、信道激活响应、立即指配及业务请求。

2）鉴权加密阶段

该阶段主要包括鉴权请求、鉴权响应、加密模式命令、加密模式完成、呼叫建立。经过这个阶段，主叫用户的身份已经确认，网络认为主叫用户是一个合法用户。

3）TCH 指配阶段

该阶段主要包括指配命令、指配完成。经过这个阶段，主叫用户的语音信道已经确定，如果在后面被叫接续的过程中不能接通，主叫用户可以通过语音信道听到 MSC 的语音提示。

4）取被叫用户路由信息阶段

该阶段包括向 HLR 请求路由信息、HLR 向 VLR 请求漫游号码、VLR 回送被叫用户的漫游号码以及 HLR 向 MSC 回送被叫用户的路由信息。

MSC 接到路由信息后，对被叫用户的路由信息进行分析，得到被叫用户的局向，然后进行话路接续。

2. 被叫过程流程

移动台作被叫时，其 MSC 通过与外界的接口收到初始化地址消息（IAI）。从这条消息的内容及 MSC 已经存在 VLR 中的记录，MSC 可以取到如 IMSI、请求业务类别等完成接续所需要的全部数据。然后 MSC 对移动台发起寻呼，移动台接受呼叫并返回呼叫核准消息，此时移动台振铃。MSC 在收到被叫移动台的呼叫校准消息后，会向主叫网方向发出地址完成（ADDRESS COMPLETE）消息（ACM）。

1）接入阶段

接入阶段包括手机收到 BTS 的寻呼命令后的信道请求、信道激活、信道激活响应、立即指配、寻呼响应。经过这个阶段，手机与 BTS（BSC）之间建立了暂时固定的关系。

2）鉴权加密阶段

该阶段主要包括鉴权请求、鉴权响应、加密模式命令、加密模式完成、呼叫建立。经过这个阶段，被叫用户的身份已经确认，网络认为被叫用户是一个合法用户。

3）TCH 指配阶段

该阶段主要包括指配命令、指配完成。经过这个阶段，被叫用户的语音信道已经确定，主叫听回铃音，被叫振铃。如果被叫用户摘机，则进入通话状态。

4）通话阶段与拆线阶段

用户摘机进入通话阶段。而拆线阶段可能由主叫发起，也可能由被叫发起，流程基本类似：拆线、释放、释放完成。没有发起拆线的用户会听到忙音。释放完成后，用户进入空闲状态。

1.5.2　呼叫流程举例分析

从通信接续的观点来说，通信是电信用户之间为交换信息而建立的一种临时关系。这种关系的建立是根据用户的要求，通过一定的接续过程，最后由电信网为用户双方提供适当的传输线路。只要通信的一方是 GSM 用户，就会涉及 GSM 的接续通信流程。

1. 移动呼移动（主、被叫在同一 MSC）（图 1.5-1）

（1）移动台发 MSISDN，完成信道请求、业务请求、鉴权请求、信道指配等步骤。

（2）MSC 向 HLR/AUC 发请求，要 MSRN。

（3）VLR 提供 MSRN 并回送至 MSC。

（4）MSC 分析 MSRN 得知被叫是本局用户，向 VLR 发送一个 S.F.I.C（为来话发送信息）。

（5）VLR 向 MSC 发送寻呼请求。

（6）MSC 向 BSSb 发出寻呼请求并找到 MS。

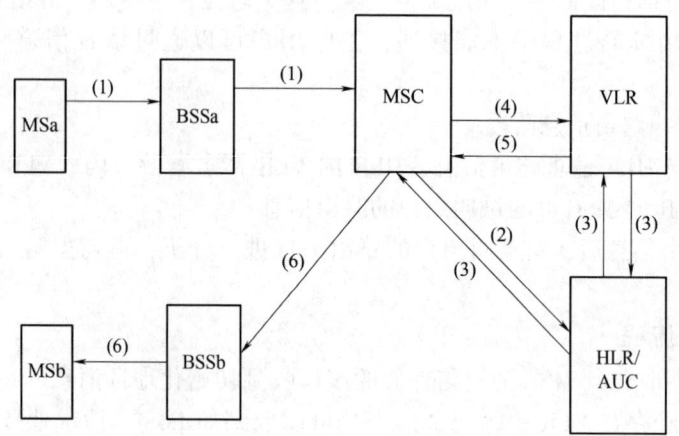

图 1.5-1　移动呼移动（主、被叫在同一 MSC）

2. 移动呼移动（主、被叫不在同一 MSC）（图 1.5-2）

（1）移动台完成了信道请求、业务请求、鉴权请求、信道指配等步骤以后，发 MSISDN。

（2）MSCa 向 HLR/AUC 要 MSRN，HLR/AUC 向 VLRb 转发该消息。

（3）VLRb 提供 MSRN 并回送至 MSCa。

（4）MSCa 与 MSCb 建立了连接。

（5）MSCb 向 VLRb 发一个 S.F.I.C（为来话发送信息）。

（6）VLRb 向 MSCb 发送寻呼请求。

（7）MSCb 向 BSSb 发出寻呼请求并找到 MSb。

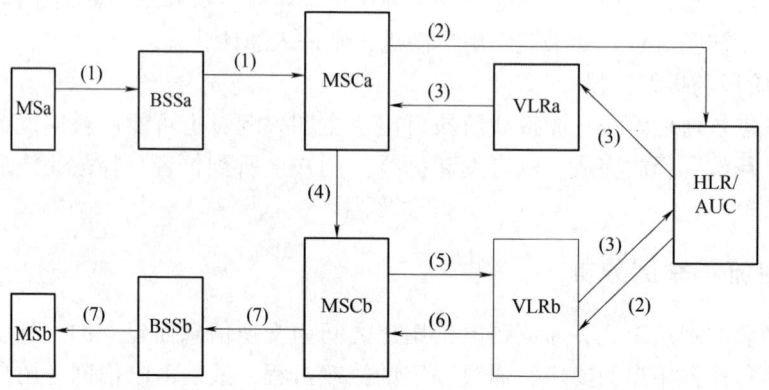

图 1.5-2　移动呼移动（主、被叫不在同一 MSC）

3. 移动呼固定（图 1.5-3）

（1）移动台完成了信道请求、业务请求、鉴权请求、信道指配等步骤以后，发被叫固定用户号码。

（2）MSC 向 VLR 请求建立连接的信息。

（3）VLR 回送 MSC 用户信息，呼叫进程。

（4）MSC 与被叫 PSTN 建立了连接，并找到被叫用户。

（5）被叫 PSTN 向 MSC 发回一个 ACM 消息。

（6）被叫 PSTN 向 MSC 发回一个 ANS 应答消息。

（7）MSC 向主叫 MS 发出提醒（ALTER）和连接（CONNECT）消息。

（8）MS 连接证实（CONN-ACK）。

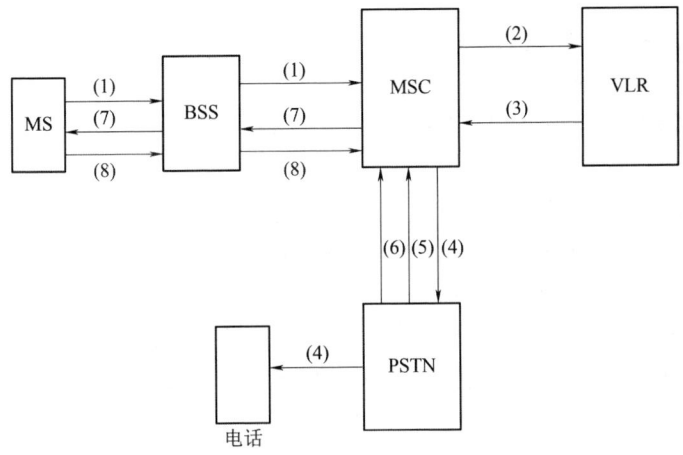

图 1.5-3　移动呼固定

4. 固定呼移动（被叫在 GMSC）（图 1.5-4）

（1）主叫固定用户发起呼叫，发 IAM。

（2）网关 GMSC 向 HLR/AUC 请求 MSRN 号，HLR 到 VLR 请求 MSRN。

（3）VLR 回送 MSRN 至 GMSC。

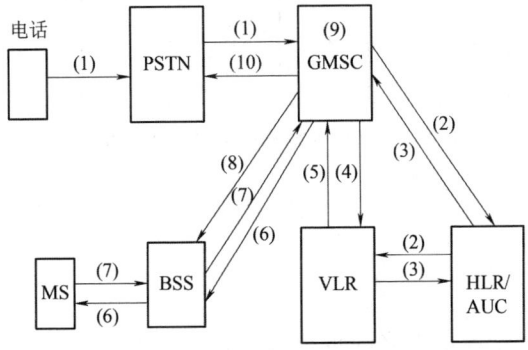

图 1.5-4　固定呼移动（被叫在 GMSC）

（4）GMSC 向 VLR 发送一个 S.F.I.C.（为来话发送信息）。

（5）VLR 向 GMSC 发送寻呼请求。

（6）GMSC 向 BSS 发送寻呼请求，找到被叫移动台。

（7）被叫移动台通过 BSS 向 GMSC 发送寻呼响应。

（8）GMSC 连接证实（CON-CONF）。

（9）GMSC 完成被叫 MS 的鉴权、加密、呼叫建立等过程。

（10）GMSC 向主叫 PSTN 发回地址全消息（ACM）和应答消息（ANC）。

5. 固定呼移动（被叫不在 GMSC）（图 1.5-5）

（1）主叫固定用户发起呼叫，发 IAM。

（2）网关 GMSC 向被叫所在的 HLR/AUC 请求 MSRN 号，HLR 到被叫所在的 VLR 请求 MSRN。

（3）VLR 回送漫游号 MSRN 至 GMSC。

（4）GMSC 与被叫所在的 MSC 建立连接。

（5）MSC 向 VLR 发送一个 S.F.I.C.（为来话发送信息）。

（6）VLR 向 MSC 发送寻呼请求。

（7）MSC 向 BSS 发送寻呼请求，找到被叫移动台。

（8）被叫移动台通过 BSS 向 MSC 发送寻呼响应。

（9）MSC 连接证实（CON-CONF）。

（10）MSC 完成被叫 MS 的鉴权、加密、呼叫建立等过程。

（11）MSC 向主叫 PSTN 发回地址全消息（ACM）和应答消息（ANC）。

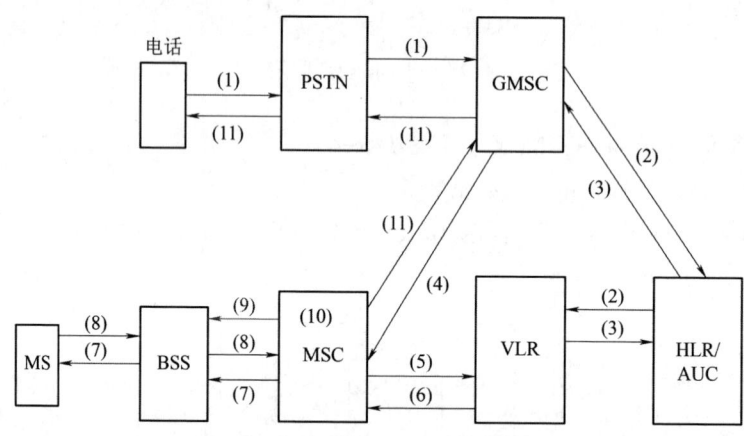

图 1.5-5　固定呼移动（被叫不在 GMSC）

1.5.3　鉴权

1. 鉴权简介

鉴权是数字网络区别于模拟网络的重要特性之一。通过鉴权，系统可以为合法的用户提供服务，对不合法的用户拒绝服务。

2. 鉴权原理

（1）鉴权是通过鉴权中心（AUC）完成的。

（2）AUC 是为了防止非法用户接入 GSM 系统而设置的安全措施，它可以不断地为每个用户提供一组参数（包括随机数 RAND、符号响应 SRES 和密匙 Kc 等 3 个参数）。

（3）MSC/VLR 在每次呼叫过程中通过检查系统所提供的和用户响应的 3 个参数是否一致来鉴定用户身份的合法性。

（4）由于鉴权中心提供的三参数组总是与每个用户相关联的，因此通常 AUC 与 HLR 是合在同一个实体（HLR/AUC）中的，或者 AUC 直接与 HLR 相连。

（5）每个用户在 VLR 中至少有一个可用的新的三参数组，以保证在任何时候 MSC/VLR 可提供一个新的鉴权参数。

（6）当用户要进行呼叫、位置更新等操作时，需先对其鉴权：

①MSC、VLR 传送 RAND 至 MS。

②MS 用 RAND 和 Ki 算出 SRES 并返回 MSC/VLR。

③MSC/VLR 把收到的 SRES 与存储在其中的 SRES 进行比较，决定其真实性。

3. 鉴权执行控制过程（图 1.5-6）

①主叫用户发出 IMSI 号到 MSC/VLR。

②MSC/VLR 判断该 IMSI 是否为新卡，如为新卡，则向 AUC 申请 5 个三参数组；如为旧卡，则调用 MSC/VLR 中的一个三参数组。

③MSC/VLR 发出请求三参数组消息到 AUC。

④AUC 送回 5 个三参数组。

⑤MSC/VLR 只使用一个三参数组进行鉴权，其余 4 个三参数组待用。

⑥MSC/VLR 通过 BSS 向 MS 发出 RAND。

⑦MS 在 SIM 卡进行计算，得到 SRES 和 Kc 值。

⑧MS 将 SRES 和 Kc 送回 MSC/VLR 进行核对。

⑨若两个 SRES 一致，则鉴权成功，向 MS 返回接受消息，如 TMIS、CKSN 等。

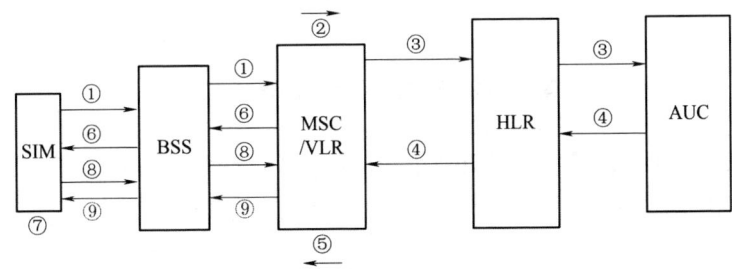

图 1.5-6　鉴权执行控制过程

1.5.4　切换

1. 切换简介

在 MS 通话阶段，MS 小区的改变引起系统的相应操作叫切换。切换的依据是 MS 对周围的 BTS 信号强度的测量报告和 BTS 对 MS 发射信号及通话质量，BSS 统一评价后决定是否进行切换。

切换的决定主要由 BSS 作出，当 BSS 对当前 BSS 与移动用户的无线连接质量不满意时，BSS 根据现场情况发起不同的切换要求，也可由 NSS 根据话务信息要求 MS 开始切换流程。

2. 切换类型

（1）小区内切换。

①同一个无线频道的话务信道之间。

②不同的无线频道之间。

（2）同基站内小区间切换。

（3）同 MSC 内基站间切换。

（4）同 PLMN 不同 MSC 之间切换。

（5）不同 PLMN 的基站间切换，GSM 不定义。

3. 同 BSC 控制的小区间切换（图 1.5-7）

①BSC 预订新的 BTS 激活一个 TCH。

②BSC 通过旧 BTS 发送一个包括频率、时隙及发射功率参数的信息至 MS，此信息在 FACCH 上传送。

③MS 在规定新频率上发送一个切换接入突发脉冲（通过 FACCH 发送）。

④新 BTS 收到此突发脉冲后，将时间提前量信息通过 FACCH 回送 MS。

⑤MS 通过新 BTS 向 BSC 发送一切换成功信息。

⑥BSC 要求旧 BTS 释放 TCH。

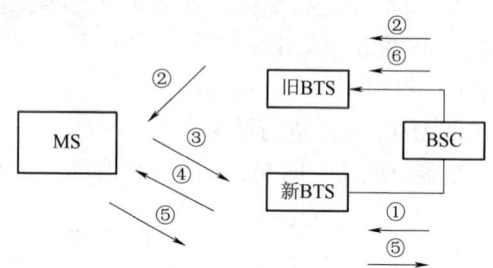

图 1.5-7 同 BSC 控制的小区间切换

4. 相同 MSC 不同 BSC 控制的小区间切换（图 1.5-8）

①旧 BSC 把切换请求及切换目的小区标识一起发送给 MSC。

②MSC 判断是哪个 BSC 控制的 BTS，并向新 BSC 发送切换请求。

③新 BSC 预订目标 BTS 激活一个 TCH。

④新 BSC 把包含有频率、时隙及发射功率的参数通过 MSC、旧 BSC 和旧 BTS 传送到 MS。

⑤MS 在新频率上通过 FACCH 发送接入突发脉冲。

⑥新 BTS 收到此脉冲后，回送时间提前量信息至 MS。

⑦MS 发送切换成功信息通过新 BSC 传送至 MSC。

⑧MSC 命令旧 BSC 释放 TCH。

⑨旧 BSC 转发 MSC 命令至 BTS 并执行。

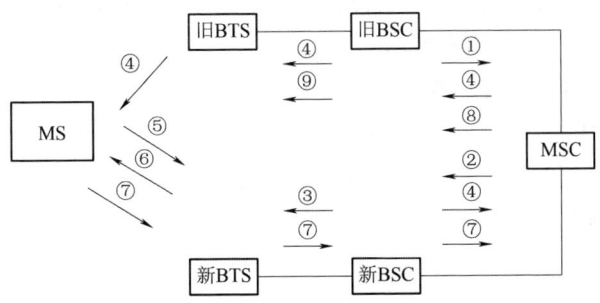

图 1.5-8　相同 MSC 不同 BSC 控制的小区间切换

5. 不同 MSC 控制的小区间切换（图 1.5-9）

①旧 BSC 把切换目标小区标识和切换请求发送至旧 MSC。

②旧 MSC 判断出小区属另一 MSC 管辖。

③新 MSC 分配一个切换号（路由呼叫用），并向新 BSC 发送切换请求。

④新 BSC 激活 BTS 的一个 TCH。

⑤新 MSC 收到新 BSC 回送信息并与切换号一起转至旧 MSC。

⑥一个连接在新、旧 MSC 间被建立（也许会通过 PSTN 网）。

⑦旧 MSC 通过旧 BSC 向 MS 发送切换命令，其中包含频率、时隙和发射功率。

⑧MS 在新频率上发一接入突发脉冲（通过 FACCH 发送）。

⑨新 BTS 收到后，回送时间提前量信息（通过 FACCH 回送）。

⑩MS 通过新 BSC 和新 MSC 向旧 MSC 发送切换成功信息，旧 TCH 被释放，而控制权仍在旧 MSC 手中。

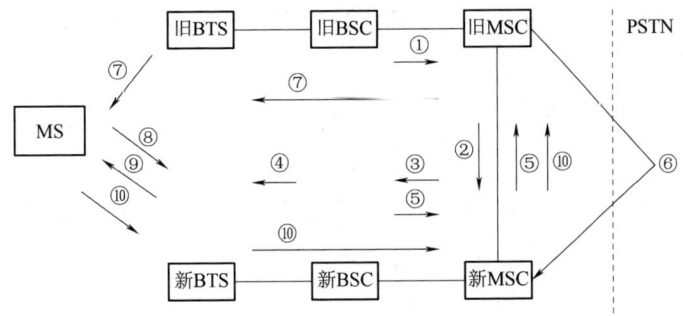

图 1.5-9　不同 MSC 控制的小区间切换

1.5.5　位置更新

当移动用户远离一个小区而向另一个小区移动时，该 MS 接收到原小区 BCCH 上的信号强度减弱，而决定转移到邻近小区的新的无线频道上去。当新的 BTS 发出的 BCCH 载频信号强度优于原小区时，MS 锁定这个载频，并继续接收广播消息及可能发送给它的寻呼消息，直到它移向另一小区，该过程的完成即为位置更新。

移动用户在移动的情况下要求改变与小区和网络联系的特点称为漫游，而在漫游期间改变位置区及位置区的确认过程则称为位置更新。在相同位置区中的移动不需通知 MSC，而在不同位置区的小区间移动则需要通知 MSC。

1. 常规位置更新（图 1.5-10）

（1）位置更新请求。

（2）位置更新区（CKSN、IMSI、LAIO、LAIN）。

（3）鉴权完成过程。

（4）位置更新接受。

（5）加密模式完成过程。

（6）位置更新接受（TMSIN、LAI）。

（7）TMSIN 完成。

（8）TMSI 分配完成证实。

（9）释放资源。

（10）清除完成。

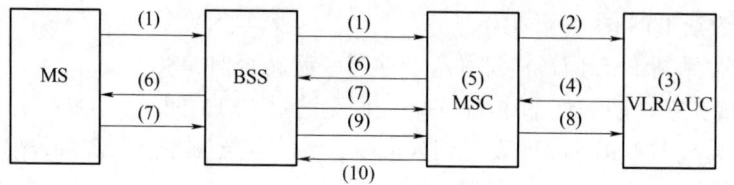

图 1.5-10　常规位置更新

2. 周期性位置更新

周期性位置更新是保证数据安全的一种方法。网络通过 BCCH 向全体 MS 提供更新的周期（一般为 0.1~24 h）。MS 自动、周期性地与网络取得联系并核对数据。

3. IMSI 分离

IMSI 分离如图 1.5-11 所示。

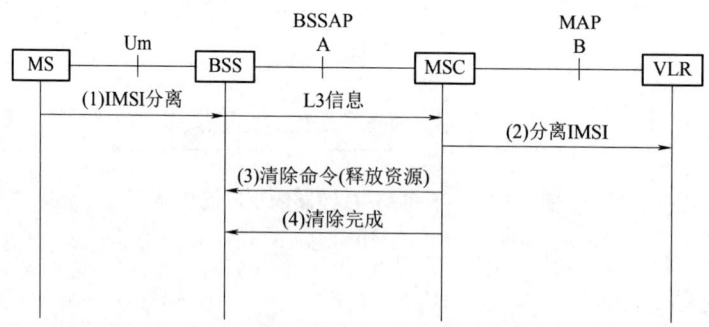

图 1.5-11　IMSI 分离

4. IMSI 附着

当 MS 开机后，若此时 MS 处于分离前相同的位置区，则将 MSC/VLR 中 VLR 的 IMSI

作附着标记；若位置区已改变，则要进行新的常规位置更新。IMSI 附着如图 1.5-12 所示。

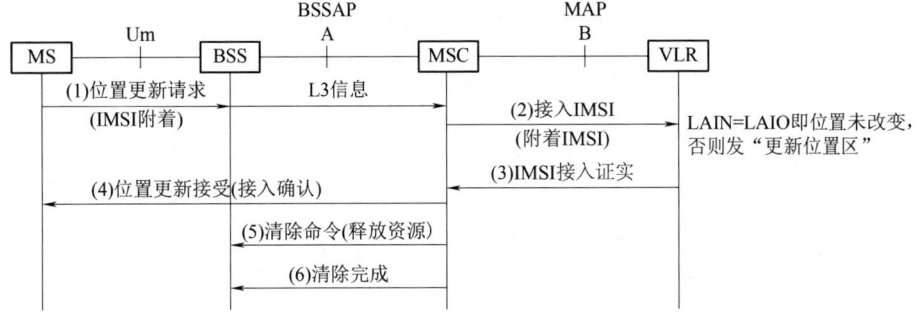

图 1.5-12　IMSI 附着

思考与练习

1.1　画图说明 GSM 网络的架构，并介绍各部分功能。

1.2　越区切换有哪几种方式？试简单说明。

1.3　位置更新包括哪几个过程？试做简要说明。

1.4　试简述 GSM 系统所有识别码的构成，并举例说明。

1.5　GSM 系统的 No.7 信令系统包含哪几部分？其应用层各用于什么接口？并用图说明层次关系。

1.6　试用图说明 GSM 主要接口的协议分层结构。

第2章　GPRS

学习指引

通用分组无线业务（General Packet Radio Service，GPRS）是在原有第二代移动通信 GSM 系统上发展出来的分组交换系统，提供端到端的广域无线 IP 连接，是一种分组数据承载业务。GPRS 允许用户在端到端分组转移模式下发送和接收数据，而不需要利用电路交换模式的网络资源，从而提供了一种高效、低成本的无线分组数据业务。特别适用于间断的、突发性的和频繁的、少量的数据传输，也适用于偶尔的大数据量传输。GPRS 作为 2.5G 技术，从实验到商用阶段，都受到了用户的热烈欢迎，1999—2000 年是 GPRS 的实验阶段，各大运营商与设备制造商签订 GPRS 系统购买合同，并开始建设 GPRS 实验网，为用户提供实验性 GPRS 业务，单用户吞吐量可达到 28 Kb/s。在 2001 年初，GPRS 终端投放市场，GPRS 业务全面展开，进入商业运营阶段。2002—2003 年，GPRS 业务进入多样化阶段，典型的单用户吞吐量达到 112 Kb/s，功能得到进一步完善。本课程配套的在线开放课程资源在超星网络平台可以帮助学生进行学习。

本章重难点

（1）掌握 GPRS 系统的基本体系结构。
（2）理解 GPRS 系统的移动性管理功能。

知识目标

（1）掌握 GPRS 系统的基本体系结构。
（2）掌握 GPRS 系统的移动性管理功能，从而加深对安全性管理功能、位置管理功能及用户数据管理功能的理解。
（3）掌握 GPRS 系统的编号。

能力目标

（1）理解 GPRS 的技术特点，能描述 GPRS 系统的基本体系结构。
（2）理解 GPRS 系统的业务流程及用户数据传输，能结合通信过程进行分析。

素质目标

通过对本章的学习，培养学生科学严谨、认真钻研的学习精神。

2.1　GPRS 概述

2.1.1　GPRS 的产生

GPRS 是在 GSM 移动通信系统基础上发展起来的一种移动分组数据业务。GPRS 通过在 GSM 数字移动通信网络中引入分组交换的功能实体，以完成用分组方式进行的数据传输。GPRS 系统可以看作是在原有的 GSM 电路交换系统的基础上进行的业务扩充，以支持移动用户利用分组数据移动终端接入 Internet 或其他分组数据网络的需求。

以 GSM、CDMA 为主的数字蜂窝移动通信和以 Internet 为主的分组数据通信是目前信息领域增长最为迅猛的两大产业，正呈现出相互融合的趋势。GPRS 可以看作是移动通信和分组数据通信融合的第一步。

移动通信在语音业务继续保持发展的同时，对 IP 和高速数据业务的支持成了第二代移动通信系统演进的方向，而且也已经成为第三代移动通信系统的主要业务特征。

GPRS 包含丰富的数据业务，如 PTP 点对点数据业务、PTM-M 点对多点广播数据业务、PTM-G 点对多点群呼数据业务、IP-M 广播业务。这些业务已具有了一定的调度功能，再加上 GSM-phase 2+中定义的语音广播及语音组呼业务，GPRS 已能完成一些调度功能。

GPRS 主要的应用领域可以是 E-mail 电子邮件、WWW 浏览、WAP 业务、电子商务、信息查询、远程监控等。

2.1.2　GPRS 的发展

GSM-GPRS 通过在原 GSM 网络基础上增加一系列的功能实体来完成分组数据功能，新增功能实体组成 GSM-GPRS 网络，作为独立的网络实体对 GSM 数据进行旁路，完成 GPRS 业务，原 GSM 网络则完成语音功能，尽量减少对 GSM 网络的改动。GPRS 网络与 GSM 原网络通过一系列的接口协议共同完成对移动台的移动管理功能。

GPRS 新增了以下功能实体：服务 GPRS 支持节点 SGSN、网关 GPRS 支持节点 GGSN、点对多点数据服务中心等，以及一系列原有功能实体的软件功能的增强。GPRS 大规模地借鉴及使用了数据通信技术及产品，包括帧中继、TCP/IP、X.25、X.75、路由器、接入网服务器、防火墙等。

GPRS 最早在 1993 年提出，1997 年出台了第一阶段的协议，2000 年年初推出 SMG#30，匿名接入功能在新的协议中不再体现。GPRS 协议除包含新出台的协议外，还对原有的一些协议进行了较多修改。

2.2　GSM 与 GPRS 的比较

下面对 GSM 电路交换型数据业务与 GPRS 分组型数据业务的技术特征做一下对比说明。

2.2.1　电路交换的通信方式

在电路交换的通信方式中，发送数据之前要先通过一系列的信令过程，为特定的信息传输过程（如通话）分配信道，并在信息的发送方、信息所经过的中间节点、信息的接收方之间建立起连接，然后传送数据，数据传输过程结束以后再释放信道资源，断开连接。

图 2.2-1 是一个基于电路方式的语音通信过程示意图。

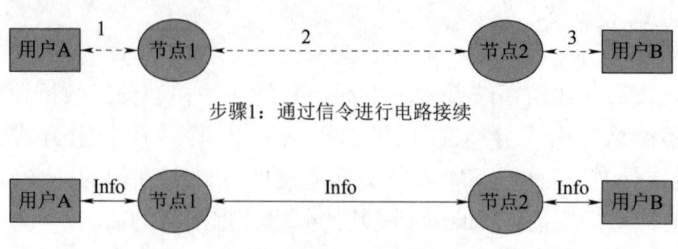

图 2.2-1 基于电路方式的语音通信过程示意图

电路交换的通信方式一般适用于需要恒定带宽、对时延比较敏感的业务，如语音业务一般都采用电路交换的通信方式。

2.2.2 分组交换的通信方式

在分组交换的通信方式中，数据被分成一定长度的包（分组），每个包的前面有一个分组头（其中的地址标志指明该分组发往何处）。数据传送之前并不需要预先分配信道，建立连接。而是在每一个数据包到达时，根据数据包头中的信息（如目的地址），临时寻找一个可用的信道资源将该数据包发送出去。在这种传送方式中，数据的发送和接收方同信道之间没有固定的占用关系，信道资源可以看作由所有的用户共享使用。

由于数据业务在绝大多数情况下都表现出一种突发性的业务特点，对信道带宽的需求变化较大，因此采用分组方式进行数据传送将能够更好地利用信道资源。例如，一个进行 WWW 浏览的用户，大部分时间处于浏览状态，而真正用于数据传送的时间只占很小比例。这种情况下若采用固定占用信道的方式，将会造成较大的资源浪费。

图 2.2-2 是基于分组的通信过程示意图。

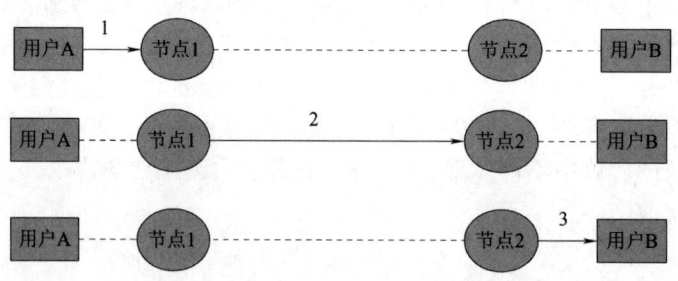

图 2.2-2 基于分组的通信过程示意图

在 GPRS 系统中采用的就是分组通信技术，用户在数据通信过程中并不固定占用无线信道，因此对信道资源能够更合理地应用。

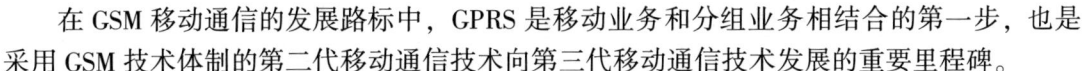

在 GSM 移动通信的发展路标中，GPRS 是移动业务和分组业务相结合的第一步，也是采用 GSM 技术体制的第二代移动通信技术向第三代移动通信技术发展的重要里程碑。

2.3　GPRS 基本功能和业务

在 PLMN 中，GPRS 使用户能够在端到端分组传输模式下发送和接收数据。在 GPRS 中定义了两类承载业务，即点对点（PTP）和点对多点（PTM）。以 GPRS 承载业务支持的标准网络协议为基础，GPRS 网络营运者可以支持或提供给用户各种电信业务。GPRS 提供应用业务的特点如下。

（1）适用于不连续的非周期性（突发）数据传送，突发出现的时间间隔远大于突发数据的平均传输时延。

（2）适用于小于 500 B 的小数据量事务处理业务，允许每分钟出现几次，可以频繁传送。

（3）适用于几千字节大数据量事务处理业务，允许每小时出现几次，可以频繁传送。

上述 GPRS 应用业务特点表明，GPRS 非常适合突发数据应用业务，能高效利用信道资源，但对大数据量应用业务，GPRS 网络要加以限制，主要原因有以下几个。

（1）数据业务量较小。GPRS 网络是依附于原有的 GSM 网络之上的。但在目前，GSM 网络还主要提供电话业务，电话用户密度高、业务量大，而 GPRS 数据用户密度低。在一个小区内不可能有更多的信道用于 GPRS 业务。

（2）无线信道的数据速率较低。采用 GPRS 推荐的 CS-1 和 CS-2 信道编码方案时，数据速率仅为 9.05 Kb/s 和 13.4 Kb/s（包括 RLC 块字头）。但能够保证实现小区的 100% 和 90% 覆盖时，能满足同频道干扰 C/I 为 9 dB 要求。原因是 CS-1 和 CS-2 编码方案 RLC（无线链路控制）块中的半速率和 1/3 速率比特用于前向纠错 FEC，因此降低了 C/I 要求。因此，GPRS 应主要采用 CS-1 和 CS-2 编码方案，能满足现有电路设计要求。

虽然 CS-3 和 CS-4 编码方案数据速率较高，为 15.6 Kb/s 和 21.4 Kb/s（包括 RLC 块字头），但它是通过减少和取消纠错比特来换取数据速率的提高。因此，CS-3 和 CS-4 编码方案要求较高的 C/I 值，仅适合能满足较高 C/I 值的特殊地区使用。

（3）当采用静态分配业务信道方式时，初期一个小区一般考虑分配一个频道（载波），即 8 个信道（时隙）用于分组数据业务。

例如，某家公司的第一代 GPRS BSS 多时隙工作能力：上、下行各 5 个时隙（PDCH）用于全双工 MS 时，一个小区仅能提供上下行的最高数据速率小于 67 Kb/s（CS-2 编码）。当下行 4 个时隙（PDCH）和上行 2 个时隙（PDCH）用于半双工 MS 工作时，一个小区仅提供下行最高数据速率小于 53.6 Kb/s（CS-2 编码）和上行最高数据速率小于 28.6 Kb/s（CS-2 编码）。

多时隙信道一般用于 Web 浏览业务（数据库查询）和 FTP 文件传送业务等。由于多时隙信道数量有限，因此 GPRS 网络要对大数据量应用业务加以限制，允许每小时出现几次。

（4）当 GPRS 业务和 GSM 业务共享信道，并采用动态分配信道方式时，电话有较高的优先级。可利用任何一个信道的两次通话间隙传送 GPRS 分组数据业务，如果某个信道用于 GPRS 业务，一个分组数据信道（PDCH）可以实现多个 GPRS MS 用户共享（即多个逻辑信道可以复用到一个物理信道），因此 GPRS 特别适用突发数据的应用，大大提高了信道利用率。

2.4　GPRS 基本体系结构和传输机制

2.4.1　GPRS 接入接口和参考点

GPRS PLMN 用户接入点：Um 接口和 R 参考点。
GPRS PLMN 网间接入点：Gp 接口。
GPRS PLMN 到外部固定网络的接入点：Gi 参考点。
GPRS 接入接口和参考点如图 2.4-1 所示。

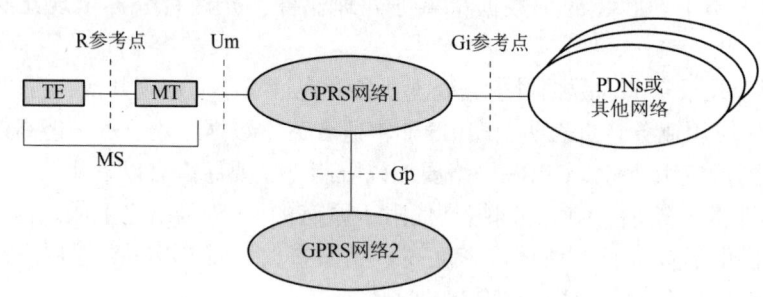

图 2.4-1　GPRS 接入接口和参考点

2.4.2　网络互通

通过 Gi 接口，GPRS PLMN 支持与外部数据网络的互通，如与 PSPDN 网络或 IP 网络互通。

2.4.3　逻辑体系结构

GPRS 网络引入了分组交换和分组传输的概念，使 GSM 网络对数据业务的支持从网络体系上得到了加强。图 2.4-2 从不同的角度给出了 GPRS 网络的组成示意图。GPRS 其实是叠加在现有的 GSM 网络的另一网络，GPRS 网络在原有 GSM 网络的基础上增加了 SGSN（服务 GPRS 支持节点）、GGSN（网关 GPRS 支持节点）等功能实体。GPRS 共用现有的 GSM 网络的 BSS 系统，但要对软硬件进行相应的更新；同时 GPRS 和 GSM 网络各实体的接口必须作相应的界定。另外，移动台则要求提供对 GPRS 业务的支持。GPRS 支持通过 GGSN 和 PSPDN 的互联，接口协议可以是 X.75 或者是 X.25，同时 GPRS 还支持和 IP 网络的直接互联。

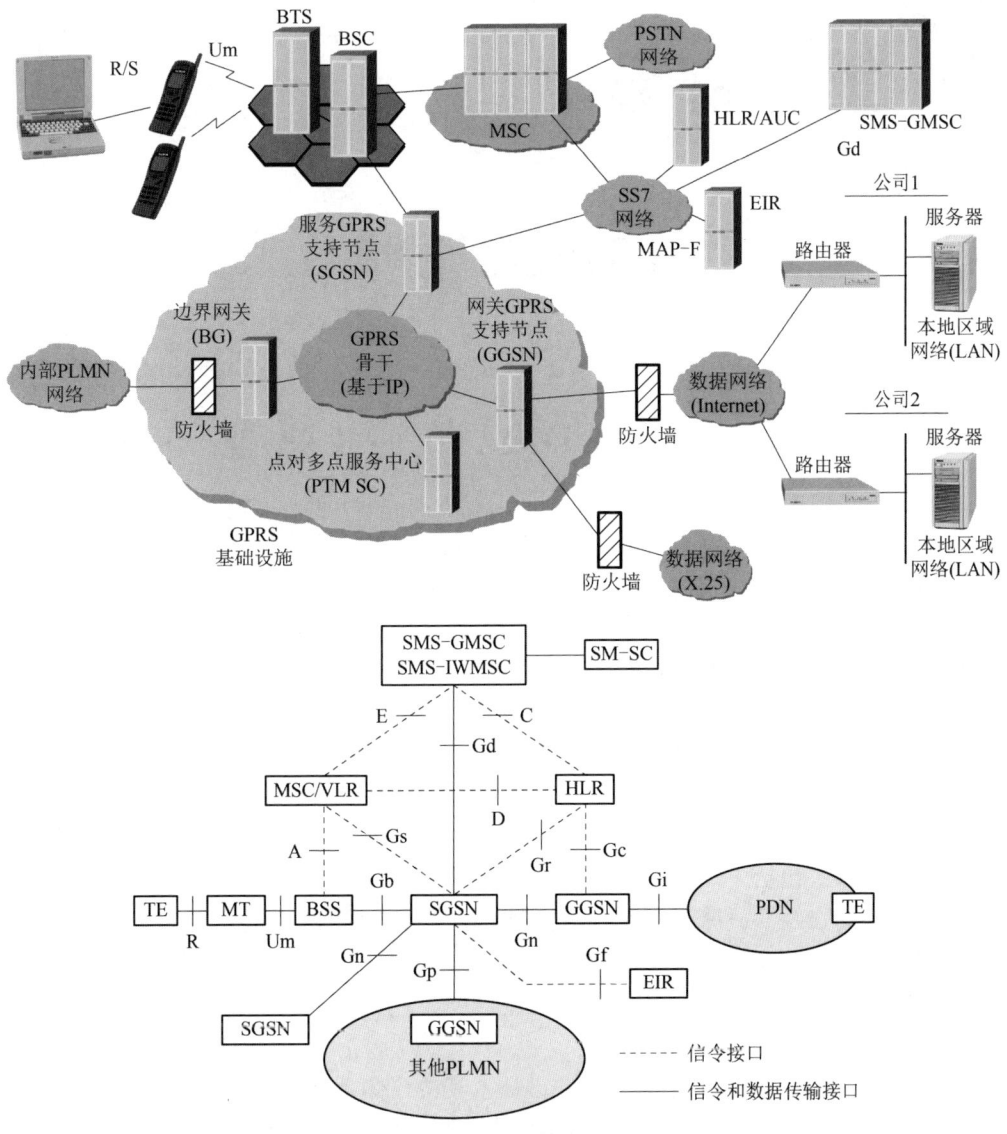

图 2.4-2　GPRS 网络组成

思考与练习

2.1　GPRS 的业务特点有哪些?

2.2　画图说明 GPRS 网络的构成,并简述各部分功能。

2.3　GPRS 移动性管理中,3 种不同的 MM 状态指的是什么?

2.4　GPRS 安全性功能包括哪些方面?

2.5　GPRS 无线资源管理主要体现为哪些功能?

2.6　NAT 指的是什么? 作用是什么?

第 2 部分

CDMA 原理

第 3 章　CDMA 概述及原理

🎯 学习指引

　　CDMA 技术的出现源自人类对更高质量无线通信的需求。第二次世界大战期间因战争的需要而研究开发出 CDMA 技术，其思想初衷是防止敌方对己方通信的干扰，在战争期间广泛应用于军事抗干扰通信，后来由美国高通公司更新成为商用蜂窝电信技术。1995 年，第一个 CDMA 商用系统（被称为 IS-95A）被美国高通公司运行之后，CDMA 技术理论上的诸多优势在实践中得到了检验，从而在北美、南美和亚洲等地得到了迅速推广和应用。全球许多国家和地区，包括中国大陆、中国香港、韩国、日本、美国都已建有 CDMA 商用网络。本课程配套的在线开放课程资源在超星网络平台可以帮助学生进行学习。

🎯 本章重难点

　　（1）掌握 CDMA 系统的基本原理、关键技术和协议体系。
　　（2）了解 CDMA 系统的发展、作用以及相关理论研究领域的热点问题。

🎯 知识目标

　　（1）掌握 CDMA 系统的网络结构，了解 CDMA 系统的关键技术。
　　（2）掌握 CDMA 技术的工作原理；掌握码分多址的优点，从而加深对扩频通信技术的理解。

🎯 能力目标

　　（1）熟悉 CDMA 系统。CDMA 蜂窝移动通信系统是以扩频技术为基础的，因此具有抗干扰、抗多径衰落、保密性强等特点。

（2）理解标准的差异性，在标准的问题上，CDMA 的标准并不十分完善。许多标准都处在研究或试制定之中。

素质目标

通过对本章的学习，培养学生认真钻研、精益求精以及编码时保密意识的形成。

3.1 移动通信发展史及 CDMA 标准

移动通信的历史可以追溯到 20 世纪初，但在近 20 年来才得到飞速发展。移动通信技术基本上以开辟新的移动通信频段、有效利用频率和移动台的小型化、轻便化为中心而发展，其中有效利用频率技术是移动通信的核心。

20 世纪 40 年代，第一个移动电话系统在美国开通。20 世纪 70 年代初，美国贝尔实验室提出了蜂窝系统的概念和理论。此后，蜂窝移动通信系统经历了三代演变，见表 3.1-1。

表 3.1-1 蜂窝移动通信系统的演变

第一代	第二代	第三代
模拟	数字	数字
语音	语音、数据	语音、高速数据
AMPS	CDMA	CDMA2000
TACS	GSM/TDMA GPRS	WCDMA
20 世纪 80 年代	1991 1999	2001 2002

注：AMPS—Advanced Mobile Phone System，先进的移动电话系统；TACS—Total Access Communication System，全接入通信系统；GPRS—General Packet Radio Services，通信分组无线电业务。

1. 第一代蜂窝移动通信系统

20 世纪 70 年代末，第一代蜂窝移动通信系统诞生于美国贝尔实验室，即著名的先进移动电话系统（AMPS）。其后，北欧（丹麦、挪威、瑞典、芬兰）和英国相继研制和开发了类似的 NMTS（Nordic Mobile Telephone System）和 TACS（Total Access Communication System）移动通信系统。中国在 1987 年开始使用模拟制式蜂窝电话通信。1987 年 11 月，第一个移动电话局在广州开通。

仅仅几年后，采用模拟制式的第一代蜂窝移动通信系统就暴露出了容量不足、业务形式单一及语音质量不高等严重弊端，这就促使了对第二代蜂窝移动通信系统的研发。

2. 第二代蜂窝移动通信系统

第二代蜂窝移动通信系统（2G）采用数字制式，提供了更高的频谱利用率、更好的数据业务和通信质量以及比第一代系统更先进的漫游功能。

典型的第二代蜂窝移动通信系统包括居于主导地位的 GSM 系统（全球移动通信系统）、美国 IS-54/IS-136 与 IS-95 系统、日本 PDC（Personal Digital Celluar）系统。其中 IS-95 是美国电信工业协会（TIA）于 1993 年制定的美国蜂窝移动通信标准，它采用了高通（Qualcomm）公司推出的 CDMA 技术规范。

1995 年，第一个 CDMA 蜂窝移动通信系统在中国香港开通，标志着 CDMA 已经走向商业应用。但是 IS-95 的发展受到了美国联邦通信委员会（FCC）的限制，要求 IS-95 必须和 AMPS 相兼容，即带宽限制在 AMPS 原有的频带框架内。因此，IS-95 是一个窄带 CDMA 系统，只能提供非常有限的服务，还存在很多不足。

近几年来，由 2G 提供的面向语音的移动通信业务吸引了越来越多的用户。现在中国有超过 1 亿用户使用手机，并且每年还以两千万的速度增长。2G 的巨大成功对第三代移动通信系统（3G）的研发起着强劲的推动作用。

3. 第三代蜂窝移动通信系统及 CDMA 标准

1985 年，国际电信联盟（ITU）提出未来公共陆地移动通信系统（FPLMTS），即第三代移动通信系统。FPLMTS 后来被更名为 IMT-2000。欧洲电信标准化协会（ETSI）也提出了通用移动通信系统（UMTS）。

IMT-2000 和 UMTS 的概念和目的非常相似，均致力于在全球统一频段，按统一标准提供功能、质量与固定有线通信系统相当的多种服务。

第三代蜂窝移动通信和个人通信系统提供更大的系统容量、更高速的数据传输能力。

目前，3G 系统数据传输速率在车辆上可以达到 144 Kb/s、在室外步行时可以达到 384 Kb/s、在建筑物里可以达到 2 Mb/s，未来这些速率还能进一步提高。

3G 服务包括视频流、音频流、移动互联、移动商务及电子邮件，并且最终发展到视频邮件和文件传输。真正实现"任何人，在任何地点、任何时间，与任何人"都能便利地通信这一目标。

4. RTT 技术

IMT-2000 中最关键的是无线传输技术（RTT）。截至 1998 年 6 月底，ITU 征集到来自欧洲、日本、美国、中国和韩国的 10 个地面接口 RTT 标准。

尽管 ITU 在尽最大努力寻求标准的统一，但以欧美为代表的两大区域性标准化组织 3GPP 和 3GPP2，分别以 WCDMA 和 CDMA2000 为基础形成了两大格局。其中 3GPP 是由欧洲电信标准化协会（ETSI）发起的第三代伙伴计划，3GPP2 是由美国国家标准学会（American National Standards Institute，ANSI）发起的另一个第三代伙伴计划。中国于 1999 年 4 月成立了无线通信标准研究组（CWTS），并于 1999 年 5 月正式加入了 3GPP 和 3GPP2。

为了确定 IMT-2000 RTT 的关键技术，ITU 对多种无线接入方案（卫星接入除外）进行了艰难的融合，以尽可能达到形成统一的 RTT 标准的目的。但是，经过一年多的研究之后，ITU 发现要想获得不同 RTT 技术间的完全融合是根本行不通的。因此，1999 年 11 月，ITU TG8/1 在芬兰举行的会议上通过了《IMT-2000 无线接口技术规范》，最终确定了 IMT-2000 可用的 5 种 RTT 技术，这些技术覆盖了欧洲与日本的 WCDMA、美国的 CDMA2000 和中国的 TD-SCDMA。

（1）WCDMA 是欧洲和日本提出的宽带 CDMA 标准，并且双方已经达成一致，彼此间差异很小。其技术特点是：频分双工，可适应多种速率和多种业务；前向链路快速功率控制、反向链路相干解调；支持不同载频间切换，基站之间无须同步，适用于高速环境，是一种很有前途的方案。

（2）CDMA2000 是北美基于 IS-95 系统演变而来的。其技术特点是：反向链路相干接收、前向链路发送分集；基站之间由 GPS 同步；与 IS-95 兼容性好，技术成熟、风险小，综合经济技术性能好。

（3）TD-SCDMA 是中国第一次向 ITU 提出的拥有自主知识产权的提案，它基于 TDMA 和同步 CDMA 技术的标准。其技术特点是时分双工（TDD），并结合了智能天线和软件无线电等技术，适用于低速接入环境。

从提交的 IMT-2000 RTT 的 10 种候选技术看，有 8 种为 CDMA 技术，也就是说，CDMA 技术在第三代通信系统中居主导地位。

2001 年 3 月，日本进行了 WCDMA 的商用测试，并在同年年底，在全世界率先推出了 3G 业务。

CDMA2000 技术的完整演进过程如图 3.1-1 所示。

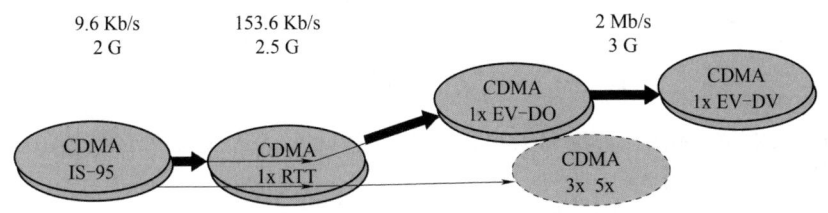

图 3.1-1　CDMA2000 技术的完整演进过程

真正在全球得到广泛应用的第一个 CDMA 标准是 IS-95A，这一标准支持 8 Kb/s 语音编码服务、13 Kb/s 语音编码服务，其中 13 Kb/s 语音编码服务质量已非常接近有线电话的语音质量。

随着移动通信对数据业务需求的增长，1998 年 2 月，美国 Qualcomm 公司宣布 IS-95B 标准用于 CDMA 基础平台。IS-95B 提升了 CDMA 系统性能，并增加了用户移动通信设备的数据流量，提供对 64 Kb/s 数据业务的支持。

在下面的章节中，如不加特殊说明，提到的 IS-95 就是 IS-95A。采用 IS-95 规范的 CDMA 系统统称为 CDMAOne。对应 CDMA2000 技术的演进过程，CDMA 各阶段系统演进的描述如表 3.1-2 所示。

表 3.1-2　CDMA 各阶段系统演进

系统	速率	业务	阶段
CDMAOne（IS-95A，IS-95B）	14.4 Kb/s，64 Kb/s	语音	2G
CDMA2000 1x	153.6 Kb/s	语音/数据	2.5G
CDMA2000 1x EV-DO	2.4 Mb/s	数据	3G
CDMA2000 1x EV-DV	4 Mb/s 以上	语音/数据	3G

3.2　CDMA 基本原理

码分多址（CDMA）包含两个基本技术：一个是码分技术，其基础是扩频通信技术；

另一个是多址技术。将这两个基本技术结合在一起，并吸收其他一些关键技术，形成了码分多址移动通信系统的技术支撑。

通过对本章的学习，可以掌握 CDMA 的基本原理并了解 CDMA 系统的语音编码和信道编码技术，为理解 IS-95 系统、CDMA2000 1x 系统（以下简称 1x 系统）的原理打下基础。

3.2.1 扩频通信技术（1+X 职业证书考点）

扩频通信，即扩展频谱通信（Spread Spectrum Communication），它与光纤通信、卫星通信一同被誉为进入信息时代的三大高技术通信传输方式。

1. 扩频通信的理论基础

扩频通信的基本思想和理论依据是香农（Shannon）公式。香农在信息论的研究中得出了信道容量的公式，即

$$C = B\log_2\left(1 + \frac{S}{N}\right)$$

式中，C 为信道容量（b/s）；B 为信号频带宽度（Hz）；S 为信号平均功率（W）；N 为噪声平均功率（W）。

该公式指出，如果信道容量 C 不变，则信号带宽 B 和信噪比 S/N 是可以互换的。只要增加信号带宽，就可以在较低的信噪比情况下，以相同的信息速率来可靠地传输信息。甚至在信号被噪声淹没的情况下，只要相应地增加信号带宽，仍然能保持可靠的通信。也就是说，可以用扩频方法以宽带传输信息来换取信噪比上的好处。

2. 扩频与解扩频过程

扩频通信技术是一种信息传输方式：在发送端采用扩频码调制，使信号所占的频带宽度远大于所传信息必需的带宽；在接收端采用相同的扩频码进行相干解调来恢复所传信息数据。

图 3.2-1 表明了整个扩频与解扩频过程。

（1）信息数据经过常规的数据调制，变成窄带信号（假定带宽为 B_1）。

（2）窄带信号经扩频编码发生器产生的伪随机编码（Pseudo Noise Code，PN 码）扩频调制，形成功率谱密度极低的宽带扩频信号（假定带宽为 B_2，$B_2 \gg B_1$）。窄带信号以 PN 码所规定的规律分散到宽带上后被发射出去。

（3）在信号传输过程中会产生一些干扰噪声，如窄带噪声、宽带噪声等。

（4）在接收端，宽带信号经与发射时相同的伪随机编码扩频解调，恢复成常规的窄带信号。即依照 PN 码的规律从宽带中提取与发射对应的成分积分，形成普通的窄带信号，再用常规的通信处理方式将窄带信号解调成信息数据。干扰噪声则被解扩成跟信号不相关的宽带信号。

3. 处理增益与抗干扰容限

扩频通信系统有两个重要的概念，即处理增益、抗干扰容限。

处理增益表明扩频通信系统信噪比改善的程度，是系统抗干扰的一个性能指标。

一般把扩频信号带宽 W 与信息带宽 ΔF 之比称为处理增益 G_p，即

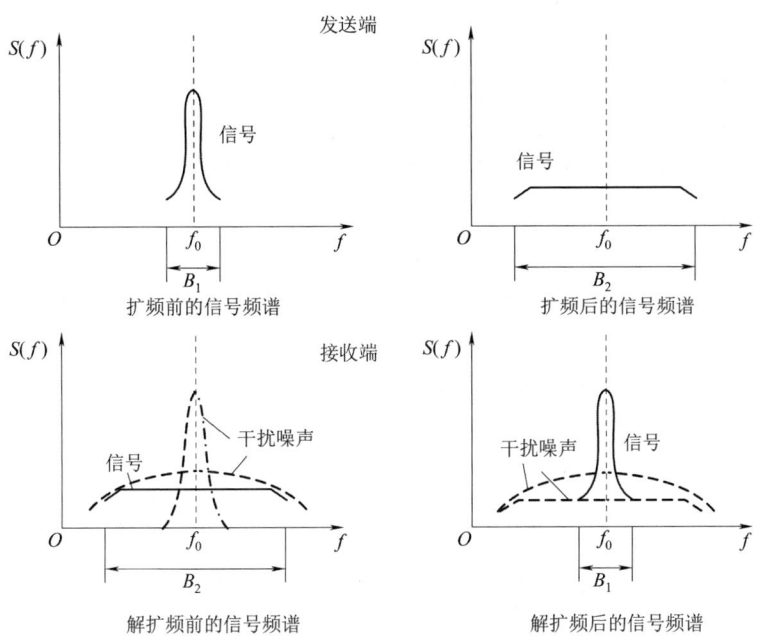

图 3.2-1　扩频与解扩频过程

$$G_{\mathrm{p}} = \frac{W}{\Delta F}$$

理论分析表明，各种扩频通信系统的抗干扰性能与信息频谱扩展前后的扩频信号带宽比例有关。

仅仅知道扩频通信系统的处理增益，还不能充分说明系统在干扰环境下的工作性能。因为系统的正常工作还需要在扣除系统其他一些损耗之后，保证输出端有一定的信噪比。所以，引入抗干扰容限 M_{J}，其定义为

$$M_{\mathrm{J}} = G_{\mathrm{p}} - \left[\left(\frac{S}{N} \right)_{\mathrm{o}} + L_{\mathrm{s}} \right]$$

式中，$\left(\dfrac{S}{N} \right)_{\mathrm{o}}$ 为输出端的信噪比；L_{s} 为系统损耗。

4. 扩频通信技术的特点

扩频通信技术具有以下特点。

1）抗干扰能力强

在扩频通信技术中，在发送端信号被扩展到很宽的频带上发送，在接收端扩频信号带宽被压缩，恢复成窄带信号。干扰信号与扩频伪随机码不相关，被扩展到很宽的频带上后，进入与有用信号同频带内的干扰功率大大降低，从而提高了输出信号/干扰比，因此具有很强的抗干扰能力。抗干扰能力与频带的扩展倍数成正比，频谱扩展得越宽，抗干扰能力越强。

2）可进行多址通信

CDMA 扩频通信系统虽然占用了很宽的频带，但由于各网在同一时刻共用同一频段，

其频谱利用率高，因此可支持多址通信。

3）保密性好

扩频通信系统将传送的信息扩展到很宽的频带上去，其功率密度随频谱的展宽而降低，甚至可以将信号淹没在噪声中，因此，其保密性很强。要截获、窃听或侦察这样的信号是非常困难的。除非采用与发送端所用的扩频码且与之同步后进行相关检测；否则对扩频信号的截获、窃听或侦察无能为力。

4）抗多径干扰

在移动通信、室内通信等通信环境下，多径干扰非常严重。系统必须具有很强的抗干扰能力，才能保证通信的畅通。扩频通信技术利用扩频所用的扩频码的相关特性来达到抗多径干扰，甚至可利用多径能量来提高系统的性能。

当然，扩频通信还有很多其他优点，如精确地定时和测距、抗噪声、功率谱密度低、可任意选址等。

3.2.2　多址技术

多址方式是许多用户地址共同使用同一资源（频段）相互通信的一种方式。对于 CDMA 系统来说，就是许多用户在同一时间使用相同的频点。通常，这些用户位于不同的地方并可能处于运动状态，如多个卫星通信地球站使用同一卫星转发器相互通信、多个移动台通过基站相互通信等均属于多址通信方式。

由于使用共同的传输频段，各用户系统之间可能会产生相互干扰，即多址干扰，也称为自干扰。为了消除或减少多址干扰，不同用户的信号必须具有某种特征以便接收机能够将不同用户信号区分开，这一过程称为信号分割。

多址接入方式的数学基础是信号的正交分割原理。传输信号可以表达为时间、频率和码型的函数。

根据传输信号的不同特性来区分信道的多址接入方式，如图 3.2-2 所示。

①频分方式（FDMA）：在同一时间内不同用户使用不同频带。

②时分方式（TDMA）：在同一频带内不同用户使用不同时隙。

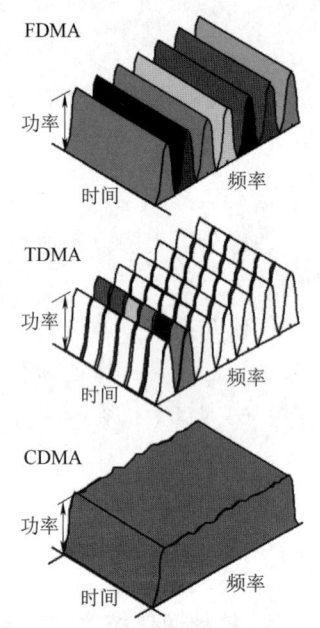

图 3.2-2　多址接入方式

③码分方式（CDMA）：所有用户使用同一频段在同一时间传送信号，它利用不同用户信号地址码波形之间的正交性或准正交性来实现信号分割。

3.2.3　CDMA 系统的实现

码分多址方式（CDMA）是一种先进的、有广阔发展前景的多址接入方式。目前，它已成为世界许多国家研究开发的热点。

码分多址使用一组正交（或准正交）的伪随机噪声（PN）序列，通过相关处理来实现多个用户共享空间传输的频率资源和同时入网接续的功能。

1. CDMA 扩频通信原理

扩频通信系统有 3 种实现方式，即直接序列扩频（DSSS）、跳频扩频（FHSS）和跳时扩频（THSS）。

CDMA 采用直接序列扩频通信技术，如图 3.2-3 所示。

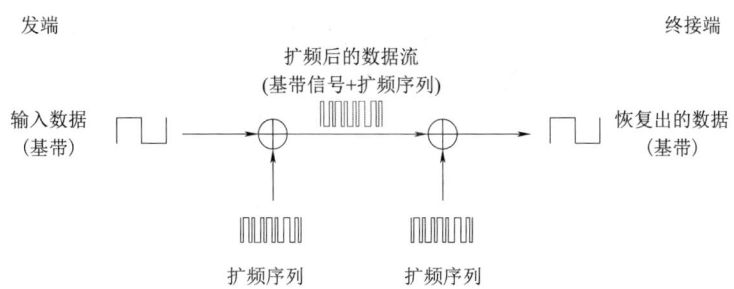

图 3.2-3　CDMA 直接序列扩频通信技术

在发端，有用信号经扩频处理后，频谱被展宽；在终接端，利用伪码的相关性作解扩处理后，有用信号频谱被恢复成窄带谱。

宽带无用信号与本地伪码不相关，因此不能解扩，仍为宽带谱；窄带无用信号被本地伪码扩展为宽带谱。由于无用的干扰信号为宽带谱，而有用信号为窄带谱，可以用一个窄带滤波器排除带外的干扰电平，于是窄带内的信噪比就大大提高了。

通常 CDMA 可以采用连续多个扩频序列进行扩频，然后以相反的顺序进行频谱压缩，恢复出原始数据，如图 3.2-4 所示。

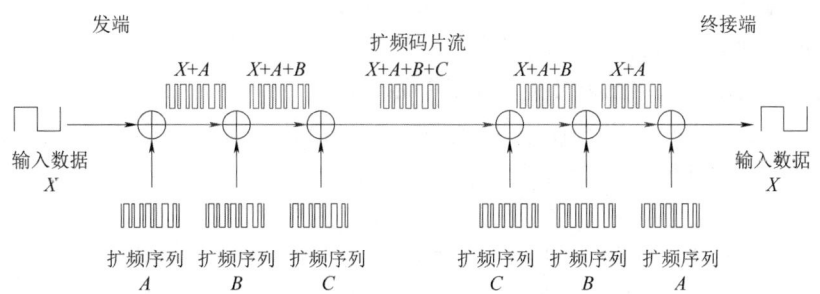

图 3.2-4　连续多个扩频序列进行扩频

2. CDMA 扩频码的选择

扩频码需要有区分度，也就是所谓的正交。合适的扩频码应该具备以下特性。

（1）互相关特性。用自身的扩频码可以解扩出信号，而其他的扩频码不可以解扩出信号。

（2）自相关特性。自身的时延不影响解扩出信号。

（3）容易产生。

（4）具有随机性。

（5）具有尽可能长的周期以对抗干扰。

目前，CDMA 使用的扩频码有 Walsh 码、PN 码（m 序列及 M 序列）。

1）Walsh 码

Walsh 码是正交扩频码，根据 Walsh 函数集而产生。Walsh 函数是一类取值为−1~1 的二元正交函数系。它有多种等价定义方法，最常用的是 Handmard 编号法，IS−95 中的 Walsh 函数就是这类定义方法。

Walsh 函数集是完备的非正弦型正交函数集，常用作用户的地址码。在 IS−95 标准中，给出了 $r=6$，$n=2^6=64$ 位，$64×64$ 的 Walsh 函数具体构造表。

$2N$ 阶的 Walsh 函数可以采用以下递推公式进行区分，即

$$\boldsymbol{H}_1 = \{0\} \qquad \boldsymbol{H}_2 = \{00\} \qquad \boldsymbol{H}_4 = \begin{Bmatrix} 0000 \\ 0101 \\ 0011 \\ 0110 \end{Bmatrix} \qquad \boldsymbol{H}_{2N} = \begin{Bmatrix} H_N H_N \\ H_N \overline{H_N} \end{Bmatrix}$$

式中，N 为 2 的幂；$\overline{H_N}$ 为对 H_N 取反。

Walsh 函数集的特点是正交和归一化。正交是同阶两个不同的 Walsh 函数相乘，在指定的区间上积分，其结果为 0；归一化是两个相同的 Walsh 函数相乘，在指定的区间上积分，其平均值为+1。

生成 Walsh 序列有多种方法，通常是利用 Handmard 矩阵来产生 Walsh 序列。利用 Handmard 矩阵产生 Walsh 序列的过程是迭代的方法。

不同步时，Walsh 函数自相关性与互相关性均不理想，并随同步误差值增大，恶化十分明显。

2）m 序列

由于 Walsh 码数量少，不具备随机信号的特性，因此在需要大量扩频码的情况下，需要使用伪随机序列（PN 码）。PN 码具有类似噪声序列的性质，是一种貌似随机但实际上有规律的周期性二进制序列。最常用的 PN 码是 m 序列。

m 序列是最长线性移位寄存器序列的简称。顾名思义，m 序列是由多级移位寄存器或其他延迟元件通过线性反馈产生的长码序列。CDMA（IS−95）中就是利用了 MSRG 来生成 m 序列。

m 序列的正交性不如 Walsh 码，这体现在同一级数 m 序列的互相关特性上。m 序列的互相关性大于 0，这也是使用 Walsh 码而不直接使用 m 序列的重要原因。

m 序列的自相关性很强，当级数很大时，不同相位的 m 序列可以看成是正交的。

m 序列的周期为 2^r-1，r 表示移位寄存器级数。m 序列的数量与级数有关。

当 $r=15$ 时，称为 PN 短码；当 $r=42$ 时，称为 PN 长码。

在 CDMA 系统中使用的 m 序列有以下两种：

①PN 短码，码长为 2^{15}；

②PN 长码，码长为 $2^{42}-1$。

3）3 种码的比较

下面对 CDMA 系统中的 3 种码进行比较说明。

（1）PN 短码，用于前反向信道正交调制。在前向信道，不同的基站使用不同的短码用

于标识不同的基站。短码长度为 2^{15}。

（2）PN 长码，由一个 42 位的移位寄存器产生的伪随机码和一个 42 位的长码掩码通过模 2 加输出得到的。每种信道的长码掩码是不同的，长码掩码是通过 42 位移位寄存器产生的，长度为 $2^{42}-1$。在 CDMA 系统中，长码在前向链路用于扰码，反向链路用于扩频。

（3）Walsh 码，利用其正交特性，用于 CDMA 系统的前向扩频。

表 3.2-1 所示为 IS-95 系统中的 3 种码比较，表 3.2-2 所示为 CDMA2000 系统中的 3 种码比较。

表 3.2-1　IS-95 系统中的 3 种码比较

码序列	长度	应用位置	应用目的	码速率/（chip·s^{-1}）	主要特性
PN 长码	$2^{42}-1$	反向接入信道 反向业务信道	直接序列扩频及标识移动台用户（信道）	1.228 8 M	具有尖锐的二值自相关特性
		前向寻呼信道 前向业务信道	用于数据扰码	19.2 k	
PN 短码	2^{15}	所有反向信道	正交扩频，利于调制	1.228 8 M	平衡性
		所有正向信道	正交扩频，利于调制并且用于标识基站		
Walsh 码	64	所有反向信道	正交调制	307.2 k	正交性
		所有正向信道	正交扩频，并且用于标识各前向信道	1.228 8 M	

表 3.2-2　CDMA2000 系统中的 3 种码比较

码序列	长度	应用位置	应用目的	主要特性
m 序列（最大周期线性移位寄存器序列）	$2^{42}-1$	反向接入信道 反向业务信道	直接序列扩频及标识移动台用户（信道）	具有尖锐的二值自相关特性
		前向寻呼信道 前向业务信道	用于数据扰码	
PN 短码	2^{15}	所有反向信道	正交扩频，利于调制	平衡性
		所有正向信道	正交扩频，利于调制并且用于标识基站	
Walsh 码	64	前向基本信道 前向导频，寻呼，同步信道	正交扩频	正交性
	4/8/16/32	前向补充信道	正交扩频	
	128	QPCH	正交扩频	
	16	反向基本信道	正交扩频	
	32	反向导频信道	正交扩频	
	2 或 4	反向补充信道	正交扩频	

在实际应用中，可以将 Walsh 码与 PN 码特性的各自优点进行互补，即利用复合码特性来克服各自的缺点。

3.2.4　语音编码技术

为了适应这种发展趋势，CDMA 系统采用了一种非常有效的语音编码技术，即 Qualcomm 码激励线性预测（QCELP）编码。

它是北美第二代数字移动电话的语音编码标准（IS-95），其语音编码算法是美国 Qualcomm 通信公司的专利。这种算法不仅可工作于 4 Kb/s、4.8 Kb/s、8 Kb/s、9.6 Kb/s 等固定速率上，而且可变速率地工作于 800~9 600 b/s。该技术能够降低平均数据速率，平均速率的降低可使 CDMA 系统容量增加到 2 倍左右。

QCELP 的算法被认为是目前为止效率最高的。它的主要特点之一是使用适当的阈值来决定所需速率。阈值随背景噪声电平变化而变化，这样就抑制了背景噪声，使得即使在喧闹的环境中，也能得到良好的语音质量，CDMA 8 Kb/s 的语音近似 GSM 13 Kb/s 的语音。

3.2.5　信道编码技术

由于移动通信系统信道的特殊性，为了达到一定的比特误码率（BER）指标，对信道编码要求很高，主要是差错控制编码，也称为纠错编码。差错控制编码的方法有循环冗余校验、卷积、块交织、Turbo 码和扰码。不同系统中采用了不同的差错控制编码，具体如下。

①PHS 采用了循环冗余校验和扰码。

②GSM 采用了卷积、块交织。

③CDMAOne 采用了循环冗余校验、卷积、块交织和扰码。

④CDMA2000 采用了循环冗余校验、卷积、块交织、Turbo 码和扰码。

1. 移动通信信道的特点

移动通信信道是最复杂的通信信道，因为无线信号在传播时会受到各种干扰。除了有线信道中的干扰外，在无线信号的传播途中也会有各种各样的障碍物使信号产生多径效应、阴影效应、散射和衍射而衰落，导致信号受到地形的影响。

此外，天气的变化也会使无线信号产生慢衰落。当移动台处于高速移动的状态下情况会更糟，信号还会产生多普勒频移效应。

所有这些因素又会因为移动台的移动而变化，因此移动通信信道具有以下特点。

1）多径传播

由多径传播引起的多径干扰，是指无线电波因传输路径的不同引起到达时间的不同而导致接收端码元的相互干扰。它可使所传输的数据信号幅度衰落，可能引起波形展宽，因而数据传输速率会受到限制。

移动信道中多径的产生主要是因为庞大建筑物对信号的反射造成的。从移动台的角度看，就是相同的信号以不同的时间和方向到达移动台。无线信号多径传播示意图如图 3.2-5 所示。

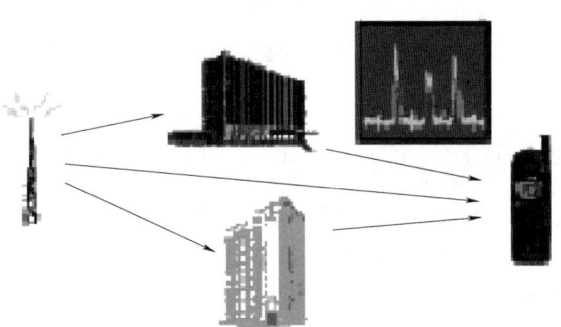

图 3.2-5   无线信号多径传播示意图

多径信号不但显著地分散了信号的能量，使移动台接收到的信号能量仅是发射信号能量的一部分。并且因为多径信号到达移动台所传输的路径不同和到达时间的不同，而造成相位的不同，这样多径信号之间就会产生相互抵消的效应，造成极其严重的衰落现象，使信号的信噪比严重下降，影响接收效果。

另外，如果是宽带通信，信号的频谱较宽，还会发生频率选择性衰落。这主要是因为针对不同的多径情况，不同频率产生的衰落深度也不同，造成有的频率分量完全被多径抵消。真实的频率选择性瑞利衰落信道如图 3.2-6 所示。

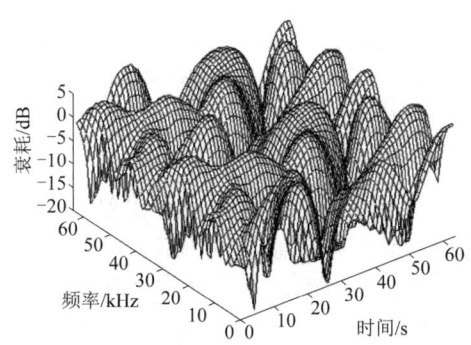

图 3.2-6   真实的频率选择性瑞利衰落信道

图 3.2-6 中，纵轴是增益（单位是 dB），横轴分别为频率和时间。

从图中可以看到许多"深谷"，就是发生严重衰落的地方。所谓的瑞利衰落是指信号的电场强度的概率密度函数服从瑞利概率分布的多径衰落。另一个对瑞利衰落的主要贡献者则是多普勒频率效应。

在移动通信中，多径是不可避免的，尽管它严重干扰通信，但人们也可以对其加以利用。比如：当移动台移动到大型建筑物后面，进入信号阴影区时，无线信号只能通过反射信号到达移动台，人们可借以这种反射波和/或绕射波来保证语音的连续性。在 GSM 和 CDMA 移动通信中针对多径传输的技术措施分别是时域均衡和分集接收。

2）多普勒频移

在生活中经常会遇到这样的情形，当一辆警车迎面急驶而来时我们会觉得警笛的声音越来越刺耳尖利，而当其远离驶去时又变得缓和起来。这就是多普勒频移造成的频率变化。

多普勒频移是指多径效应不仅可使发射信号的振幅发生变化，而且可使发射信号的频率结构发生变化，造成相位起伏不定，从而导致数据信号的错误接收。多普勒频移量可用下式计算，即

$$多普勒频移 = \left(\frac{移动速度}{波长}\right) \times \cos（入射波与运动方向的夹角）$$

当人们持手机在低速运动状态下打电话时，多普勒频移可以忽略不计，但当人们坐在高速行驶的汽车上打电话时，就不得不考虑多普勒频移的影响了。

3）信号阴影与传输损耗

衰落指在接收端信号的振幅总是呈现出忽大忽小的随机变化的现象。依据持续时间长短，衰落一般有快慢之分。

当移动台进入建筑物阴影时，因为大部分信号能量被建筑物阻挡，所以也会发生衰落，移动台仅能接收到从其他物体反射来的信号或绕射来的信号。但这种衰落相对多径引起的衰落来说变化速度要慢得多，所以称之为慢衰落，它不像快衰落那样难以对付。

快衰落大部分是由于多径传播引起，它使信号严重失真。

慢衰落是由不同类型的大气折射或行进过程中地形等其他障碍物的影响而产生的。随着频率的增加，信号电平随时间变化的分布曲线逐渐接近瑞利分布，因此可用瑞利分布作为快衰落的最坏情况估计。

2. 卷积编码

卷积编码技术能有效地克服随机的单个数据错误。卷积码是1955年由Elias最早提出的，由于其编码方法可以用卷积运算形式表达，因此而得名。

卷积码是有记忆编码，它是有记忆系统。对于任意给定的时段，其编码的 n 个输出不仅与该时段 k 个输入有关，而且还与该编码器中存储的 m 个输入有关。卷积码编码约束长度为 $1 = m+1$，m 为编码器中寄存器的字节数（记忆长度）。

卷积编码需要选择编码约束长度和码速率。约束长度应尽可能大，以便获得良好的性能。然而随着编码约束长度的增加，解码的复杂性也增加了。现代的超大规模集成电路已经可以获得约束长度为9的卷积码。码速率取决于信道的相干时间和交织长度。

3. 块交织技术

块交织技术的目的是尽可能纠正连串突发数据错误，使得在接收端解交织后落入每个接收字里的差错个数不大于纠错码能纠正的个数。

在陆地移动通信的变参信道上，比特差错经常是成串发生的。这是由于持续较长的深衰落谷点会影响到相继一串的比特。然而，信道编码仅在检测和校正有限个差错和不太长的差错串时才有效。

为了解决这一问题，希望能找到把一条消息中的相继比特分散开的方法，即一条消息中的相继比特以非相继方式（分散）被发送。这样，在传输过程中即使发生了成串差错，解交织后恢复成一条相继比特串的消息时，差错也就变成单个或几个了，这种方法就是交织技术。

解交织后的含有随机差错的接收字通过纠错译码，纠正差错并恢复成原消息。

无线信道可能会产生突发的差错。因为交织可以将这些突发差错随机化，所以卷积码对于防止随机差错很有效。交织方案可以是块交织或卷积交织。在蜂窝系统中一般采用块

交织。

　　交织带来的性能改进，取决于信道的分集级别和信道的平均衰落间隔。交织长度由业务的时延需求来确定。语音业务需要的时延比数据业务短。因此，需要将交织长度与不同的业务相匹配。

思考与练习

3.1　简述移动通信发展史。

3.2　简述 CDMA 标准的演进过程。

3.3　简述扩频通信原理。

3.4　简述码分多址的特点。

3.5　简述 CDMA 系统中 3 种扩频码的区别。

3.6　简述 CDMA 系统中使用的语音编码和信道编码技术。

第4章　IS-95 CDMA 到 CDMA2000 的发展及应用

学习指引

　　IS-95 是由高通公司发起的第一个基于 CDMA 数字蜂窝标准。基于 IS-95 的第一个品牌是 CDMAOne。IS-95 也叫 TIA-EIA-95，是一个使用 CDMA 的 2G 移动通信标准，一个数据无线电多接入方案，其用来发送声音、数据和在无线电话和蜂窝站点间发送信号数据（如被拨电话号码）。CDMA2000 由北美最早提出，能与现有的 IS-95 CDMA 后向兼容。CDMA2000 技术得到主要分布在北美和亚太地区运营商的支持。北美电信标准组织向 ITU 提出的 CDMA2000，其核心为 Wideband CDMAOne 技术，CDMAOne 是以 IS-95 为标准的各种 CDMA 产品的总称。IS-2000 是宽带 CDMA 技术的 CDMA2000 正式标准总称。本课程配套的在线开放课程资源在超星网络平台可以帮助学生进行学习。

本章重难点

　　（1）掌握 CDMA2000 系统的基本原理、关键技术和协议体系。
　　（2）了解 CDMA2000 系统的发展、作用以及相关理论研究领域的热点问题。

知识目标

　　（1）掌握 CDMA2000 系统的网络结构，了解 CDMA2000 系统的关键技术。
　　（2）掌握 CDMA2000 技术的优点以及信道结构。

能力目标

　　用发展的眼光看待问题，CDMA2000 lx 是由 IS-95A/B 演化而来的，是 CDMA2000 第三代移动通信系统的第一个阶段，可以看作 2.5G 技术。

素质目标

　　通过对本章的学习培养学生科学严谨、沟通协作的精神。

4.1　IS-95 CDMA

4.1.1　IS-95 系统概述

美国电信工业协会（TIA）于 1993 年公布了代号为 IS-95 等一系列窄带 CDMA 蜂窝通信系统的标准。IS-95 标准的全称是"双模式宽带扩频蜂窝系统的移动台-基站兼容标准"。

4.1.2　IS-95 系统空中接口参数

由于 IS-95 系统最早要求与模拟通信系统 AMPS 兼容，因此频点编号继承了 AMPS 的频点编号，频率描述比较复杂。频点编号 N 与载频 f（单位为 MHz）之间的关系为

$$f_{上行} = 825 + 0.03N$$

$$f_{下行} = 870 + 0.03N$$

与 GSM 系统相比，CDMA 系统使用的频点数量少得多。当然，CDMA 系统每个频点占用了 1.25 MHz 的带宽，远超 GSM 一个频点的带宽。IS-95 系统空中接口参数见表 4.1-1。

表 4.1-1　IS-95 系统空中接口参数

项目	指标
下行频段	870～880 MHz
上行频段	825～835 MHz
上、下行间隔	45 MHz
波长	约 36 cm
频点宽度	1 230 kHz
多址方式	CDMA
工作方式	FDD
调制方式	QPSK
语音编码	CELP
语音编码速率	8 Kb/s
传输速率	1.228 8 Mb/s
比特时长	0.8 μs
终端最大发射功率	200 mW～1 W

4.1.3　IS-95 系统信道

1. 前向信道

前向信道（基站到移动台）提供了基站到各移动台之间的通信。

1）信道种类及功能

前向信道由以下逻辑信道构成。

（1）导频信道。导频信道用来传送供移动台识别基站并引导移动台入网的导频信号。

（2）同步信道。同步信道用来传送基站提供给移动台的时间和帧同步信号。

（3）寻呼信道。寻呼信道用来传送基站向移动台发送的系统消息和寻呼消息。

（4）前向业务信道。前向业务信道用来传送基站向移动台发送的用户信息和信令信息，在每个前向业务信道中包含向移动台传送的业务数据和功率控制的信息。

这些逻辑信道的特点如表 4.1-2 所示。

表 4.1-2　IS-95 系统前向信道

信道	数量	速率/（b·s⁻¹）	功能
导频信道	1	1 200	广播基站的频率和相位信息，帮助终端相干解调
同步信道	1	1 200	广播基站的同步信息及系统参数
寻呼信道	1~7	9 600/4 800	广播基站的寻呼终端信息、系统参数和传送基站的指令
前向业务信道	1~55	9 600/4 800 2 400/1 200	传送语音和数据业务

2）信道帧结构

前向信道上的导频信道只提供参考频率供移动台相干解调，数据全部为"0"，不需要帧结构。其余几个信道的结构描述如下。

（1）同步信道。同步信道的比特率是 1 200 b/s，帧长为 26.67 ms。一个同步信道超帧（80 ms）由 3 个同步信道帧组成，在同步信道上以同步信道超帧为单位发送消息。超帧开始的时间与基站导频 PN 序列的开始时间对齐。

（2）寻呼信道。寻呼信道传送 9 600 b/s 或 4 800 b/s 固定数据速率的信息，不支持 2 400 b/s 或 1 200 b/s 数据速率。在一个给定系统中所有寻呼信道发送数据速率相同。

寻呼信道帧长为 20 ms。寻呼信道使用的导频序列偏置与同一前向 CDMA 信道的导频信道上使用的相同。交织块与寻呼信道帧的开始应与用于前向 CDMA 信道扩频的导频 PN 序列的开始时间对齐。

（3）前向业务信道。基站在前向业务信道上以 9 600 b/s、4 800 b/s、2 400 b/s 和 1 200 b/s 可变数据速率发送信息。业务信道采用可变数据速率，不同的速率对应的发射功率不同，速率越高，发射功率越大。这样就很好理解采用可变数据速率的目的在于，在没有语音活动期间降低数据速率，以降低此业务信道对其他用户的干扰。

前向业务信道帧长为 20 ms，数据速率的选择是按帧（即 20 ms）进行的。虽然数据速率是按帧改变的，但调制符号速率保持固定，即为 19 200 符号/s，这是通过码元重复实现的。

3）信道编码、调制

在 IS-95 系统中各前向信道的编码过程不同，下面分别进行介绍。

（1）导频信道。导频信道的编码过程在前向信道中是最简单的，如图 4.1-1 所示。

由于导频信道的信息全是 0，因此不需要卷积和交织。导频信道使用 W_0 扩频，扩频后进行调制。Walsh 码的码率为 1.228 8 Mchip/s。

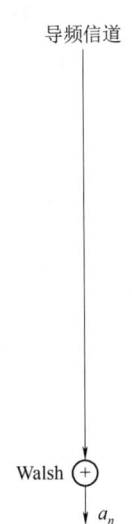

图 4.1-1　IS-95 导频信道的编码过程

（2）同步信道。同步信道的编码过程如图 4.1-2 所示。

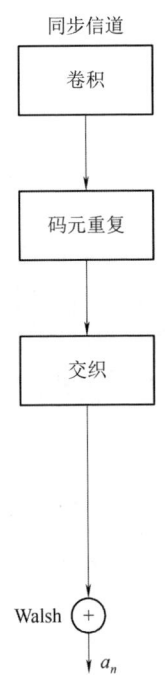

图 4.1-2　IS-95 同步信道的编码过程

①卷积。对同步信道上传送的信息进行 1/2 卷积（约束长度为 9），变成 2 400 b/s。

②码元重复（即每个符号连续发两次）。码元重复后变成 4 800 b/s 的信号。

③交织。交织处理采用列存取的方法，矩阵为 16 行 8 列，包含 128 bit 数据，相当于 26.67 ms 的数据量。

④扩频。同步信道使用 W_{32} 扩频，扩频后进行调制。

（3）寻呼信道。寻呼信道的编码过程如图 4.1-3 所示。

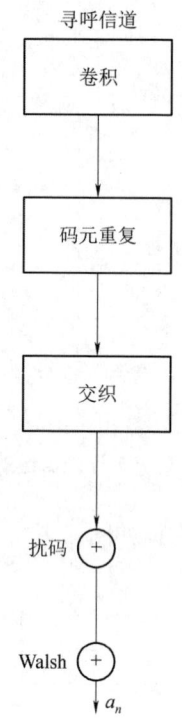

图 4.1-3　IS-95 寻呼信道的编码过程

①卷积。对信号进行 1/2 卷积（约束长度为 9），变成 9 600 b/s 或 19 200 b/s 的信号。

②码元重复。如果原来是 4 800 b/s 的信号，还要再由码元重复变成 19 200 b/s 的信号，但原来的 9 600 b/s 信号就不需要码元重复了。

③交织。交织处理的矩阵为 24 行 16 列，包含 384 bit 数据，相当于 20 ms 的数据量。

④扰码。扰码所用的 PN 码有 42 位。

⑤扩频。寻呼信道使用 $W_1 \sim W_7$ 扩频，扩频后进行调制。

（4）前向业务信道。前向业务信道的编码过程如图 4.1-4 所示。

①卷积。对前向业务信道的数据进行 1/2 卷积（约束长度为 9）。

②码元重复。与寻呼信道类似，原来 9 600 b/s 的信号不用重复，4 800 b/s 的信号重复 1 次，2 400 b/s 的信号重复 3 次，1 200 b/s 的信号重复 7 次，最后变成 19 200 b/s 的信号。

③交织。交织处理的矩阵为 24 行 16 列，包含 384 bit 数据，相当于 20 ms 的数据量。

④扰码。扰码的方法与寻呼信道的扰码方法相同，但长码掩码格式有区别。前向业务信道中还包含了功率控制比特，速率为 800 b/s。"0" 指终端增加输出功率，"1" 指终端减小输出功率。

⑤扩频。前向业务信道使用 $W_8 \sim W_{31}$ 及 $W_{33} \sim W_{63}$ 扩频，最多可以有 55 个前向业务信道，实际上由于系统自干扰的缘故，达不到这么多业务信道数。

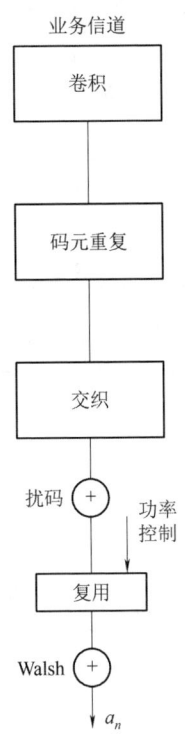

图 4.1-4　IS-95 前向业务信道的编码过程

前向信道的各个信道采用相同的调制方式，如图 4.1-5 所示。

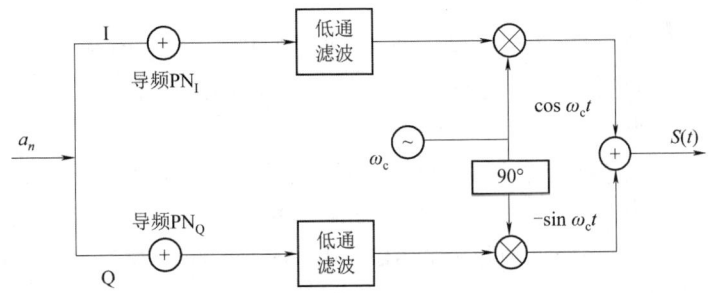

图 4.1-5　IS-95 前向信道调制过程

首先 I、Q 路输入信号是相同的，其次 I、Q 路输入信号在基带滤波前还要与 PN 码做模 2 加，也就是扰码。I、Q 路输入信号使用的 PN 码生成多项式是有差别的，即

$$f_I(x) = 1 + x^5 + x^7 + x^8 + x^9 + x^{13} + x^{15}$$

$$f_Q(x) = 1 + x^3 + x^4 + x^5 + x^6 + x^{10} + x^{11} + x^{12} + x^{15}$$

前向业务信道的调制参数如表 4.1-3 所示。

表 4.1-3　IS-95 系统前向业务信道的调制参数

速率 / (Kb·s⁻¹)	PN 子码速率 / (Mchip·s⁻¹)	卷积编码码率	码元重复后出现次数	调制码元速率 / (s·s⁻¹)	每调制码元的子码数	每比特的子码数
9 600	1.228 8	1：2	1	19 200	64	128
4 800	1.228 8	1：2	2	19 200	64	256
2 400	1.228 8	1：2	4	19 200	64	512
1 200	1.228 8	1：2	8	19 200	64	1 024

各个信道的解码过程是编码过程的逆过程，具体解码过程这里就不加以介绍了。不过应该知道，解码过程需要一定的步骤，即解调、短码解扩、长码解扩。

2. 反向信道

反向信道（移动台到基站）提供了移动台到基站之间的通信。

1）信道种类及功能

反向信道由以下逻辑信道构成。

（1）接入信道。移动台使用接入信道来发起同基站的通信，以及响应基站发来的寻呼信道消息。它是一种随机接入信道，每个寻呼信道都能同时支持 32 个接入信道。

（2）反向业务信道。反向业务信道用于在呼叫期间移动台向基站发送用户信息和信令信息。

2）信道帧结构

（1）接入信道。每个接入信道帧包含 96 bit，由 88 个信息比特和 8 个编码尾比特组成。接入信道前缀包含一个 96 个全"0"的帧，以 4 800 b/s 的速率发射。发射接入信道前缀是为了帮助基站捕获接入信道。

（2）反向业务信道。移动台在反向业务信道上以可变速率 9 600 b/s、4 800 b/s、2 400 b/s 和 1 200 b/s 的数据率发送信息。反向业务信道帧的长度为 20 ms。速率集内的数据率的选择以一帧为基础。

移动台支持带时间偏置的业务信道帧。时间偏置量由寻呼信道的信道指配消息中的 FRAME-OFFSET 参数定义。当系统时间是 20 ms 的整数倍时，开始零偏置的反向业务信道帧。滞后帧在比零偏置业务信道帧晚 1.25×FRAME-OFFSET ms 时开始。反向业务信道交织块与反向业务信道帧时间一致。

3）信道编码、调制

（1）接入信道。接入信道的编码过程如图 4.1-6 所示。

①卷积。接入信道的信息首先经过 1/3 卷积（约束长度为 9），变成 14 400 b/s 的信号。

②码元重复。码元重复后变成 28 800 b/s 的信号。

③交织。交织处理采用列存取的方法，矩阵为 32 行 18 列，包含 576 bit 数据，相当于 20 ms 的数据量。

④正交调制。正交调制后信号速率从 28 800 b/s 提高到 307.2 Kb/s。接入信道扩频时利用了 PN 长码。

（2）反向业务信道。反向业务信道的编码过程如图 4.1-7 所示。

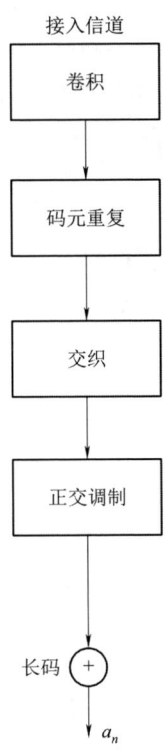

图 4.1-6　IS-95 接入信道的编码过程

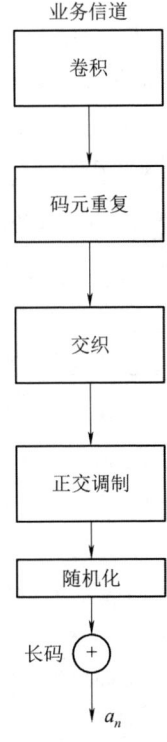

图 4.1-7　IS-95 反向业务信道的编码过程

①卷积。反向业务信道的信息首先经过 1/3 卷积（约束长度为 9）。

②码元重复。与前向业务信道相似，9 600 b/s 的信号不用重复，4 800 b/s 的信号重复 1 次，2 400 b/s 的信号重复 3 次，1 200 b/s 的信号重复 7 次。

③交织。交织处理采用列存取的方法，矩阵为 32 行 18 列，包含 576 bit 数据，相当于 20 ms 的数据量。

④正交调制。正交调制与接入信道方法相同。反向业务信道扩频时利用了 PN 长码，长码的产生过程与寻呼信道长码的产生过程相同。

⑤随机化。数据随机化保证了每个经过码元重复的码仍然只被传送一次。数据随机化通过门控实现。

反向信道的各个信道采用相同的调制方式，调制过程如图 4.1-8 所示。

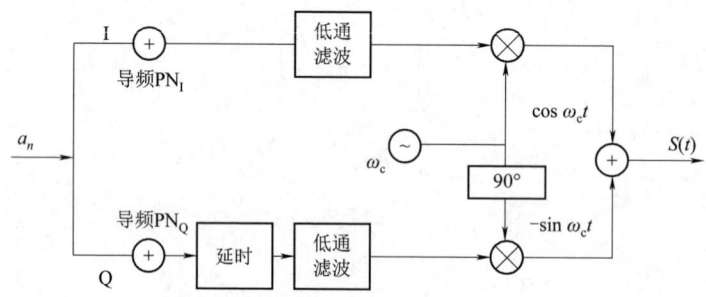

图 4.1-8　IS-95 反向信道调制过程

其调制方式与前向信道的调制方式有一些差别：首先，Q 路信号上引入了半个码片（410 ms）的延迟，因此变成了 OQPSK 调制方式，这样做的好处是避免了 180° 的突变，也就是信号过零点；其次，I、Q 路信号在基带滤波前还要与 PN 码做二进制加，使用的 PN 码是 0 偏置导频 PN 序列。

反向业务信道的调制参数如表 4.1-4 所示。

表 4.1-4　IS-95 系统反向业务信道的调制参数

速率 /(Kb·s⁻¹)	PN 子码速率 /(Mchip·s⁻¹)	卷积编码 码率	传输占空比 /%	码元速率 /(s·s⁻¹)	每调制码元 的子码数	调制码元速率 /(s·s⁻¹)	Walsh 子码速率 /(kchip·s⁻¹)
9 600	1.228 8	1∶3	100	28 800	6	4 800	370.20
4 800	1.228 8	1∶3	50	28 800	64	4 800	370.20
2 400	1.228 8	1∶3	25	28 800	6	4 800	370.20
1 200	1.228 8	1∶3	12.5	28 800	64	4 800	370.20

3. 反向信道与前向信道的比较

与前向信道相似，反向信道中也采用 PN 码扩频调制，此 PN 码的长度也与前向信道中的相同。然而，在这里使用了一个固定的相位差。移动台发送的数字信号也进行卷积编码、码组交织、Walsh 码 64 进制正交调制、长码扩频和四相 PN 扩频调制。但是与前向信道相比，有下面一些主要的不同之处。

（1）发送的数字信息使用码率为 1/3、约束长度为 9 的卷积编码，因此编码后的符号速率是 28.8 Kb/s。

（2）卷积编码的信息以 20 ms 间隔进行交织，信号完成交织编码后将 6 个二进制符号形成一组，用它来选择 64 个不同 Walsh 正交函数之一作为发射信号。很明显，这里的 Walsh 函数应用不同于前向信道，在前向信道上 Walsh 函数是由分配给移动台的信道来确定的，而在反向信道上 Walsh 函数则是由发送的信息来确定的，也就是说，反向信道上函数是用来作 64 阶正交调制的。调制后的符号速率变为 307.2 kchip/s，码片速率则为 1.228 8 Mchip/s。

（3）在反向信道上 PN 长码不是用来扰码而是直接用来扩频，以区别不同的移动台。由于这个 PN 长码每一个可能的相位偏差都对应于一个有效地址，因而可以提供一个非常大的地址空间，并且具有较高的保密性。

（4）当用 PN 短码进行四相调制时，对任一移动台而言都统一使用零偏置 PN 码。这是因为在反向信道上不需标识基站身份。

4.2　CDMA2000 1x 系统原理

通过对本章的学习，你能基本掌握 CDMA2000 1x 的前/反向信道结构、功能以及编码、调制过程。

4.2.1　系统概述

CDMA2000 是国际电信联盟（ITU）规定的第三代移动通信无线传输技术之一。按照使用的带宽来区分，CDMA20000 可以分为 1x 系统和 3x 系统。其中 1x 系统使用 1.25 MHz 的带宽，所以其提供的数据业务速率最高只能达到 307 Kb/s。从这个角度来说，CDMA2000 1x 系统也可以认为是第 2.5 代系统。

CDMA2000 3x 与 CDMA2000 1x 的主要区别在于 CDMA2000 3x 应用了多路载波技术，通过采用三载波使带宽提高。

一个完整的 1x 系统由 3 部分组成，即网路子系统（NSS）、基站子系统（BSS）和移动台（MS）。

1x 系统可支持 307 Kb/s 的数据传输，网路部分引入分组交换，支持移动 IP 业务。IP 业务是在现有 IS-95 系统上发展出来的一种新的承载业务，目的是为 CDMA 用户提供分组 IP 形式的数据业务。

4.2.2　空中接口参数

1x 系统空中接口参数见表 4.2-1。

表 4.2-1　1x 系统空中接口参数

项目	指标
下行频段	870~880 MHz
上行频段	825~835 MHz
上、下行间隔	45 MHz

续表

项目	指标
波长	约 36 cm
频点宽度	1 230 kHz
工作方式	FDD
调制方式	QPSK、HPSK
语音编码	CELP
语音编码速率	8 Kb/s
传输速率	1.228 8 Mb/s
比特时长	0.8 μs

4.2.3 信道功能及分类

由于 CDMA2000 1x 系统的反向信道与 IS-95 系统的反向信道差别不大，故在此重点介绍 CDMA2000 1x 的前向信道。

1）信道种类及功能

前向信道由以下逻辑信道构成。

（1）前向导频信道（F_PICH）。其功能等同于 IS-95 中的导频信道，基站通过此信道发送导频信号供移动台识别基站并引导移动台入网。

（2）前向同步信道（F-SYNCH）。其功能等同于 IS-95 中的同步信道，用于为移动台提供系统时间和帧同步信息。基站通过此信道向移动台发送同步信息以建立移动台与系统的定时和同步。

（3）前向寻呼信道（F-PCH）。其功能等同于 IS-95 中的寻呼信道，基站通过此信道向移动台发送有关寻呼、指令以及业务信道指配信息。

（4）前向快速寻呼信道（F-QPCH）。基站通过此信道快速指示移动台在哪一个时隙上接收 F-PCH 或 F-CCCH 上的控制消息。移动台不用长时间监视 F-PCH 或 F-CCCH 时隙，所以可以较大幅度地节省移动台电能。

（5）前向广播控制信道（F-BCCH）。基站通过此信道发送系统消息给移动台。

（6）前向公共指配信道（F-CACH）。F-CACH 通常与 F-CPCCH（前向公共功率控制信道）、R-EACH（反向增强接入信道）、R-CCCH（反向公共控制信道）配合使用。当基站解调出一个 R-EACH 标题后，通过 F-CACH 指示移动台在哪一个 R-CCCH 信道上发送接入消息，接收哪一个 F-CPCCH 子信道的功率控制比特。

（7）前向公共功率控制信道（F-CPCCH）。当移动台在 R-CCCH 上发送数据时，基站通过此信道向移动台发送反向功率控制比特。

（8）前向公共控制信道（F-CCCH）。当移动台还没有建立业务信道时，基站和移动台之间通过此信道发送一些控制消息和突发的短数据。

（9）前向专用控制信道（F-DCCH）。当移动台处于业务信道状态时，基站通过此信道向移动台发送一些消息或低速的分组数据业务、电路数据业务。

（10）前向基本业务信道（F-FCH）。当移动台进入业务信道状态后，此信道用于承载前向链路上的信令、语音、低速的分组数据业务、电路数据业务或辅助业务。

（11）前向补充信道（F-SCH）。当移动台进入业务信道状态后，此信道用于承载前向链路上的高速分组数据业务。

（12）补充码分信道（F-SCCH）。用于数据传输。

（13）前向功率控制子信道（F-PCSCH）。在前向业务信道上连续发射，用于反向功率控制。

2）信道帧结构

F_PICH、F-SYNCH、F-PCH、F-SCCH、F-PCSCH 和 IS-95 的信道结构相同。其他信道的帧结构描述如下。

（1）F-QPCH。基站使用 F-QPCH 传送快速寻呼信息。F-QPCH 上传送的信息以时隙为单位，称为 F-QPCH 时隙。F-QPCH 时隙速率为 4 800 b/s 或 9 600 b/s，时隙长 80 ms。基站最多可以提供 3 个 F-QPCH。F-QPCH 时隙开始的时间与零偏置导频 PN 序列开始的时间对齐。

（2）F-CACH。基站使用 F-CACH 传送与接入过程相关的信令。F-CACH 上传送的信息以帧为单位，称为 F-CACH 帧。F-CACH 帧速率为 9 600 b/s，帧长 5 ms。F-CACH 帧的结构由 32 bit 的帧信息、8 bit 的帧质量指示（CRC）和 8 bit 的加尾比特组成。

32 bit	8 bit	8 bit
帧信息	CRC	加尾比特

帧质量指示 CRC 是根据帧信息计算出来的，帧质量指示的计算公式为

$$g(x) = x^8+x^7+x^4+x^3+x+1$$

F-CACH 帧开始的时间与零偏置导频 PN 序列开始的时间对齐。

（3）F-BCCH。基站使用 F-BCCH 传送系统信息。F-BCCH 上传送的信息以帧为单位，称为 F-BCCH 帧。F-BCCH 帧包含 768 bit 的内容，对应 40 ms 的时长。F-BCCH 的帧组合为时隙，分为 40 ms、80 ms 和 160 ms 这 3 种时隙，分别包含 1 个、2 个和 4 个帧。F-BCCH 时隙开始于系统时间以 4 s 为单位的整数倍的时刻。

每个时隙中各个帧的内容都相同，这也就意味着 160 ms 时隙中 4 个帧的内容都是一样的。根据这一点可以计算出 40 ms、80 ms 和 160 ms 这 3 种时隙的波特率分别是 19 200 b/s、9 600 b/s 和 4 800 b/s。

F-BCCH 帧的结构由 744 bit 的帧信息、16 bit 的帧质量指示（CRC）和 8 bit 的加尾比特组成。

744 bit	16 bit	8 bit
帧信息	CRC	加尾比特

帧质量指示 CRC 是根据 744 bit 的帧信息计算出来的，其公式为

$$g(x) = x^{16}+x^{15}+x^{14}+x^{11}+x^6+x^5+x^2+x+1$$

（4）F-CCCH。基站使用 F-CCCH 传送与接入过程相关的信令，F-CCCH 上传送的信息以帧为单位，称为 F-CCCH 帧。F-CCCH 帧的结构由帧信息、帧质量指示（CRC）和 8 bit 的加尾比特组成。

移动通信技术（第 3 版）

F-CCCH 帧有 9 600 b/s、19 200 b/s 或 38 400 b/s 多种速率，帧长也不相同，因此帧信息和帧质量指示长度也不相同。

例如，9 600 b/s 的 F-CCCH 帧帧长为 20 ms，包含 192 bit 内容，其中帧信息 172 bit，帧质量指示 12 bit。

172 bit	12 bit	8 bit
帧信息	CRC	加尾比特

帧质量指示 CRC 是根据信息计算出来的，其中 12 bit 帧质量指示的计算公式为

$$g(x) = x^{12}+x^{11}+x^{10}+x^9+x^8+x^4+x+1$$

F-CCCH 帧开始的时间与零偏置导频 PN 序列开始的时间对齐。

（5）F-DCCH。基站使用 F-DCCH 传送与业务过程相关的信令。F-DCCH 上传送的信息以帧为单位，称为 F-DCCH 帧。F-DCCH 帧的结构由帧信息、帧质量指示（CRC）和 8 bit 的加尾比特组成。

F-DCCH 帧为 9 600 b/s，帧长 5 ms 或 20 ms，因此帧信息和帧质量指示长度也不相同。

例如，9 600 b/s 的 F-DCCH 帧帧长为 5 ms，包含 48 bit 内容，其中帧信息 24 bit，帧质量指示 16 bit。

24 bit	16 bit	8 bit
帧信息	CRC	加尾比特

帧质量指示 CRC 是根据帧信息计算出来的，其中 16 bit 帧质量指示的计算公式为

$$g(x) = x^{16}+x^{15}+x^{14}+x^{11}+x^6+x^5+x^2+x+1$$

F-DCCH 帧与 IS-95 的业务信道帧类似，开始于 FRAME_OFFSET 对应的时间。F-DCCH 可以不连续发送。

（6）F-FCH。基站使用 FCH 传送语音、低速数据或信令。F-FCH 上传送的信息以帧为单位，称为 F-FCH 帧。F-FCH 帧的结构由帧信息、帧质量指示（CRC）和 8 bit 的加尾比特组成。

RC3 下 FCH 帧有 9 600 b/s、4 800 b/s、2 700 b/s 和 1 500 b/s 等多种速率（RC1 稍有区别），一般帧长为 20 ms，9 600 b/s 还可以使用 5 ms。

例如，9 600 b/s 的 F-FCH 帧，包含 48 bit 内容，其中帧信息 24 bit，帧质量指示 16 bit，加尾比特为 8 bit。

24 bit	16 bit	8 bit
帧信息	CRC	加尾比特

帧质量指示 CRC 是根据帧信息计算出来的，其中 16 bit 帧质量指示的计算公式为

$$g(x) = x^{16}+x^{15}+x^{14}+x^{11}+x^6+x^5+x^2+x+1$$

F-FCH 帧与 IS-95 的业务信道帧类似，开始于 FRAME_OFFSET 对应的时间。

（7）F-SCH。F-SCH 只在 RC3 下使用，终端利用 F-SCH 传送数据。F-SCH 上传送的信息以帧为单位，称为 F-SCH 帧。F-SCH 帧的结构由帧信息、帧质量指示（CRC）和 8 bit

84

的加尾比特组成。

F-SCH 帧有 153 600 b/s、76 800 b/s、38 400 b/s、19 200 b/s、9 600 b/s、4 800 b/s、2 700 b/s、2 400 b/s、1 500 b/s、1 350 b/s 及 1 200 b/s 等多种速率，一般帧长为 20 ms、40 ms 或 80 ms，这样帧信息和帧质量指示长度也不相同。

例如，38 400 b/s 的 F-SCH 帧帧长为 40 ms，包含 1 536 bit 内容，其中帧信息 1 512 bit，帧质量指示 16 bit。

1 512 bit	16 bit	8 bit
帧信息	CRC	加尾比特

帧质量指示 CRC 是根据帧信息计算出来的，其中 16 bit 帧质量指示的计算公式为

$$g(x) = x^{16}+x^{15}+x^{14}+x^{11}+x^{6}+x^{5}+x^{2}+x+1$$

F-SCH 帧开始于 FRAME_OFFSET 和 REV_SCH_FRAME_OFFSET$[i]_s$ 参数决定的时间，其中 i=1 或 2，代表第一或第二补充业务信道。

4.2.4　技术特点

1x 系统向后兼容 IS-95 系统，但与 IS-95 系统相比，1x 系统具有一些新的实质性的技术特点。

1. 无线部分

（1）多种信道带宽。前向链路上支持多载波（MC）和直扩（DS）两种方式；反向链路仅支持直扩方式。当采用多载波方式时，能支持多种射频带宽，即射频带宽可为 $N \cdot$ 1.25 MHz，其中 N=1、3、5、9 或 12。

（2）前向发送分集。CDMA2000 1x 发射分集是将数据一分为二，用不同的 Walsh 码分别进行扩频，再分别由各自的天线发射。

（3）快速前向功率控制。CDMA2000 1x 采用快速前向功率控制，由终端根据测量前向业务信道的强度，向基站发出调整基站发射功率的指令。

（4）使用 Turbo 码。CDMA2000 1x 采用 Turbo 码对信道进行编码，提高了纠错能力。

（5）引入反向导频信道、反向链路相干解调。CDMA2000 1x 提供反向导频信道，从而使反向信道也可以做到相干解调，提高反向容量。

（6）灵活的帧长。CDMA2000 1x 的信道支持 5 ms、10 ms、20 ms、40 ms、80 ms 和 160 ms 多种帧长。

在增加这些新特点的同时，1x 系统保持了与 IS-95 系统的向后兼容性。其基带系统采用无线配置（Radio Configuration，RC）以实现兼容，不同的无线配置表示不同的编码、交织和纠错等基带处理方式。

①RC1 和 RC2 与 IS-95 系统完全相同，其余的无线配置（即 RC2 以上）为 1x 系统新增加的内容。

②在呼叫建立过程中，由相应的业务协商程序确定 RC 方式的使用。

③对于语音业务，IS-95 移动台可工作在 1x 的载波中，1x 的移动台也可工作中于 IS-95 的载波中。

2. 网络部分

（1）增强的 A1 接口：支持并发业务、支持紧急呼叫。

（2）引入用户区域：为用户在不同地理区域提供不同的服务。

（3）A10/A11 接口：支持分组数据。

（4）PCF 和 PDSN 之间的安全联盟：支持安全、可靠的传输。

（5）支持 Mobile IP：支持分组数据的宏移动（PDSN/FA 之间）。

（6）提供了三角定位功能。

思考与练习

4.1　简述 IS-95 系统的前/反向信道的种类和功能。

4.2　简述 IS-95 系统的前/反向信道的编码、调制过程。

4.3　比较 IS-95 系统的前/反向信道。

4.4　IS-95 系统中呼叫流程有哪些？简述终端被叫的流程。

4.5　简述 1x 系统的前/反向信道的种类和功能。

4.6　简述 1x 系统的前/反向信道的编码、调制过程。

4.7　简述 1x 系统的技术特点。

4.8　简述 1x 系统的移动台起呼的语音业务流程和数据业务流程的不同之处。

第 5 章　CDMA 关键技术及优点

学习指引

CDMA 技术的原理是基于扩频技术，即将需传送的具有一定信号带宽的信息数据，用一个带宽远大于信号带宽的高速伪随机码进行调制，使原数据信号的带宽被扩展，再经载波调制并发送出去。接收端使用完全相同的伪随机码，与接收的带宽信号作相关处理，把宽带信号换成原信息数据的窄带信号即解扩，以实现信息通信。本课程配套的在线开放课程资源在超星网络平台可以帮助学生进行学习。

本章重难点

（1）掌握 CDMA 关键技术。
（2）掌握功率控制、分集技术。

知识目标

掌握 CDMA 关键技术的优点。

能力目标

树立绿色环保理念。CDMA（IS-95）系统中采用快速的反向功率控制、软切换、语音激活等技术，以及 IS-95 规范对手机最大发射功率的限制，使 CDMA 手机在通信过程中辐射功率很小而享有"绿色手机"的美誉。

素质目标

通过对本章的学习培养学生沟通协作、踏实认真，细心钻研的精神。

5.1　关键技术（1+X 职业证书考点）

本节介绍了 CDMA 的关键技术，包括功率控制、分集技术和软切换。此外，还介绍了在 3G 中使用的其他关键技术。

1. 功率控制

在 CDMA 系统中，功率控制被认为是所有关键技术的核心。功率控制作为对 CDMA 系统功率资源（含手机和基站）的分配，如果不能很好解决，则 CDMA 系统的优点就无法体现，高容量、高质量的 CDMA 系统也不可能实现。可以通过图 5.1-1 来简单说明一下功率控制过程。

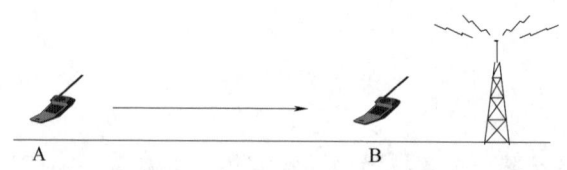

图 5.1-1　功率控制示意图

如果小区中的所有用户均以相同功率发射，则靠近基站的移动台到达基站的信号强；远离基站的移动台到达基站的信号弱。导致强信号掩盖弱信号。这就是移动通信中的"远近效应"问题。

CDMA 是一个自干扰系统，所有用户共同使用同一频率，所以"远近效应"问题更加突出。

CDMA 系统中某个用户信号的功率较强，这有利于对该用户信号的正确接收，但会增加对共享频带内其他用户的干扰，甚至淹没有用信号，结果使其他用户通信质量劣化，导致系统容量下降。为了克服远近效应，必须根据通信距离的不同，实时调整发射机所需的功率，这就是功率控制。CDMA 的功率控制包括反向功率控制、前向功率控制和小区呼吸功率控制。

1）反向功率控制

CDMA 系统的容量主要受限于系统内移动台的相互干扰，所以如果每个移动台的信号到达基站时都达到所需的最小信噪比，系统容量将会达到最大值。

在实际系统中，由于移动台的移动性，使移动台信号的传播环境随时变化，致使每时每刻到达基站时所经历的传播路径、信号强度、时延、相移都随机变化，接收信号的功率在期望值附近起伏变化。因此，在 CDMA 系统的反向链路中引入了功率控制。

反向功率控制通过调整移动台发射机功率，使信号到达基站接收机的功率相同，且刚刚达到信噪比要求的阈值，同时满足通信质量要求。各移动台不论在基站覆盖区的什么位置和经过何种传播环境，都能保证每个移动台信号到达基站接收机时具有相同的功率。

反向功率控制包括三部分，即反向开环功率控制、反向闭环功率控制和反向外环功率控制。

（1）反向开环功率控制。

CDMA 系统的每一个移动台都一直在计算从基站到移动台的路径损耗。当移动台接收到从基站发来的信号很强时，表明要么离基站很近，要么有一个特别好的传播路径，这时移动台可降低它的发送功率，而基站依然可以正常接收；相反，当移动台接收到的信号很弱时，它就增加发送功率，以抵消衰耗，这就是反向开环功率控制。

反向开环功率控制简单、直接，不需在移动台和基站之间交换控制信息，同时控制速

度快并节省开销。

但 CDMA 系统中，前向和反向传输使用的频率不同（IS-95 规定的频差为 45 MHz），频差远远超过信道的相干带宽。因而不能认为前向信道上衰落特性等于反向信道上衰落特性，这是反向开环功率控制的局限之处。反向开环功率控制由反向开环功率控制算法来完成，主要利用移动台前向接收功率和反向发射功率之和为一常数来进行控制。具体实现中，涉及开环响应时间控制、开环功率估计校正因子等主要技术设计。

（2）反向闭环功率控制。

反向闭环功率控制，也叫反向内环功率控制，即由基站检测来自移动台的信号强度或信噪比，根据测得结果与预定的标准值相比较，形成功率调整指令，通过前向功率控制子信道通知移动台调整其发射功率。

当移动台工作在非门限模式下时，基站通过前向功率控制子信道以 800 b/s（反向导频信道门限 = 1）的速率发送一个功控比特给移动台；当移动台工作在门限模式下，基站通过前向功率控制子信道以 400 b/s（反向导频信道门限 = 1/2）或 200 b/s（反向导频信道门限 = 1/4）的速率发送功控比特给移动台。

（3）反向外环功率控制。

在反向闭环功率控制中，信噪比门限不是恒定的，而是处于动态调整中。这个动态调整的过程就是反向外环功率控制。在反向外环功率控制中，基站统计接收反向信道的误帧率 FER。如果误帧率 FER 高于误帧率阈值，说明反向信道衰落较大，于是通过上调信噪比门限来提高移动台的发射功率；反之，如果误帧率 FER 低于误帧率阈值，则通过下调信噪比门限来降低移动台的发射功率。

根据 FER 的统计测量来调整闭环功控中的信噪比门限的过程是由反向外环功率控制算法来完成的。算法分为 3 种状态，即变速率运行态、全速率运行态、删除运行态。这 3 种状态全面反映了移动台的实际工作情况，不同状态下进行不同的功率门限调整。

考虑 9 600 b/s 速率下要尽可能保证语音帧质量，因此在全速率运行态加入了 1% 的 FER 门限等多种判断。

反向外环功率控制算法涉及步长调整、状态迁移、偶然出错判定、软切换 FER 统计控制等主要技术。

在实际系统中，反向功率控制是由上述 3 种功率控制共同完成的，即首先对移动台发射功率作开环估计，然后由闭环功率控制和外环功率控制对开环估计作进一步修正，力图做到精确的功率控制。

2）前向功率控制

在前向链路，当移动台向小区边缘移动时，移动台受到邻区基站的干扰会明显增加；当移动台向基站方向移动时，移动台受到本区的多径干扰会增加。这两种干扰将影响信号的接收，使通信质量下降，甚至无法建链。因此，在 CDMA 系统的前向链路中引入了功率控制。

前向功率控制通过在各个前向业务信道上合理地分配功率来确保各个用户的通信质量，使前向业务信道的发射功率在满足移动台解调最小需求信噪比的情况下尽可能小，以减少对邻区业务信道的干扰，使前向链路的用户容量最大。

在理想的单小区模型中，前向功率控制并不是必要的。在考虑小区间干扰和热噪声的情况下，前向功率控制就成为不可缺少的一项关键技术，因为它可以应付前向链路在通信过程中出现的以下异常情况。

①当某个移动台与所属基站的距离和该移动台与同它邻近的一个或多个基站的距离相近时，该移动台受到邻近基站的干扰会明显增加，而且这些干扰的变化规律独立于该移动台所属基站的信号强度。此时，就要求该移动台所属的基站将发送给它的信号功率提高几个分贝以维持通信。

②当某个移动台所处位置正好是几个强多径干扰的汇集处时，对信号的干扰将超过可容忍的限度。此时，也必须要求该移动台所属的基站将发送给它的信号功率提高。

③当某个移动台所处位置具有良好的信号传输特性时，信号的传输损耗下降，在保持一定通信质量的条件下，该移动台所属的基站就可以降低发送给它的信号功率。由于基站的总发射功率有限，可以增加前向链路容量，也可以减少对小区内和小区外其他用户的干扰。

与反向功率控制类似，前向功率控制也采用前向闭环功率控制和反向外环功率控制方式。在 1x 系统中，还引入了前向快速功率控制概念。

（1）前向闭环功率控制。

闭环功率控制把前向业务信道接收信号的 E_b/N_t（E_b 是平均比特能量；N_t 是总的噪声，包括白噪声、来自其他小区的干扰）与相应的外环功率控制设置值相比较，来判定在反向功率控制子信道上发送给基站的功率控制比特的值。

（2）前向外环功率控制。

前向外环功率控制实现点在移动台，基站需要做的工作就是把外环控制的阈值在寻呼消息中发送给移动台，其中包括 FCH 和 SCH 的外环上下限和初始门限。

外环功率控制根据指配的前向业务信道要达到的目标误帧率（FER）所需的 E_b/N_t 来估算门限设置值。该设置值或者通过闭环间接通知基站进行功率控制，或者在前向业务信道没有闭环的情况下通过消息通知基站根据设置值的差异来控制发射功率水平。

（3）前向快速功率控制。

在前向外环功率控制"使能"的情况下，前向外环功率控制和前向闭环功率控制共同起作用，达到前向快速功率控制的目标。其原理如图 5.1-2 所示。

前向快速功率控制虽然发生作用的点是在基站侧，但是进行功率控制的外环参数和功率控制比特都是移动台检测前向链路信号质量得出的结果，并把最后的结果通过反向导频信道上的功率控制子信道传给基站。

在 RC3～RC6 的反向信道中增加了反向导频信道，前向快速功率控制的基石也在这里；因为实现前向快速功率控制的功控比特是由反向导频上的反向功率控制子信道发送给基站的。

3）小区呼吸功率控制

小区呼吸是 CDMA 系统一个很重要的功能，它主要用于调节系统中各小区的负载。

前向链路边界是指两个基站之间的一个物理位置，当移动台处于该位置时，其接收机无论接收哪个基站的信号都有相同的性能；反向链路切换边界是指移动台处于该位置，两个基站的接收机相对于该移动台有相同的性能。

基站小区呼吸控制是为了保持前向链路切换边界与反向链路切换边界"重合"，以使系统容量达到最大，并避免切换发生问题。

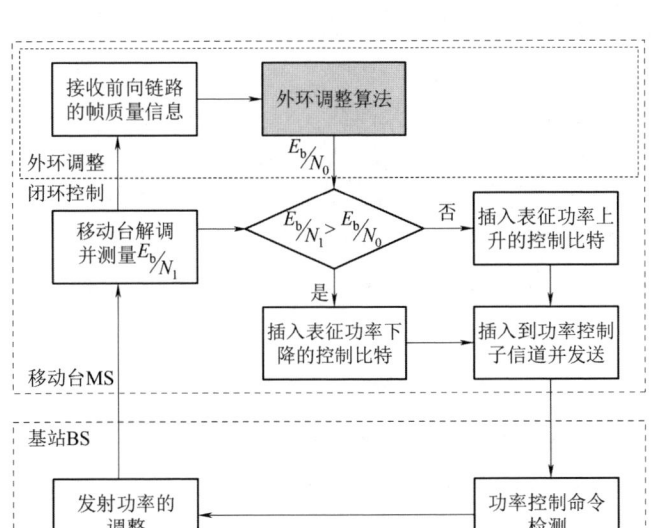

图 5.1-2　前向快速功率控制原理

　　小区呼吸算法是根据基站反向接收功率与前向导频发射功率之和为一常数的事实来进行控制的。具体手段是通过调整导频信号功率占基站总发射功率的比例，达到控制小区覆盖面积的目的。

　　小区呼吸算法涉及初始状态调整、反向链路监视、前向导频功率增益调整等具体技术。

2. 分集接收

　　在频带较窄的调制系统中，如果采用模拟 FM 调制的第一代蜂窝电话系统，多径的存在导致严重的衰落。

　　在 CDMA 调制系统中，不同的路径可以各自独立接收，从而显著降低多径衰落的严重性。但多径衰落并没有完全消除，因为有时仍会出现解调器无法独立处理的多路径，这种情况导致某些衰落现象。

　　分集接收是减少衰落的好方法。它充分利用传输中的多径信号能量，把时域、空域、频域中分散的能量收集起来，以改善传输的可靠性。

　　分集接收有 3 种类型，即时间分集、频率分集、空间分集，它们在 CDMA 中都有应用，下面分别进行介绍。

　　1）时间分集

　　由于移动台的运动，接收信号会产生多普勒频移，在多径环境，这种频移形成多普勒频展。多普勒频展的倒数定义为相干时间，信号衰落发生在传输波形的特定时间上，称为时间选择性衰落。它对数字信号的误码性有明显影响。

　　若对其振幅进行顺序采样，那么在时间上间隔足够远（大于相干时间）的两个样点是不相关的，因此可以采用时间分集来减少其影响。即将给定的信号在时间上相隔一定的间隔重复传输 N 次，只要时间间隔大于相干时间就可以得到 N 条独立的分集支路。

　　从通信原理分析可知，在时域上时间间隔 Δt 应该大于时间域相关区间 ΔT，即

$$\Delta t \geqslant \Delta T = \frac{1}{B}$$

式中，B 为多普勒频移的扩散区间，它与移动台的运动速度成正比。可见，时间分集对处于静止状态的移动台是无用的。

时间分集与空间分集相比，其优点是减少了接收天线数目；缺点是要占用更多的时隙资源，从而降低了传输效率。

2）频率分集

该技术是将待发送的信息分别调制在不同的载波上发送到信道。由于衰落具有频率选择性，当两个频率间隔大于相关带宽，也就是只要载波之间的间隔足够大，载波间隔 Δf 大于频率相关带宽，即

$$\Delta f \geqslant \Delta F = \frac{1}{L}$$

那么它们受到的衰落是不相关的。式中，L 为接收信号时延功率谱的带宽。市区与郊区的相关带宽一般分别为 50 kHz 和 250 kHz 左右，而 CDMA 系统的信号带宽为 1.23 MHz，所以可以实现频率分集。

例如，在城市中，800~900 MHz 频段，典型的时延扩散值为 5 μs，这时有

$$\Delta f \geqslant \Delta F = \frac{1}{L} = \frac{1}{5}\ \mu s = 200\ kHz$$

即要求频率分集的载波间隔要大于 200 kHz。

频率分集与空间分集相比，其优点是减少了接收天线与相应设备数目；缺点是占用更多的频谱资源，并且在发送端有可能需要采用多部发射机。

3）空间分集

在基站间隔一定距离设定几副天线，独立地接收、发射信号，可以保证每个信号之间的衰落独立，采用选择性合并技术从中选出信号的一个输出，减少衰落的影响。这是利用不同地点（空间）收到的信号衰落的独立性，实现抗衰落。

空间分集的基本结构为：发射端一副天线发送，接收端 N 部天线接收。接收天线之间的距离为 d，根据通信原理，d 即为相关区间 ΔR，它应该满足

$$d = \Delta R \geqslant \frac{\lambda}{\varphi}$$

式中：λ 为波长；φ 为天线扩散角。在城市中，扩散角一般为 $\varphi = 20°$，则有

$$d \geqslant 360°/20° \times 1/(2\pi) \times \lambda = 9\lambda/\pi \approx 2.86\lambda$$

分集天线数 N 越大，分集效果越好。不分集差异与分集差异较大，称为质变。分集增益正比于分集的数量 N，其改善是有限的，且改善程度随分集数量 N 的增加而逐步减少，称为量变。工程上要在性能与复杂性之间做一个折中考虑，一般取 $N = 2~4$。

空间分集还有两类变化形式，具体如下。

（1）极化分集。它利用在同一地点两个极化方向相互正交的天线发出的信号，可以呈现出不相关的衰落特性，以获得分集效果。即在收、发端天线上安装水平极化天线与垂直极化天线，就可以把得到的两路衰落特性不相关的信号进行极化分集。其优点是结构紧凑、节省空间；缺点是由于发射功率要分配到两副天线上，因此有 3 dB 损失。

（2）角度分集。它利用地形、地貌和建筑物等接收环境的不同，到达接收端的不同路径信号不相关的特性，以获得分集效果。这样在接收端可采用方向性天线，分别指向不同

的方向。而每个方向性天线接收到的多径信号是不相关的。

空间分集中，由于接收端有 N 副天线，若 N 副天线尺寸、增益相同，则空间分集除了可获得抗衰落的分集增益以外，还可以获得每副天线 3 dB 的设备增益。

3. Rake 接收机

如图 5.1-3 所示，Rake 接收机的基本原理是利用了空间分集技术。发射机发出的扩频信号，在传输过程中受到不同建筑物、山岗等各种障碍物的反射和折射，到达接收机时每个波束具有不同的延迟，形成多径信号。如果不同路径信号的延迟超过一个伪码的码片时延，则在接收端可将不同的波束区别开来。将这些不同波束分别经过不同的延迟线，对齐以及合并在一起，则可达到变害为利，把原来干扰的信号变成有用信号并组合在一起。

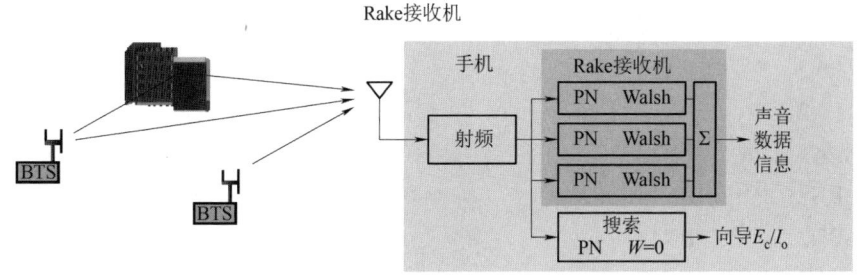

图 5.1-3　Rake 接收机原理示意图

4. 软切换

软切换是 CDMA 移动通信系统所特有的技术。其基本原理如下：当移动台处于同一个 BSC 控制下的相邻 BTS 之间区域时，移动台在维持与源 BTS 无线连接的同时，又与目标 BTS 建立无线连接，之后再释放与源 BTS 的无线连接。发生在同一个 BSC 控制下的同一个 BTS 间的不同扇区间的软切换又称为更软切换。

软切换有以下几种方式。

①同一 BTS 内不同扇区相同载频之间的切换，也就是通常所说的更软切换（Softer Handoff）。

②同一 BSC 内不同 BTS 之间相同载频的切换。

③同一 MSC 内不同 BSC 之间相同载频的切换。

软切换就是当移动台需要跟一个新的基站通信时，并不先中断与原基站的联系。

软切换只能在相同频率的 CDMA 信道间进行。它在两个基站覆盖区的交界处起到了业务信道的分集作用。这样可大大减少由于切换造成的掉话。因为据以往对模拟系统 TDMA 的测试统计，无线信道上 90% 的掉话是在切换过程中发生的。实现软切换以后，切换引起掉话的概率大大降低，保证了通信的可靠性。软切换示意图如图 5.1-4 所示。

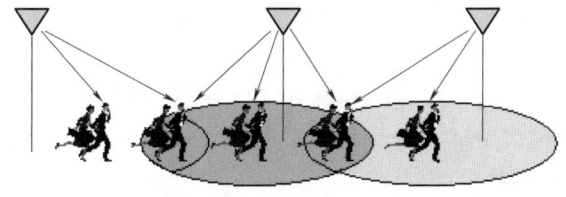

图 5.1-4　软切换示意图

在讲述软切换的流程之前，先介绍几个概念，包括导频集、搜索窗及切换参数。

（1）导频集。

与待机切换类似，切换中也有导频集的概念，终端将所有需要检测的导频信号根据导频 PN 序列的偏置归为以下 4 类：

①有效集：当前前向业务信道对应的导频集合。

②候选集：不在有效集中，但终端检测到其强度足以供业务正常使用的导频集合。

③邻区集：由基站的邻区列表消息所指定的导频集合。

④剩余集：未列入以上 3 种集合的所有导频集合。

在搜索导频时，终端按照有效集以及候选集、邻区集和剩余集的顺序测量导频信号的强度。假设有效集以及候选集中有 PN1、PN2 和 PN3，邻区集中有 PN11、PN12、PN13 和 PN14，剩余集中有 PN′、…，则终端测量导频信号的顺序如下：

PN1、PN2、PN3、PN11；

PN1、PN2、PN3、PN12；

PN1、PN2、PN3、PN13；

PN1、PN2、PN3、PN14、PN′；

PN1、PN2、PN3、PN11；

PN1、PN2、PN3、PN12、…。

可见，剩余集中的导频被搜索的机会远远小于有效集以及候选集中的导频。

（2）搜索窗。

除了导频的搜索次数外，搜索范围也是搜索导频时需要考虑的因素。终端在与基站通信时存在时延。如图 5.1-5 所示，终端与基站 1 有 t_1 的信号延时、与基站 2 有 t_2 的信号延时。

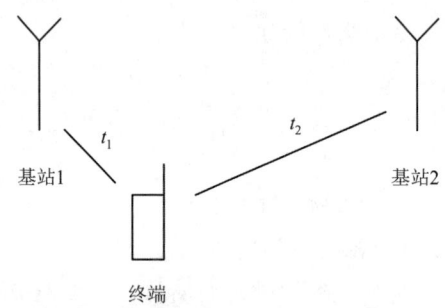

图 5.1-5　终端与基站之间的延时差别

假定终端与基站 1 同步，如果终端与基站 1 的距离小于与基站 2 的距离，必然有 $t_1 < t_2$。对终端而言，基站 2 的导频信号会比终端参考时间滞后 $t_2 - t_1$ 出现；而如果终端与基站 1 的距离大于与基站 2 的距离，必然有 $t_1 > t_2$。对终端而言，基站 2 的导频信号会比终端参考时间提前 $t_1 - t_2$ 出现。

因此，在检测导频强度时，终端必须在一个范围内搜索才不会漏掉各个集合中的导频信号。终端使用了搜索窗口来捕获导频，也就是对于某个导频序列偏置，终端会提前和滞后一段码片时间来搜索导频。

搜索窗口与导频信号如图 5.1-6 所示，终端将以自身的短码相位为中心，在提前于和滞后于搜索窗口尺寸的一半的短码范围内进行导频信号的搜索。

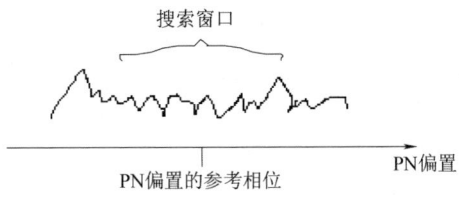

图 5.1-6　搜索窗口与导频信号

搜索窗口的尺寸越大，搜索的速度就越慢；但是搜索窗口的尺寸过小，会导致延时差别大的导频不能被搜索到。对于每种导频集，基站定义了各自的搜索窗口的尺寸供终端使用。

①SRCH_WIN_A：有效集和候选集导频信号搜索窗口的尺寸。

②SRCH_WIN_N：邻区集导频信号搜索窗口的尺寸。

③SRCH_WIN_R：剩余集导频信号搜索窗口的尺寸。

SRCH_WIN_A 尺寸应该根据预测的传播环境进行设定，该尺寸要足够大，大到能捕获目标基站的所有导频信号的多径部分，同时又应该足够小，从而使搜索窗的性能最佳化。

SRCH_WIN_N 尺寸通常设得比 SRCH_WIN_A 尺寸大，其大小可参照当前基站和邻区基站的物理距离来设定，一般要超过最大信号延时的 2 倍。

SRCH_WIN_R 尺寸一般设得和 SRCH_WIN_N 一样大。如果不需要使用剩余集，可以把 SRCH_WIN_R 设得很小。

（3）切换参数。

①T_ADD：基站将此值设置为移动台对导频信号监测的门限。当移动台发现邻区集或剩余集中某个基站的导频信号强度超过 T_ADD 时，移动台发送一个导频强度测量消息（PSMM），并将该导频转向候选集。

②T_DROP：基站将此值设置为移动台对导频信号下降监测的门限。当移动台发现有效集或候选集中的某个基站的导频信号强度小于 T_DROP 时，就启动该基站对应的切换去掉计时器。

③T_TDROP：基站将此值设置为移动台导频信号下降监测定时器的预置定时值。如果有效集中的导频强度降到 T_DROP 以下，移动台启动 T_TDROP 计时器；如果计时器超时，这个导频从有效集退回到邻区集。如果超时且前导频强度又回到 T_DROP 以上，则计时器自动被删除。

④T_COMP：基站将此值设置为有效集与候选集导频信号强度的比较门限。当移动台发现候选集中某个基站的导频信号的强度超过了当前有效集中基站导频信号的强度 T_COMP×0.5 dB 时，就向基站发送导频强度测量消息（PSMM），并开始切换。

移动台进行软切换的流程如图 5.1-7 所示，详细说明如下。

①在进行软切换时，移动台首先搜索所有的导频信号，并测量它们的强度。当该导频强度大于一个特定值 T_ADD 时，移动台认为此导频的强度已经足够大，能够对其进行正确解调，但尚未与该导频对应的基站相联系时，它就向原基站发送一条导频强度测量消息（PSMM），以通知原基站这种情况，并且将导频集纳入候选集。

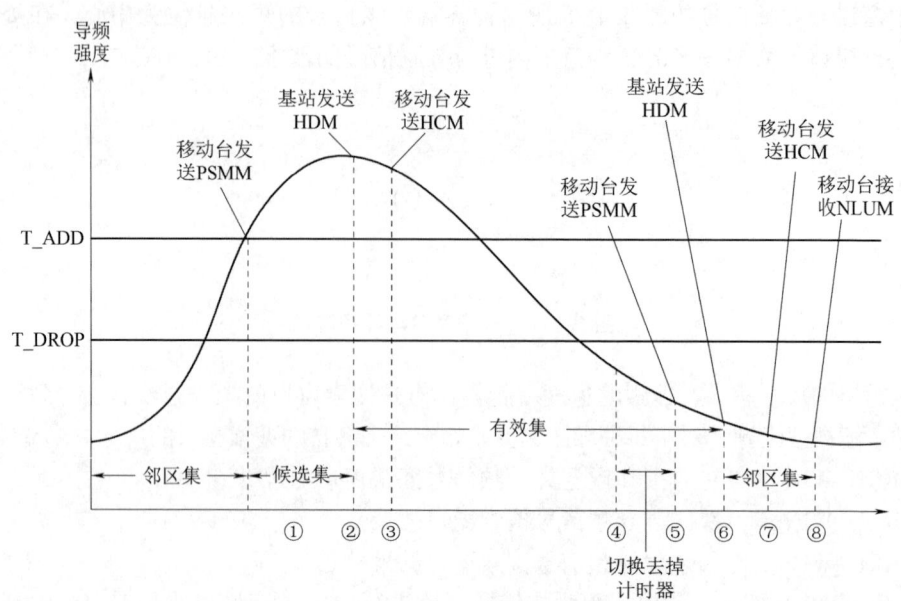

图 5.1-7   IS-95 移动台进行软切换流程

PSMM—导频强度测量消息；HDM—切换指示消息；HCM—切换完成消息

②原基站将移动报告送往移动交换中心（MSC），MSC 让新的基站安排一个前向业务信道给移动台，并且原基站发送一条切换指示消息（HDM）指示移动台开始切换。

③当收到来自基站的切换指示消息后，移动台将新基站的导频从候选集纳入有效集，开始对新基站和原基站的前向业务信道同时进行解调。然后移动台向原基站发送一条切换完成消息（HCM），通知基站自己已经根据命令开始对两个基站同时解调了。

④随着移动台的移动，可能两个基站中某一方的导频强度已经低于某一特定值 T_DROP，这时移动台启动切换去掉计时器（移动台对在有效导频集和候选导频集里的每一个导频都有一个切换去掉计时器，当与之相对应的导频强度比特定值 T_DROP 小时，计时器启动）。

⑤当该切换去掉计时器 T_TDROP 期满时（在此期间，其导频强度应始终低于 T_DROP），移动台向基站发送导频强度测量消息（PSMM）。

⑥基站接收到导频强度测量消息后，将此信息送至 MSC，MSC 再返回相应切换指示消息（HDM）给基站，基站发送切换指示消息给移动台。

⑦移动台将切换去掉计时器到期的导频从有效集移到邻区集。此时移动台只与目前有效导频集内的导频所代表的基站保持通信，同时会发一条切换完成消息（HCM）告诉基站，表示切换已经完成。

⑧移动台接收一个不包括导频的 NLUM，导频进入剩余集。

5. 更软切换

更软切换是由基站完成的，并不通知 MSC。对于同一移动台，不同扇区天线的接收信号对基站来说就相当于不同的多径分量，并被合成一个语音帧送至选择器（Selector），作为此基站的语音帧。而软切换是由 MSC 完成的，将来自不同基站的信号都送至选择器，由选择器选择最好的一路，再进行语音编解码。由于更软切换的流程包含在上面的软切换流程里面，这里就不再进一步分析了。

上面主要介绍了切换的类型以及软切换实现过程和更软切换的概念，在实现系统运行时，这些切换是组合出现的，可能同时既有软切换，又有更软切换和硬切换。例如，一个移动台处于一个基站的两个扇区和另一个基站交界的区域内，这时将发生软切换和更软切换；若处于 3 个基站交界处，又会发生三方软切换。

两种软切换都是基于具有相同载频的各方容量有余的条件下，若其中某一相邻基站的相同载频已经达到满负荷，MSC 就会让基站指示移动台切换到相邻基站的另一载频上，这就是硬切换。

在三方切换时，只要另两方中有一方的容量有余，都优先进行软切换。也就是说，只有在无法进行软切换时才考虑使用硬切换。当然，若相邻基站恰巧处于不同 MSC，这时即使是同一载频，在目前也只能是进行硬切换，因为此时要更换声码器。如果以后 BSC 间使用了 IPI 接口和 ATM，才能实现 MSC 间的软切换。

6. 空闲切换

另外需要提到的一个概念就是空闲切换。在 IS-95 系统和 1x 系统中，空闲切换的时机及工作原理不同。

1）IS-95A 中的空闲切换

当移动台处在空闲状态下，从一个小区移动到另一个小区时，必须切换到新的寻呼信道上，当新的导频比当前服务导频高 3 dB 时，移动台自动进行空闲切换。

导频信道通过相对于零偏置导频信号 PN 序列的偏置来识别。导频信号偏置可分成几组用于描述其状态，这些状态与导频信号搜索有关。在空闲状态下，存在 3 种导频集合，即有效集、邻区集和剩余集。每个导频信号偏置仅属于一组中的一个。

移动台在空闲状态下监视寻呼信道时，它在当前 CDMA 频率指配中搜索最强的导频信号。如果移动台确定邻区集或剩余集的导频强度远大于有效集的导频，那么进行空闲切换。

移动台在完成空闲切换时，将工作在非分时隙模式，直到移动台在新的寻呼信道上收到至少一条有效消息为止。在收到消息后，移动台可以恢复分时隙模式操作。在完成空闲切换之后，移动台将放弃所有在原寻呼信道上收到的未处理消息。

2）CDMA2000 1x 系统中的空闲切换

CDMA2000 1x 系统使用 $E_{c\,\mathrm{Threshold}}$ 和 $E_c/I_{o\,\mathrm{Threshold}}$ 控制 MS 的空闲切换。当 MS 发现比当前使用导频强的导频时，MS 并不一定完成一个空闲切换，而是要求同时满足当前使用导频的 $E_c < E_{c\,\mathrm{Threshold}}$ 才完成一个空闲切换。同样，当 MS 发现比当前使用导频强的导频时，MS 并不一定完成一个空闲切换，而是要求同时满足当前使用导频的 $E_c/I_o < E_c/I_{o\,\mathrm{Threshold}}$ 才完成一个空闲切换。也就是说，只有当 $E_c < E_{c\,\mathrm{Threshold}}$ 和 $E_c/I_o < E_c/I_{o\,\mathrm{Threshold}}$ 时才进行空闲切换。

在 IS-95A 中接入过程中不允许有空闲切换，在 IS-95B 及 CDMA2000 中接入过程中可以有空闲切换。

5.2　CDMA 系统的优点

与 FDMA 和 TDMA 相比，CDMA 具有许多独特的优点。其中一部分是扩频通信系统所固有的，另一部分则是由软切换和功率控制等技术所带来的。

CDMA 系统是由扩频、多址接入、蜂窝组网和频率复用等几种技术结合而成，含有频域、时域和码域三维信号处理的一种协作，因此与其他系统相比有非常大的优势。具体可以从以下一些方面体现出来。

1. 独特频率复用

如图 5.2-1 所示，在 CDMA 系统中，所有小区的频率是相同的，所以其频率复用系数是 1。在 GSM 系统中，由于小区有频率干扰问题，因此至少相邻小区的频率不同，所以频率复用系数为 1/3。

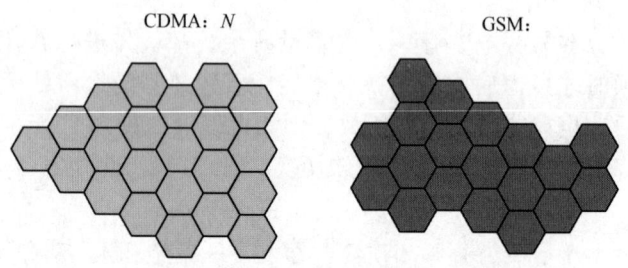

图 5.2-1　CDMA 和 GSM 频率复用

表 5.2-1 对 CDMA 和 GSM 在频率使用方面进行了一个比较。

表 5.2-1　CDMA 和 GSM 在频率使用上的比较

参数	CDMA	GSM
载频带宽	1.25 MHz	0.20 MHz
载频数	3	251
频率复用	1/1	3/9
有效载频	3/1 = 3	25/3 = 8.3
语音呼叫/载频	25~40+	7.252
语音呼叫/小区	75~120+	7.25×8.3 = 60.2
扇区/小区	3	3
语音呼叫/扇区	75~120+	60.2/3 = 20.0
Erlang/扇区 3	64~107 Erl	13.2 Erl

2. 覆盖范围广

CDMA 的覆盖半径是标准 GSM 的 2 倍。这是由于 CDMA 采用的是码分技术，其抗衰减能力较 GSM 强，从而覆盖半径大。例如，当覆盖 1 000 km^2 时，GSM 需要 200 个基站，而 CDMA 只需 50 个基站。在相同覆盖条件下，由于基站数量大为减少，投资将明显减小。

3. 容量大

CDMA 网络是一个自干扰系统，用户使用的频率相同，依靠信道编码来区分用户。一个用户的信号是其他用户的干扰源。同样，其他用户的信号也是本用户的干扰源。用户增加不会出现打不了电话的现象，只会使网上其他用户质量稍有降低。网络容量取决于忍受的干扰限度。

在 CDMA 系统中采取了功率控制技术，从而使系统的功率很小。CDMA 的功率控制技术可使传输信号所携带的能量被控制在为保持良好通话质量所需的最低水平上。较小的功率意味着更少的能量损耗，从而具有更小的干扰，使得拥有更大的通话容量。如果每个基站可以提供更大的通话容量，就意味着只需部署较少的基站便能完成一定的话务量。

由于 CDMA 系统采用了扩频通信技术，CDMA 系统能以较少的频谱资源和电力资源提供较大的系统容量。与 GSM 网络相比，CDMA 网络的容量要大 4~6 倍，有利于减少成本。

在通话者不说话时，可变速语音编码器可减少通话进程对信道的占用，使信道可以被更有效地利用，从而间接地提高了整个系统的通话容量。

4. 语音质量好

CDMA 系统的通话质量好于 AMPS 或 TDMA 系统。CDMA 系统声码器可以动态调整数据传输速率，并根据适当的阈值选择不同的电平级发射。同时阈值根据背景噪声的改变而变化，这样即使在背景噪声较大的情况下，也可以得到较好的通话质量。

TDMA 的信道结构最多只能支持 4 Kb/s 的语音编码器，它不能支持 8 Kb/s 以上的语音编码器。CDMA 系统采用高质量的语音编码器——QCELP 语音编码，大大抑制了宽带噪声，加上系统优越的通信质量，使语音更清晰。CDMA 系统具有语音清晰、背景噪声小等优势，其性能明显优于其他无线移动通信系统，语音质量可以与有线电话媲美。

当用户在不同的蜂窝站点之间移动时，TDMA 采用一种硬切换的方式，用户可以明显地感觉到通话的间断。在用户密集、基站密集的城市中，这种间断尤为明显。因为在这样的地区每分钟会发生 2~4 次切换。CDMA 系统由于运用了独特的软切换技术，当用户从一个基站转向另一个基站时，用户不会中断与原来基站之间的通信，直至切换到新的基站上。即在切换时用户同时与两个基站联络，增强了小区边缘的信号强度，防止通话变轻或质量恶化，大大降低了掉话的可能性，保证了长时间在移动中的通话质量。软切换可以使通话者从相邻的 3~5 个蜂窝站点接收到信号，在将收到的信号合并后不仅可以消除移交时通话间断的情况，还可以全面提高信号的质量（通过始终从收到的 3~5 个信号中选择最好的信号）。

CDMA 系统采用宽带载频传输及先进的功率控制技术，克服了信号路径衰落，避免了信号时有时无现象。同时使用了强纠错信道编码，使用户在时速高达 200 km 的汽车上一样能够稳定通话。

5. 保密性好

扩频通信技术是世界上最新的一种无线通信技术，其特性之一就是语音保密性能好。再加上 CDMA 系统完善的鉴权保密技术，足以保证用户的利益不受侵犯，用户在通信过程中不易被盗听。

通过宽带频谱传输的信号是很难被侦测到的，就像在一个嘈杂的房间里人们很难听到某人轻微的叹息一样。使用其他技术，信号的能量都被集中在一个狭窄的频段里，这使在其中传输的信号很容易被他人侦测到。

即使偶然的偷听者也很难窃听到 CDMA 的通话内容，因为和模拟系统不同，一个简单的无线电接收器无法从某个频段全部的射频信号中分离出某路数字通话。CDMA 采用了伪随机码（PN）作为地址码，加上独特的扰码方式，在防止串话、盗用等方面具有其他网络不可比拟的优点，进一步保证了 CDMA 网通信的保密性。

6. 用户满意度高

由于 CDMA 技术的独特性，对用户来讲，CDMA 具有很多优点，能够给用户提供更高满意度的服务。这可以从以下几个方面来看。

（1）掉话率低，语音质量好。

（2）更高的数据传输速率。

（3）更多的多媒体服务。

手机发射功率低，待机时间更长，手机辐射更小，具有"绿色手机"的美称。GSM 手机平均发射功率是 125 mW，最大发射功率是 2 W；而 CDMA 手机的平均发射功率是 2 mW，最大发射功率是 200 mW。

7. 经济性好

当在比较 CDMA 与其他技术如 AMPS 与 GSM 的经济性时，必须仔细将 CDMA 的一些优点，如小区涵盖范围与小区容量，纳入成本因素中。

（1）CDMA 的一个优点是节省能源，CDMA 比 GSM 节省了 2~4 dB 的功率。该值考虑到了发射功率、发射机作用周期（Duty Cycle）与调变、编码等因素。

（2）CDMA 系统的最大路径衰减比 GSM 多出 6~10 dB，所以 CDMA 系统只需较少的基站即可提供与 GSM 系统相同的通话质量。在相同的覆盖条件时，覆盖相同区域，CDMA 只需要较少的基站，大大节约了运营商的投资成本。

（3）一般来讲，当 CDMA 刚开始提供服务时，由于用户少，相应的基站数目也少，但是由于 CDMA 系统承受路径衰减能力较 GSM 强，所以能提供较大的涵盖区以满足用户的需求。当用户数量增加时，因为 CDMA 系统有很大的系统容量，以基站数目而言，CDMA 系统需要的基站数量少，成本也较低。这对于运营商刚开始运作时，从节约成本上考虑，这一点是非常重要的。

另外，还有非常重要的一点就是 CDMA 的兼容性。首先，IS-95 系统可以平滑升级到 1x 系统。不用更改任何硬件，只需升级软件就可以实现升级；其次，就是 IS-95 系统可以和 1x 系统共存，具有向后兼容的特点。

思考与练习

5.1 简述 CDMA 的功率控制技术。

5.2 软切换有几种？简述其切换流程。

5.3 简述 Rake 接收机的原理。

5.4 简述 CDMA 系统的优点。

5.5 简述 3G 的主要关键技术有哪些。

第 3 部分

WCDMA 核心网原理及关键技术

第 6 章 WCDMA 网络结构

🌀 学习指引

　　WCDMA 主要起源于欧洲和日本的早期第三代无线研究活动，GSM 的巨大成功对第三代系统在欧洲的标准化产生重大影响。欧洲于 1988 年开展 RACE I（欧洲先进通信技术的研究）程序，并一直延续到 1992 年 6 月，它代表了第三代无线研究活动的开始。1992—1995 年间欧洲开始了 RACE II 程序。ACTS（先进通信技术和业务）建立于 1995 年底，为 UMTS（通用移动通信系统）提供了 FRAMES（未来无线宽带多址接入系统）方案建议。在这些早期研究中，对各种不同的接入技术包括 TDMA、CDMA、OFDM 等进行了实验和评估，为 WCDMA 奠定了技术基础。本课程配套的在线开放课程资源在超星网络平台可以帮助学生进行学习。

🌀 本章重难点

　　（1）掌握 WCDMA 演进过程。
　　（2）掌握 UMTS 体系结构。

🌀 知识目标

　　掌握 WCDMA 关键技术的优点。

🌀 能力目标

　　理解 WCDMA 关键技术和业务能力的开发。WCDMA 规范注重了业务能力的开发，WCDMA 预期提供的业务是非常丰富的。可以通过 WCDMA 终端，享受普通、宽带语音和多媒体业务、可视电话、视频会议电话；移动网络上的 Internet 应用也更为普遍，E-mail、

WWW 浏览、电子商务、电子贺卡等业务与移动网络相结合。

素质目标

通过对本章的学习培养学生踏实肯干、刻苦钻研的工作精神。

6.1　WCDMA 网络的演进

WCDMA 网络规范是按 R99—R4—R5 阶段演进的。演进过程中，核心网基本网络逻辑上的划分没有变化，都分为电路域和分组域，只是到 R5 版本增加了多媒体子系统（IMS）。网元实体的变化主要体现为，R99 的 MSC 到 R4 阶段逻辑上分为 MGW 和 MSC 服务器，同时增加了传输信令网关（T-SGW）和漫游信令网关（R-SGW），到 R5 阶段在 R4 的基础上增加了 IMS。同时，R4 和 R5 阶段增加了相应的接口。

各版本发展的情况如下。

（1）R99：标准已完成，已商用。

功能冻结：1999 年 12 月；商用版本：2001 年 6 月。

基于 2.5G 网络结构，电路域基于传统的 TDM。

（2）R4：标准已完成，已商用。

功能冻结：2001 年 3 月。

采用软交换技术，控制与承载（TDM/ATM/IP）分离。

引入 TD-SCDMA。

（3）R5：标准已完成。

功能冻结：2002 年 6 月。

引入多媒体域 IMS 和无线新技术 HSDPA。

6.1.1　UMTS 系统网络结构

从网元功能上将 UMTS 系统分为无线网络子系统（RNS）和核心网子系统（CN）两部分。UMTS 系统网络结构如图 6.1-1 所示。

UMTS 网络结构是基于 R99 的，UE、UTRAN 和 CN 构成了完整的 UMTS 网络（UE 在图 6.1-1 中未体现），从规范的角度来看，CN 侧网元实体沿用了 GSM/GPRS 的定义，这样可以实现网络的平滑过渡；而无线侧 UTRAN 则基于 WCDMA 技术的 R99 定义，其变化是革命性的。

此外，UMTS 网络的规范是按 R99—R4—R5 阶段演进的，图 6.1-1 是基于 R99 系列规范描述的网络结构，在 R4/R5 阶段的规范制定中，核心网的网元定义接口发生了变化。

6.1.2　UMTS R99 网络基本构成

UMTS R99 网络的基本构成如图 6.1-2 所示。核心网分为电路域（CS）和分组域（PS）。电路域是基于 GSM Phase2+的电路核心网的基础上演进而来的，网络单元包括移动业务交换中心（MSC）、访问位置寄存器（VLR）、网关移动业务交换中心（GMSC）；分组

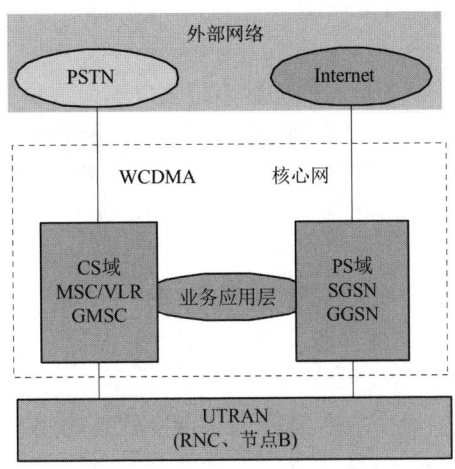

图 6.1-1　UMTS 系统网络结构

域是基于 GPRS 核心网的基础上演进而来的，网络单元包括业务 GPRS 支持节点（SGSN）、网关 GPRS 支持节点（GGSN）；归属位置寄存器（HLR）、鉴权中心（AUC）和设备识别寄存器（EIR）为电路域和分组域共用网元。从整个 CN 子系统来看，UMTS R99 核心网与GSM、GPRS 核心网之间的差别主要体现在 Iu 接口与 A 接口的差别、CAMEL 的差别以及业务上的差别等。

　　无线接入网络的网络单元包括无线网络控制中心（RNC）和 WCDMA 的收发信基站（节点 B）两部分。无线网络子系统与 GSM、GPRS 相比发生了革命性的变化。

　　此外，核心网 PS 域通过 Gi、Gp 接口接入其他 PLMN 网络或 PDN 网络，CS 域通过PSTN 接入固定网络或其他 PLMN。

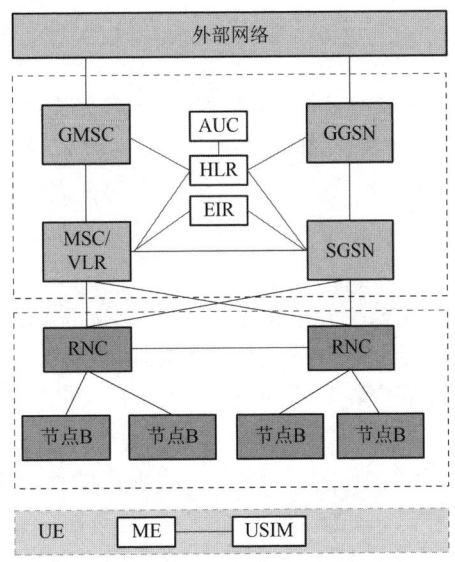

图 6.1-2　UMTS R99 网络的基本构成

1. 核心网子系统（CN）网元实体

1）MSC

移动交换中心（MSC）是 CS 域网络的核心，它提供交换功能，负责完成移动用户寻呼接入、信道分配、呼叫接续、话务量控制、计费、基站管理等功能，并提供面向系统其他功能实体和面向固定网（PSTN、ISDN、PDN）的接口功能。作为网络的核心，MSC 与其他网络单元协同工作，完成移动用户位置登记、越区切换和自动漫游、合法性检验及信道转接等功能。

MSC 从 VLR、HLR/AUC 数据库获取处理移动用户的位置登记和呼叫请求所需的数据；反之，MSC 也根据其最新获取的信息请求更新数据库的部分内容。

2）VLR

访问位置寄存器（VLR）是服务于其控制区域内的移动用户的，它存储着进入其控制区域内已登记的移动用户的相关信息，为已登记的移动用户提供建立呼叫接续的必要条件。VLR 从该移动用户的归属位置寄存器（HLR）获取并存储必要的数据。一旦移动用户离开该 VLR 的控制区域，则重新在另一个 VLR 登记，原 VLR 将取消临时记录的移动用户数据。因此，VLR 可看作一个动态用户数据库。

3）GMSC

网关 MSC（GMSC）是用于连接核心网 CS 域与外部的 PSTN 的实体。通过 GMSC，可以完成 CS 域与 PSTN 的互通。其主要功能是为 PSTN 与 CS 域的互联提供物理连接，并且在固定用户呼叫移动用户时具有向 HLR 要漫游号码的功能。

4）SGSN

SGSN 是 GPRS 业务的支持节点，是 PS 域网络的核心。它对 MS 的位置进行跟踪，完成安全鉴权功能与接入控制，并与 GGSN 共同完成 PDP 连接的建立、维护与删除工作。对于 2G 基站来说，SGSN 是通过 Gb 接口与 GPRS BSS 相连接，对于 3G 基站来说，SGSN 是通过 Iu 接口与 3G RNS 相连接。

5）GGSN

GGSN 是 GPRS 网关的支持节点。可以将 GGSN 理解为连接核心网 PS 域与外部网络的网关。核心网 PS 域通过 GGSN 与外部的分组网相连，一般来说，是指 X. 25 网络或 Internet（TCP/IP）网，由于 X. 25 网络并不代表未来的发展方向，因此，绝大多数核心网 PS 域只提供与 Internet 网络的接口。

6）HLR

归属位置寄存器（HLR）是系统的数据中心，它存储着所有在该 HLR 签约的移动用户的位置信息、业务数据、账户管理等信息，并可实时地提供对用户位置信息的查询和修改，及实现各类业务操作，包括位置更新、呼叫处理、鉴权、补充业务等，完成移动通信网中用户移动性管理。

一个 HLR 能够控制若干个移动交换区域，移动用户的所有重要的静态数据都存储在 HLR 中，包括移动用户识别号码、访问能力、用户类别和补充业务等数据。另外，HLR 还存储且为 MSC 提供有关移动用户实际漫游所在区域的动态信息数据。

7）AUC

鉴权中心（AUC）用于系统的安全性管理，AUC 存储着鉴权信息和加密密钥，用来防止无权用户接入系统和保证通过无线接口的移动用户通信的安全。

8）EIR

移动设备识别寄存器（EIR）存储着移动设备的国际移动设备识别码（IMEI），通过核查白色清单、黑色清单或灰色清单这 3 种表格（在表格中分别列出准许使用的、出现故障需监视的、失窃不准使用的移动设备的 IMEI 号码），使运营部门对于不管是失窃还是由于技术故障或误操作而危及网络正常运行的 UE 设备，都能采取及时的防范措施，以确保网络内所使用的移动设备的唯一性和安全性。

2. 无线网络子系统（RNS）网元实体

RNS 通过无线接口（Uu）直接与移动台相接，负责无线信号的发送、接收和无线资源管理。另外，RNS 与 MSC、SGSN 相连，实现移动用户之间或移动用户与固定网用户之间的通信连接，传送系统信号和用户信息等。RNS 包括 RNC 和节点 B 两部分。

1）RNC

RNC 是 RNS 的控制部分，主要负责各种接口的管理，承担无线资源和无线参数的管理。它主要与 MSC 和 SGSN 于 Iu 接口相连，UE 和 UTRAN 之间的协议在此终结。

2）节点 B

节点 B 属于 RNS 的无线部分，由 RNC 控制，服务于某个小区的无线收/发信设备，完成空中接口与物理层相关的处理（信道编码、交织、速率匹配、扩频等），同时它还完成一些内环功率控制等无线资源管理功能。

3）UE

UE 移动台是用户设备，它可以为车载型、便携型和手持型。物理设备与移动用户可以是完全独立的，与用户有关的全部信息都存储在智能卡 SIM 中，该卡可在任何移动台上使用。在 2G 的 MS 中，MS 由 ME 和 SIM 卡组成；在 3G 的 UE 中，UE 由 ME、SIM 以及 USIM 组成。其中，ME 是一个裸终端，通过它可以完成与基站子系统之间的空中接口的交互，SIM 存储的是 2G 用户的签约数据，USIM 是 3G 用户的签约数据。3G 通过多模 UE，可以使 UE 在 3G 与 2G 网络之间漫游与切换。

4）UTRAN

UTRAN 是 UMTS 的无线接入网，它是由两个或两个以上的 RNS 组成的无线接入网。

6.1.3　基于 R4 的 UMTS 网络

本节所介绍的 R4 网络基于 3GPP TS23.002 V4.3.0 版本，与 R99 网络一样，R4 网络的基本结构同样分为核心网和无线接入网，在核心网一侧分为电路域和分组域两部分，如图 6.1-3 所示。与 R99 网络相比，其主要变化发生在电路域，分组域没有变化。

基本网元实体及接口大部分继承了 R99 网络实体与接口的定义，与 R99 网络定义相同的网络实体从基本功能上来看没有变化，相关协议也是相似的。下面重点介绍变化的网元实体以及相关接口。

1. 网元实体

从 R99 到 R4，UMTS 基本结构在电路域上发生了变化，根据呼叫控制和承载以及承载控制分离的思想，R99 网络电路域的网元实体（G）MSC 在 R4 阶段演化为媒体网关 MGW

和（G）MSC 服务器两部分，增加了漫游信令网关（R-SGW）和传输信令网关（T-SGW）；同时相关接口发生了变化，增加了 MGW 和 MSC 服务器之间的 Mc 接口、MSC 服务器和 GMSC 服务器之间的 Nc 接口、MGW 之间的 Nb 接口以及 R-SGW 和 HLR 之间的 Mh 接口等，如图 6.1-3 所示。

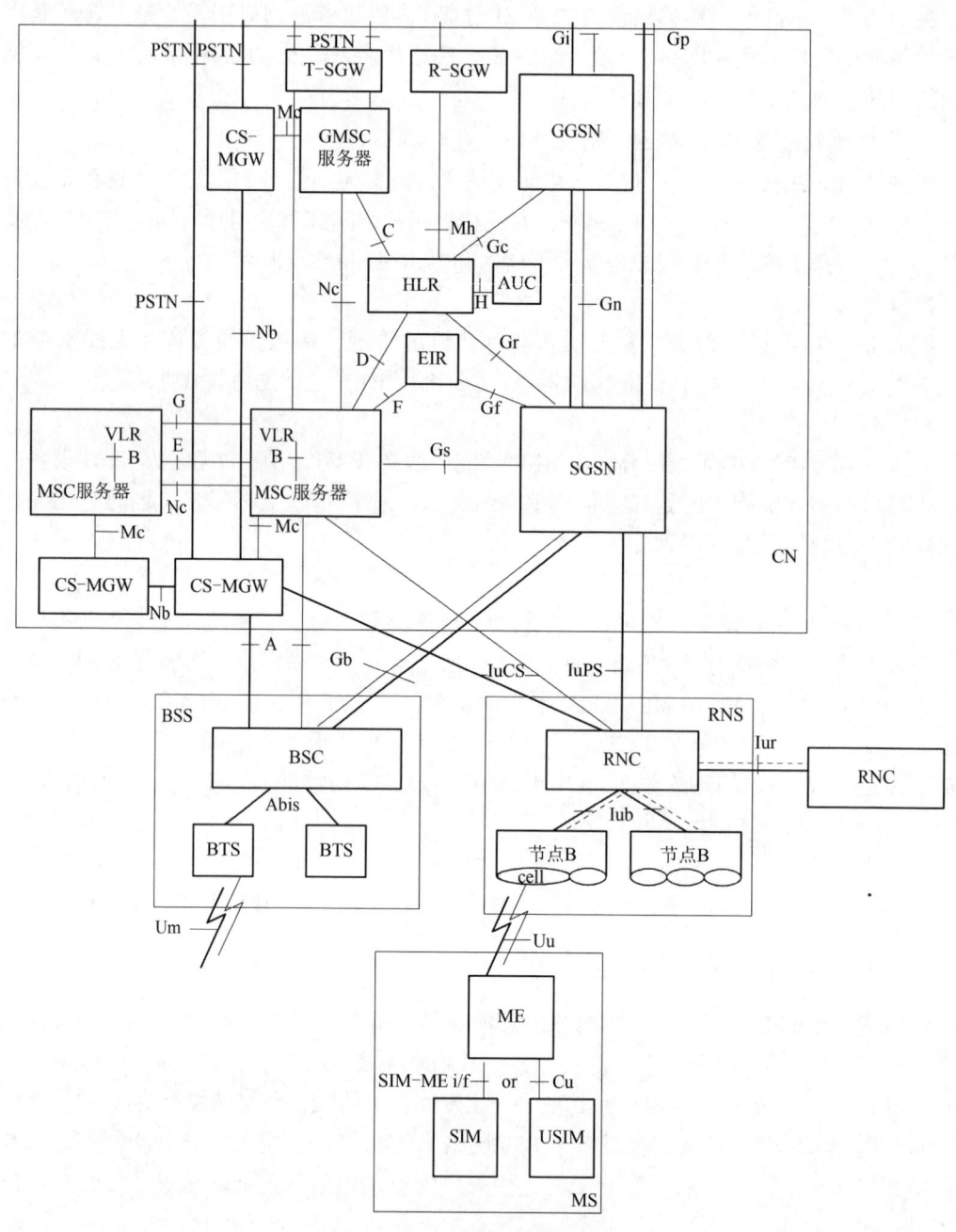

图 6.1-3　R4 基本网络结构

　　R4 的网络结构和 R99 的相比，主要是核心网电路域的结构发生了很大变化，而核心网分组域和 UTRAN 的网络结构几乎没变。

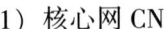

1）核心网 CN

R4 的核心网主要包括以下网元实体，即（G）MSC 服务器/VLR、CS-MGW、T-SGW、R-SGW、SGSN、GGSN、HLR/AUC、EIR 等。

2）媒体网关 MGW

针对一个定义的网络来说，MGW 可以认为是 PSTN/PLMN 传输的终止点，包含断点承载和媒体处理设备（如码转换器、回声抑制单元等）。

MGW 可以终结从一个电路交换网络和分组网络（如 IP 网中的 RTP 流等）的承载信道。在 Iu 接口上，MGW 可以支持媒体转化、承载控制和有效载荷处理。

MGW 支持的功能有：针对实现资源控制与 MSC 服务器和 GMSC 服务器交互；拥有处理资源，如回声抑制单元等；有编/解码器；MGW 将提供支持 UMTS/GSM 传输媒体的必需资源，MGW 的承载控制和有效载荷处理能力必须支持移动特定的功能，如 SRNS 重定位/切换等。

3）MSC 服务器

MSC 服务器主要由 R99 MSC 的呼叫控制和移动控制部分组成。MSC 服务器主要负责移动始发和移动终接的 CS 域呼叫控制。它终结用户到网络的信令，并将其转换成网络到网络的信令。MSC 服务器也包含一个 VLR 以保持移动用户的签约数据以及 CAMEL 相关数据。MSC 服务器针对 MGW 的媒体信道，控制适合连接控制的呼叫状态部分。

（1）GMSC 服务器（网关 MSC 服务器）。GMSC 服务器主要由 R99 GMSC 的呼叫控制和移动控制部分组成。

（2）T-SGW（传输信令网关）。当电路域采用 IP 传输时，需要处理的是 IP 信令。T-SGW 作为信令网关，处理 3G-CN 和 PSTN/ISDN 网之间的信令转换。

（3）R-SGW（漫游信令网关）。R-SGW 作为漫游信令网关，完成 2G PLMN 和 3G PLMN 之间的漫游信令转换。

（4）SGSN、GGSN、HLR/AUC、EIR。这些网元实体功能和 R99 网络类似，且变化不大。

4）UTRAN

R4 的无线接入网网络结构和 R99 一样，没有变化，这里不再赘述。

2. 网络接口

1）Mc 接口

Mc 为（G）MSC 服务器和 MGW 之间的接口，具有以下特点。

（1）完全遵从 H.248 标准。

（2）存在支持不同呼叫模型的灵活的连接处理以及使 H.323 用户使用不受限制的不同媒体的处理。

（3）开放的结构支持该接口的包定义和定义扩充。

（4）MGW 物理节点资源的动态共享，一个物理的 MGW 可以分割成多个分离的逻辑 MGW。

（5）根据 H.248 协议实现在 MGW 控制的承载和管理资源之间的动态传输资源共享。

（6）支持移动特定的功能，如 SRNS 重定位/切换等。

2）Nb 接口

Nb 是 MGW 之间的接口，该接口上实现承载控制和传输功能。该接口上的用户数据的传输可以是 RTP/UDP/IP 或 AAL2。

3）Nc 接口

Nc 为 MSC 服务器和 GMSC 服务器之间的接口，在该接口上网络到网络之间的呼叫控制被执行。该接口可以采用 BICC 协议实现。

3. R4 阶段小结

R4 和 R99 的区别主要在核心网电路域。在 R99 中，电路域的网元包括（G）MSC/VLR；在 R4 中，电路域的网元包括（G）MSC 服务器、MGW、T-SGW、R-SGW。其中，（G）MSC 服务器和 MGW 都是由（G）MSC/VLR 演变而来的，（G）MSC/VLR 的接入、传输与业务处理部分演变为 MGW，（G）MSC/VLR 的信令处理、呼叫控制演变为（G）MSC 服务器。也就是说，在 R4 中，业务流和控制流的处理是互相独立的。

由于 R4 的电路域采用 IP 传输，相应地也增加了 IP 信令网关（T-SGW、R-SGW），由它们完成 R4 核心网和其他网络互通时 IP 信令和其他信令的转换。

6.1.4 基于 R5 的 UMTS 网络

1. 网络结构

R5 阶段的 UMTS 基本网络结构如图 6.1-4 所示，基本网络的网元实体继承了 R4 的定义，没有变化，不同的是网元功能有所增强。由于增加了 IP 多媒体子系统，因此基本网络与 IM 多媒体子系统间也增加了相应的接口。

从基本网络结构图来看，可以看出到 R5 阶段，要求 BSC 提供 IuCS 接口和 IuPS 接口。这是 R5 网络和 R4 网络以及 R99 网络的一个主要不同之处。另外，到 R5 阶段，增加了 HSS 实体替代 HLR，HSS 实体在功能上比 HLR 强，支持 IP 多媒体子系统。

增加的接口如下。

（1）BSS 和 CN 之间的 IuCS 接口。该接口的定义参照 UMTS 的 25.41x-系列规范定制。该接口用于传送 BSS 管理、呼叫处理、移动性管理相关信息，接口功能与 RNS 和 CN 之间的接口 IuCS 完全相同。

（2）BSS 和 CN 之间的 IuPS 接口。该接口的定义参照 UMTS 的 25.41x-系列规范定制。该接口用于进行包数据传输、传送移动性管理相关信息，接口功能与 RNS 和 CN 之间的接口 IuPS 完全相同。

2. 网元实体

当不需要区分 CS 域实体和 IP 多媒体子系统实体时，MGW 的概念用于 R4 的 CS 域。当需要区分时，CS-MGW 用来定义 CS 域的媒体网关，IM-MGW 用来定义 IP 多媒体网关。

在 R5 阶段，无线接入网络从实体方面看没有大的变化，主要体现的变化思想是对无线部分进行 IP 化，从而形成真正意义上的全 IP 网络。

核心网络在 R5 阶段，除了在基本网络结构上有以上变化外，重要的是引入了 IP 多媒体子系统 IMS（IP Multimedia Subsystem）实体，即形成了一个以 CSCF 为核心的 IMS 系统，目的是在 IP 网络上完全实现语音、数据和图像等多种媒体流的传输。

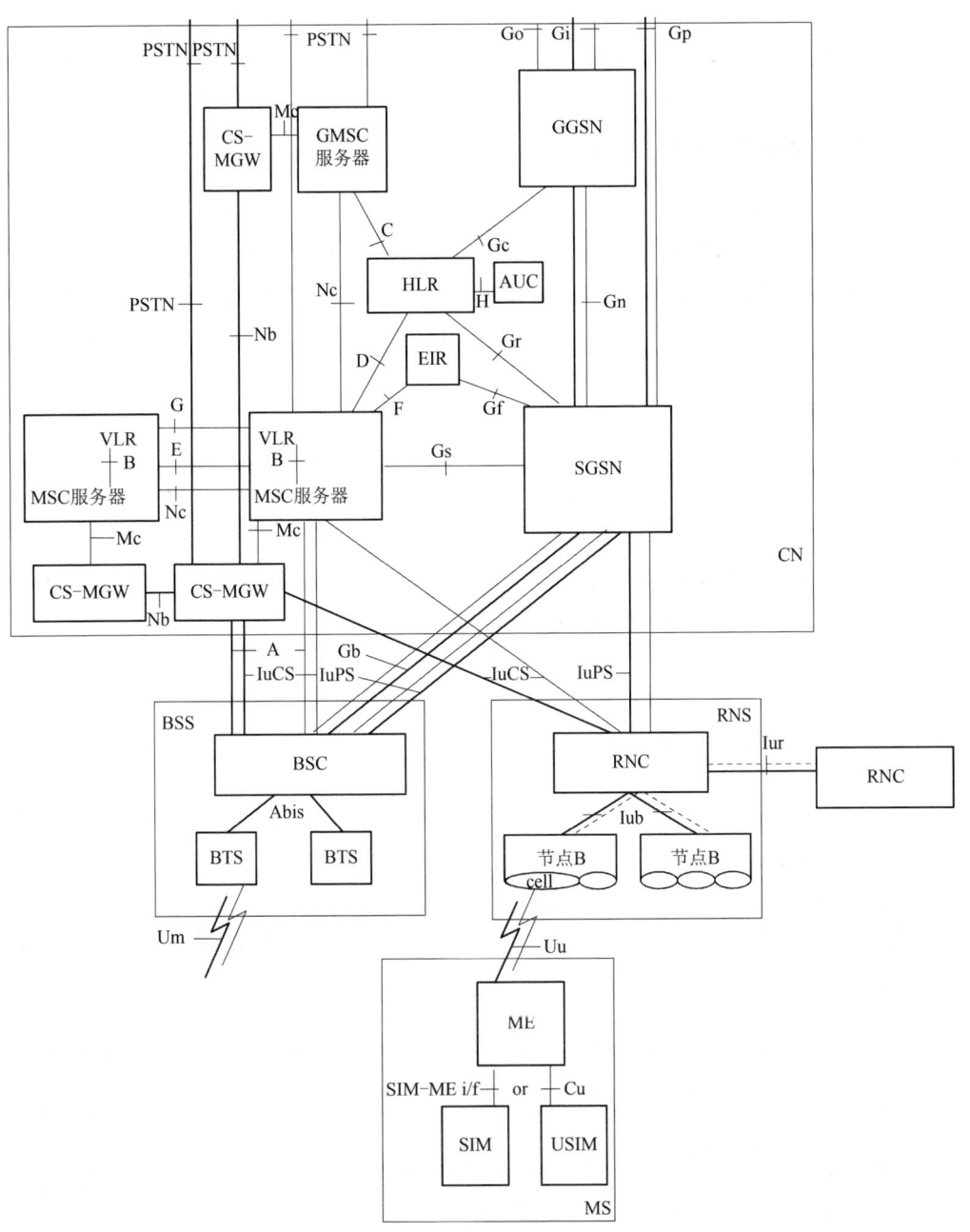

图 6.1-4　R5 基本网络结构

6.2　WCDMA 核心网的演进

6.2.1　UMTS R99 网络向全 IP 的演进

UMTS R99 网络向全 IP 的演进分成两个阶段，即 R4 阶段和 R5 阶段。

（1）R99 网络向 R4 网络演进时，在核心网一侧网络结构发生了很大变化，而在 UTRAN 一侧网络结构变化不大。由于 R99 网络的核心网分成两个域，即电路域和分组域，分组域本来就是 IP 传输，所以 R4 阶段主要解决的是电路域的 IP 传输问题。基于业务控制和业务实现分离的思想，R99 网络在向全 IP 演进时，将电路域的网元（G）MSC 分成两个实体，即 MGW 和（G）MSC 服务器。MGW 作为媒体接入网关，完成各种业务流的接入、传输和转换；MSC 服务器完成业务控制与信令处理，（G）MSC 服务器通过 Mc 接口和 MGW 互通，从而实现对各种媒体流的接入、传输及转换的控制。

（2）R5 网络是一个真正的全 IP 网络，此时无论是核心网还是无线接入网都是基于 IP 传输，各种媒体流都可以采用 IP 传输，在核心网一侧还增加了 IMS（IP 多媒体子系统）等网络实体，由 IMS 完成全 IP 网中的呼叫控制功能等。

6.2.2　各版本分析

3GPP 各个版本与 GSM/GPRS 网络之间的技术发展关系总结见表 6.2-1。

表 6.2-1　3GPP 各个版本与 GSM/GPRS 网络之间的技术发展关系总结

系统版本	无线接入网主要特征	核心网电路域主要特征	核心网分组域主要特征
GSM/GPRS	FDD TDMA；高达 72~144 Kb/s 无线数据传输	基于 TDM 的组网	基于 IP，通过 SGSN 和 GGSN 采用 GTP 协议组网
3GPP R99	FDD WCDMA；高达 144 Kb/s~2 Mb/s 无线数据传输	与 GSM 核心网络基本相同	与 GPRS 核心网络基本相同
3GPP R4	FDD WCDMA 与 3GPP R99 基本相同，仅作细节的增强；定义了 TD-SCDMA 方式，但 TDD RAN 不对核心网提出额外要求	基于 IP、ATM 或 TDM 承载的、控制与承载相分离的移动软交换网络	与 3G R99 核心网络分组域基本相同
3GPP R5	FDD WCDMA 与 3GPP R99 基本相同；提出了高速下行分组数据接入；有关要求将进入 3GPP R6 的规范完善	3GPP R5 协议基本不涉及电路域方面的内容；电路域可以是 R99 的，也可以是 R4 移动软交换的	原分组域增强了 QoS 功能；在原分组域上叠加 IP 多媒体子系统（IMS）；提供语音、视频和数据相融合的多媒体业务

从表 6.2-1 可见，对于 FDD WCDMA 通信方式来说，3GPP R99 的主要特征集中在 3G 无线接入网，R4 的主要特征集中在 3G 核心网络电路域，R5 的主要特征集中在 3G 核心网络分组域。

在 FDD WCDMA 无线接入网络和 3G 核心网络分组域方面，3GPP R99 与 R4 基本上没有区别。3GPP R99 与 R4 的区别就在于 3G 核心网络电路域是否采用了 IP 承载的移动软交换。

实际上，R99 与 R4 的差别集中体现在 3G 核心网络电路域中基于 TDM 的传统程控交换与移动软交换（可基于 TDM 或 IP 或 ATM 承载）在网络结构上的差别，如图 6.2-1 所示。

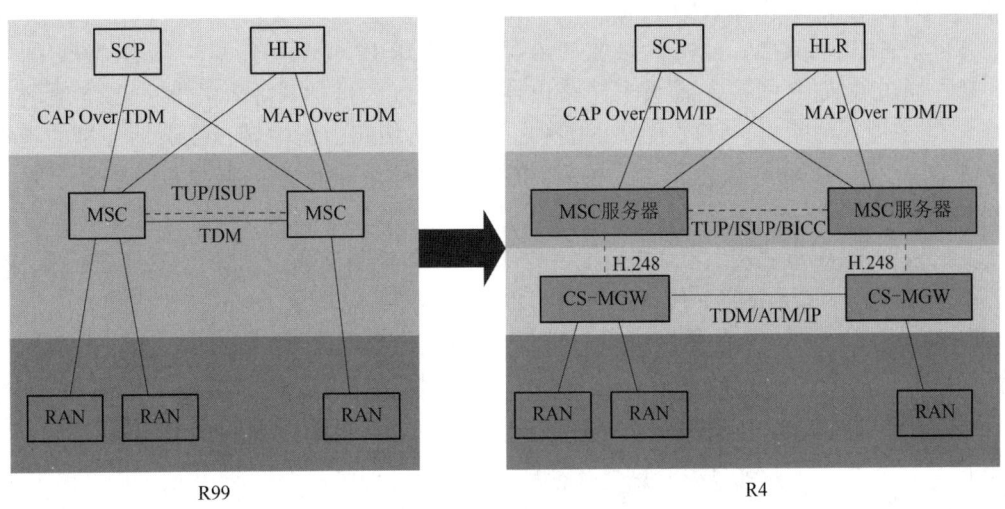

图 6.2-1　R99 与 R4 在 3G 核心网络电路域网络结构上的差别

采用 R99 建网，虽然具有 TDM 承载带来的语音质量保证以及 R99 设备、组网技术成熟的主要优势，但在向全 IP 网络演进时仍需建设全新的 IP 设备。采用 R4 组网，核心网电路域由于采用了软交换的思想，实现了控制和承载分离，不仅组网灵活、易于新业务部署且节省传输，而且利于向全 IP 网络过渡。采用 R4 建网，起点更高、更接近未来的网络结构，并且目前 R4 标准和设备都非常成熟，具备大规模商用网组网能力，同时 R4 IP 网络的运营为未来 R5 全 IP 网络运营积累经验。鉴于以上分析，建议核心网电路域建设直接采用 R4 版本，从而为向全 IP 网络的演进、为与固定 NGN 网络的融合打好基础，充分享受到 IP 网络承载所带来的优势。

同时，对于 R4 的组网也有以下考虑。鉴于电路域采用 IP 承载所带来的 QoS 问题，实行"语音承载采用 IP 网传输，信令网采用 TDM"的传输方式，其中信令网仍然采用 TDM 可以充分保证信令的安全性，而承载语音的 IP 网传输，可以在采用 DIFFSVR 和 INTERSVR 等 QoS 技术的基础上，采用增强带宽的方式来保证语音质量。在向全 IP 网络演进的下一步，在 IP 承载语音的 QoS 的问题解决后，再将 TDM 承载的信令网转移到统一的 IP 承载网中，从而向全 IP 网络迈进。

6.3 WCDMA 核心网关键技术

6.3.1 R4 核心网组网

整体网络结构分为两个层面，即语音 IP 承载层和信令 TDM 承载层。根据语音 IP 承载层和信令 TDM 承载层的建设方式，R4 核心网电路域分为全 IP R4 组网和混合 IP R4 组网。全 IP R4 组网即语音承载采用 IP 传输，信令网也采用 IP 传输；混合 IP R4 组网则语音承载采用 IP 传输，信令网采用 TDM 传输。

（1）语音 IP 承载层。全网电路域的语音承载采用 IP 骨干网传输。各 MGW 之间采用 IP 连接，通过城域 IP 网接入省级汇接路由器，再接入大区的骨干路由器；各本地网内的 MGW 之间采用直达路由，省内不同本地网之间采用省级路由器中转，互通话务量的跨本地网的 MGW 之间可以采用直达路由；各省 MGW 之间的话路互通，通过大区制骨干路由器中转。

（2）信令 TDM 承载层。在 R4 阶段，CS 域承载和控制分离，因此承载层和控制层能够独立演进。因此控制层的信令传送网可以与承载网不同，这也是 R4 的一个优势。

对核心网来说，R4 的信令网可以采用 TDM 承载，也可以 SIGTRAN 传送。由于移动信令网本身比较复杂、网元数众多，包括 MSC 服务器、HLR、SMSC、SCP、SGSN、GGSN 等，并且由于全网漫游，因此各省间的网元都需要能够通过信令互通，所以整个信令网的 SP 数将会非常多。由于移动网的特点，这些 SP 间都有信令交互，因此信令网需要具有很好的可扩展性。

同时，由于 HLR、SMSC、SCP 网元在 R4 阶段基本变化不大，因此设备供应商的硬件平台基本没有变化，支持 SIGTRAN 的比较少。所以，如果要采用 SIGTRAN 来传送，需要增加 SGW 设备，使信令网比较复杂。

SIGTRAN 技术比较新，并没有得到大规模的应用，并且 SCTP 是一个类似于 TCP 的传送层协议，只支持点到点直接连接，可扩展性比较差。

同 SIGTRAN 传送技术相比，传统 No.7 信令网络技术非常成熟，其可靠性高、安全性好、可扩展性好，并且已经在 2G 网络中得到广泛应用，信令传送效率高。

为此推荐 R4 信令网建设采用 No.7 信令网技术。MSC 服务器、HLR、SMSC、SCP 之间仍采用传统 No.7 信令网的组网方式。本地网的 MSC 服务器与 HLR、MSC 服务器与 MSC 服务器之间采用直达路由，不同本地网的 MSC 服务器、HLR 之间采用 LSTP 中转；短消息设备 IW/GMSC/SMSC、智能网设备 SCP 与 LSTP 相连，分别为全省的 3G 网络提供短消息和智能业务。各省之间的互通通过大区汇接的 HSTP 转接。

6.3.2 TrFO 技术

为充分利用空中接口和无线接入网的带宽资源，WCDMA 采用了 AMR 压缩语音编码，其最大编码速率为 12.2 Kb/s。在 R99 阶段，核心网电路域基于 TDM 承载方式，语音采用 64 Kb/s 的 PCM 编码。因此，R99 MSC 的一个很重要功能即具备语音编/解码处理（TC）功能，但是语音编/解码容易降低语音质量，特别是对于移动用户之间的呼叫，需要进行两次语音编/解码。相反，如果不采用编/解码，既有助于提升语音质量，还可节省网络的带宽。

在 R99 阶段，可通过 TrFO 实现 AMR 语音的透明传输，以减少语音编/解码造成的语音质量损伤，而在 R4 阶段，则通过 TrFO 减少语音编/解码次数。

TrFO 采用带外信令编/解码控制功能（OoBTC）实现，不仅适用于移动与移动之间呼叫，也适用于移动网络与外部网络的呼叫。此技术引入的优势是在呼叫双方采用相同语音编/解码类型的情况下，可实现压缩语音的透明传输。3GPP 介绍 TrFO 业务的协议为 TS23.153 协议，称为 OoBTC（Out of Band Transcoder Control）。

TrFO 呼叫建立网络示意图如图 6.3-1 所示，主要包括带外编/解码协商过程。从图中可以看出，包括主叫 UE 到主叫 MSC 服务器的带外编/解码协商过程、MSC 服务器之间的带外编码协商过程、MSC 服务器与被叫 UE 之间的带外编解码协商过程。

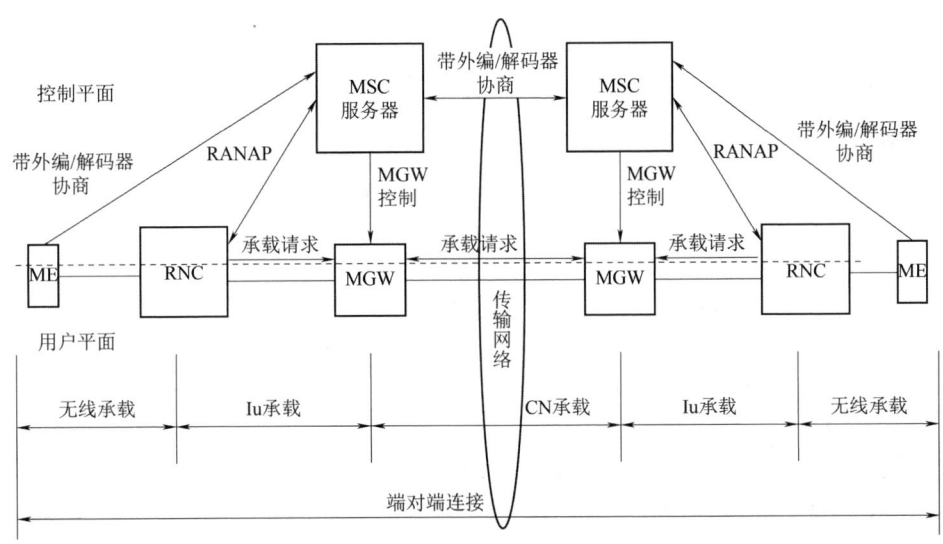

图 6.3-1 TrFO 呼叫建立网络示意图

带外编/解码协商过程如图 6.3-2 所示。

（1）主叫用户发送 SETUP 给主叫 MSCSERVER，SETUP 消息中携带了主叫 UE 支持的编/解码列表，此时开始了 TrFO 呼叫建立的带外编/解码协商过程。主叫 MSCSERVER 获得主叫 UE 支持的编/解码列表后，与 RNC 和 MGW 支持的编/解码进行交集计算，然后在 IAM 消息中将支持的编/解码列表发送给被叫 MSCSERVER。示例中编/解码列表为 (v, w, x, y, z)。

（2）中间交换机可以去掉自己不支持的编/解码类型，如示例中删除了编/解码类型 y。

（3）被叫交换机获得主叫侧支持的编/解码列表 (v, w, x, y, z)，计算与被叫用户接入的 RNC、MGW 支持的编/解码列表及被叫 UE 支持的编/解码列表，获得可用的编/解码列表 ACL，如例子中 ACL 为 (v, x, z)，优选列表中第一个编/解码 v 为 SC，即选择编/解码 v 为当前使用的编/解码类型。

（4）被叫 MSCSERVER 将编/解码协商完的 SC、ACL 发送给主叫侧网络，呼叫链中的 MSCSERVER 通知 MGW，使用编/解码 v 建立用户面承载。主叫 MSCSERVER 收到 SC、ACL

时，通知主叫 UE，此时带外编/解码协商过程结束。

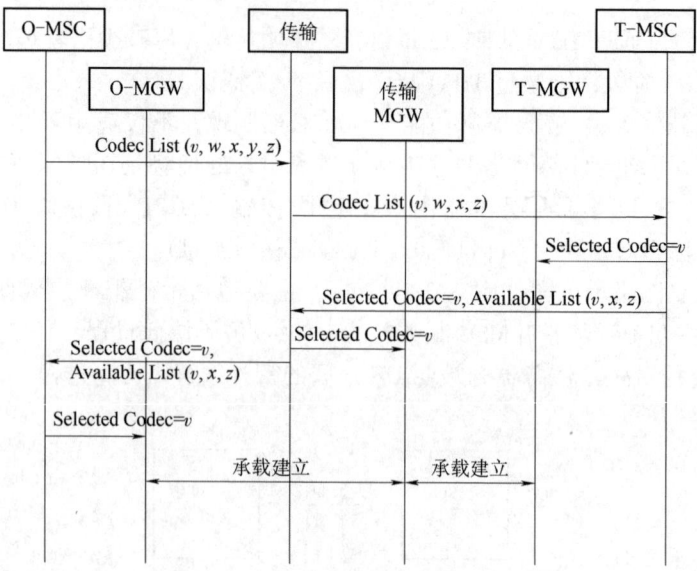

图 6.3-2 带外编/解码协商过程

思考与练习

6.1 简述 WCDMA 网络结构及网元功能。

6.2 简述 2G/3G 核心网的主要差异。

6.3 试对 R99 与 R4 版本的差异做简要说明。

6.4 WCDMA 核心网关键技术有哪些？

6.5 WCDMA 和 GSM 在安全性上有哪些差别？

第 4 部分

TD-SCDMA 原理与技术

第 7 章　TD-SCDMA 概述

🌀 学习指引

TD-SCDMA（Time Division-Synchronous Code Division Multiple Access，时分同步码分多址）是以我国知识产权为主、被国际上广泛接受和认可的无线通信国际标准，也被国际电信联盟（ITU）正式列为第三代移动通信空间接口技术规范之一。后来，为了在移动网络基础上以最大的灵活性提供高速数据业务，第三代移动通信又引入了 HSPA+ 技术。由于中国庞大的通信市场，该标准受到各大主要电信设备制造厂商的重视，全球一半以上的设备厂商都宣布可以生产支持 TD-SCDMA 标准的电信设备，科技强国体现我国的大国地位。本课程配套的在线开放课程资源在超星网络平台可以帮助学生进行学习。

🌀 本章重难点

（1）掌握 UTRAN 体系结构。
（2）了解 TD-SCDMA 系统的发展。

🌀 知识目标

（1）掌握 TD-SCDMA 系统的网络结构，了解 TD-SCDMA 系统的关键技术。
（2）掌握 TD-SCDMA 技术的特点。

🌀 能力目标

树立科技强国理念。TD-SCDMA 技术是由我国信息产业部电信科学技术研究院提出，与德国西门子公司联合开发。它是中国移动通信领域的奠基石，也是中国移动通信之所以成长到今天可以引领 5G 发展的重要原因之一，有着非常重要的意义，可以说 TD-SCDMA 是中国通信业历史上最关键的一点。

🌀 素质目标

　　TD-SCDMA 是在频谱利用率、频率灵活性、对业务支持具有多样性及成本等方面具有独特性的技术，学习过程中要求细心严谨、精益求精。

7.1　TD-SCDMA 概述

　　TD-SCDMA 是 ITU 正式发布的第三代移动通信空间接口技术规范之一，它得到了 CWTS 及 3GPP 的全面支持，是中国电信百年来第一个完整的通信标准，是 UTRA-FDD 可替代的方案。TD-SCDMA 集 CDMA、TDMA、FDMA 技术优势于一体，具有系统容量大、频谱利用率高、抗干扰能力强的特点。从图 7.1-1 可以看出以下几点。

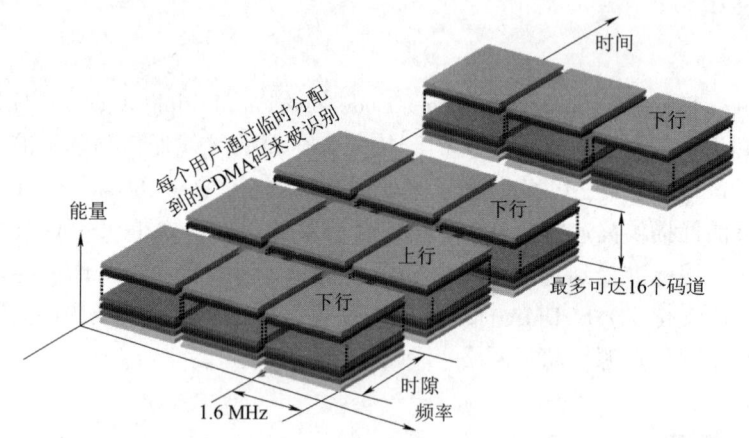

图 7.1-1　TD-SCDMA

　　（1）在时间轴上，上行和下行分开，实现了 TDD 模式，这是时分多址。

　　（2）TDD 模式反映在频率上，是上行、下行共用一个频点，节省了带宽，这是频分多址。

　　（3）在频率轴上，不同频点的载波可以共存。

　　（4）在能量轴上，每个频点的每个时隙可以容纳 16 个码道（对于下行，扩频因子最大为 16，这意味着可以有 16 个正交的码数据流存在一个时隙内。以语音用户为例，每个 AMR12.2K 占用两个码道，一个时隙内可以容纳 8 个用户）。

　　（5）通过使用智能天线技术，针对不同的用户使用不同的赋形波束覆盖，实现了空分多址。智能天线是 TD 最为关键的技术，是 TD 实现的基础和前提，智能天线由于采用了波束赋形技术，可以有效降低干扰、提高系统容量，智能技术是接力切换等技术的前提。

7.2　网络结构和接口

UMTS 系统由核心网 CN、无线接入网 UTRAN 和手机终端 UE 三部分组成。UTRAN 由基站控制器 RNC 和基站节点 B 组成，UTRAN 结构如图 7.2-1 所示。

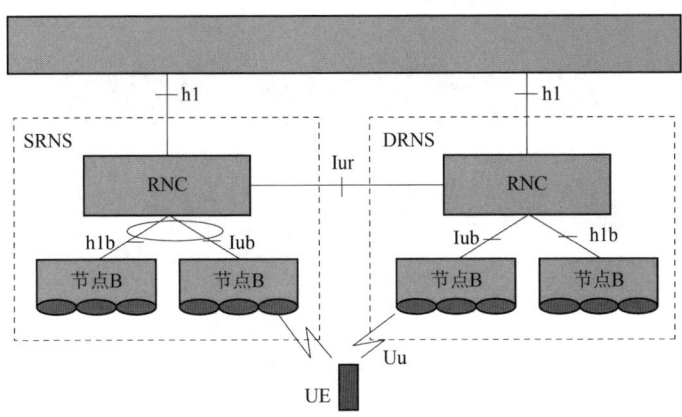

图 7.2-1　UTRAN 结构

CN 通过 Iu 接口与 UTRAN 的 RNC 相连。其中 Iu 接口又被分为连接到电路交换域的 IuCS、分组交换域的 IuPS 和广播控制域的 IuBC。节点 B 与 RNC 之间的接口叫作 Iub 接口。在 UTRAN 内部，RNC 通过 Iur 接口进行信息交互。Iur 接口可以是 RNC 之间物理上的直接连接，也可以靠通过任何合适传输网络的虚拟连接来实现。节点 B 与 UE 之间的接口叫作 Uu 接口。

7.3　物理层结构和信道映射

7.3.1　物理信道帧结构

TD-SCDMA 物理信道结构如图 7.3-1 所示。

3GPP 定义的一个 TDMA 帧长度为 10 ms。TD-SCDMA 系统为了实现快速功率控制和定时提前校准以及对一些新技术的支持（如智能天线、上行同步等），将一个 10 ms 的帧分成两个结构完全相同的子帧，每个子帧的时长为 5 ms。每个子帧又分成长度为 675 μs 的 7 个常规时隙（TS0 ~ TS6）和 3 个特殊时隙：DwPTS（下行导频时隙）、GP（保护间隔）和 UpPTS（上行导频时隙）。常规时隙用作传送用户数据或控制信息。在这 7 个常规时隙中，TS0 总是固定地用作下行时隙来发送系统广播信息，而 TS1 总是固定地用作上行时隙。其他常规时隙可以根据需要灵活配置成上行或下行以实现不对称业务的传输，如分组数据。用作上行链路的时隙和用作下行链路的时隙之间由一个转换点 SP（Switch Point）分开。每个 5 ms 的子帧有两个转换点（UL-DL 和 DL-UL），第一个转换点固定在 TS0 结束处，第二个转换点则取决于小区上下行时隙的配置。

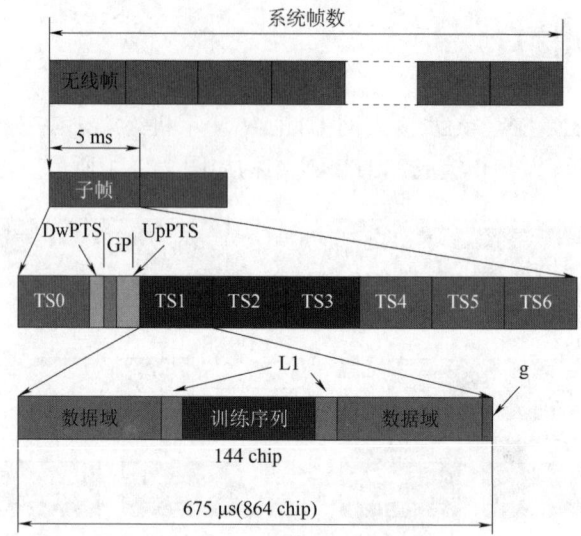

图 7.3-1 TD-SCDMA 物理信道结构

7.3.2 常规时隙

常规时隙如图 7.3-2 所示。

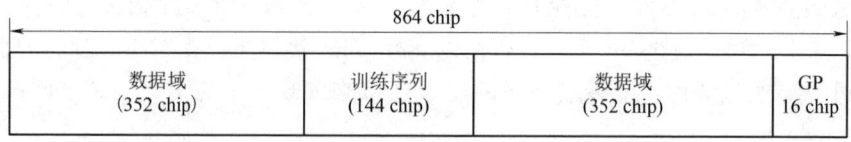

图 7.3-2 常规时隙（1）

TS0～TS6 共 7 个常规时隙被用作用户数据或控制信息的传输，它们具有完全相同的时隙结构。每个时隙被分成 4 个域，包括两个数据域、一个训练序列域（Midamble）和一个用作时隙保护的空域（GP）。训练序列域的码长为 144 chip，传输时不进行基带处理和扩频，直接与经基带处理和扩频的数据一起发送，在信道解码时被用作进行信道估计。

数据域用于承载来自传输信道的用户数据或高层控制信息，此外，在专用信道和部分公共信道上，数据域的部分数据符号还被用来承载物理层信令。

训练序列域用作扩频突发的训练序列，在同一小区同一时隙上的不同用户所采用的训练序列域码由同一个基本的训练序列域码经循环移位后产生。整个系统有 128 个长度为 128 chip 的基本训练序列域码，分成 32 个码组，每组 4 个。一个小区采用哪组基本训练序列域码由小区决定，当建立起下行同步之后，移动台就知道所使用的训练序列域码组。节点 B 决定本小区将采用这 4 个基本训练序列域中的哪一个。一个载波上的所有业务时隙必须采用相同的基本训练序列域码。原则上，训练序列域的发射功率与同一个突发中的数据符号的发射功率相同。训练序列的作用体现在上/下行信道估计、功率测量、上行同步保持。传输时训练序列域码不进行基带处理和扩频，直接与经基带处理和扩频的数据一起发送，在信道解码时它被用作进行信道估计。

在 TD-SCDMA 系统中，存在着 3 种类型的物理层信令，即 TFCI、TPC 和 SS。TFCI（Transport Format Combination Indicator）用于指示传输的格式，TPC（Transmit Power Control）用于功率控制，SS（Synchronization Shift）是 TD-SCDMA 系统中所特有的，用于实现上行同步，该控制信号每个子帧（5 ms）发射一次。在一个常规时隙的突发中，如果物理层信令存在，则它们的位置被安排在紧靠训练序列域，如图 7.3-3 所示。

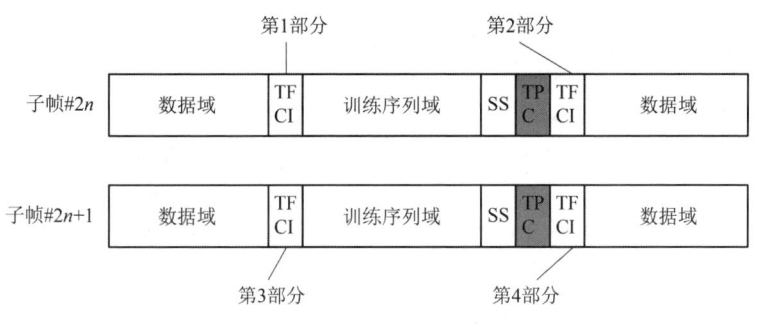

图 7.3-3　常规时隙（2）

对于每个用户，TFCI 信息将在每 10 ms 无线帧里发送一次。对每一个 CCTrCH，高层信令将指示所使用的 TFCI 格式。对于每一个所分配的时隙是否承载 TFCI 信息也由高层分别告知。如果一个时隙包含 TFCI 信息，它总是按高层分配信息的顺序采用该时隙的第一个信道码进行扩频。TFCI 是在各自相应物理信道的数据部分发送，这就是说，TFCI 和数据比特具有相同的扩频过程。如果没有 TPC 和 SS 信息传送，TFCI 就直接与训练序列域码相邻。

7.3.3　下行导频时隙

下行导频时隙如图 7.3-4 所示。

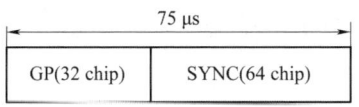

图 7.3-4　下行导频时隙

每个子帧中的 DwPTS 是为下行导频和建立下行同步而设计的。这个时隙通常是由长为 64 chip 的 SYNC_DL 和 32 chip 的保护码间隔组成。SYNC-DL 是一组 PN 码，用于区分相邻小区，系统中定义了 32 个码组，每组对应一个 SYNC-DL 序列，SYNC-DL 码集在蜂窝网络中可以复用。

7.3.4　上行导频时隙

上行导频时隙如图 7.3-5 所示。

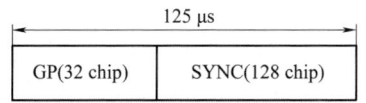

图 7.3-5　上行导频时隙

每个子帧中的 UpPTS 是为上行同步而设计的，当 UE 处于空中登记和随机接入状态时，它将首先发射 UpPTS，当得到网络的应答后，发送 RACH。这个时隙通常由长为 128 chip 的 SYNC_UL 和 32 chip 的保护间隔组成。

7.4 信道编码与复用

信道编码与复用过程如图 7.4-1 所示。

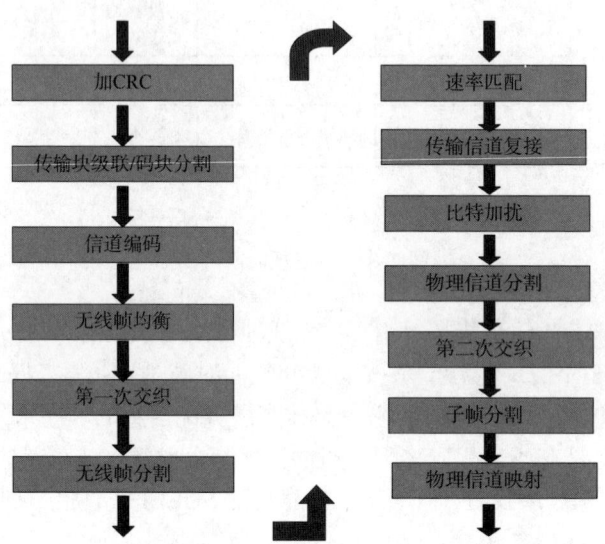

图 7.4-1 信道编码与复用过程

为了保证高层的信息数据在无线信道上可靠地传输，需要对来自 MAC 和高层的数据流（传输块/传输块集）进行编码/复用后在无线链路上发送，并且将无线链路上接收到的数据进行解码/解复用，再送给 MAC 和高层。

7.5 扩频与调制

7.5.1 扩频与调制过程图

扩频与调制过程如图 7.5-1 和图 7.5-2 所示。

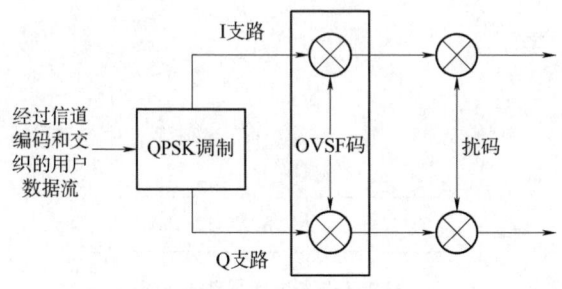

图 7.5-1 扩频与调制过程（1）

来源于物理信道映射的比特流在进行扩频处理之前，先要经过数据调制。数据调制就是把 2 个（QPSK 调制）或 3 个（8PSK 调制）连续的二进制比特映射成一个复数值的数据符号。经过物理信道映射后，信道上的数据将进行扩频和扰码处理。扩频就是用高于数据比特速率的数字序列与信道数据相乘，相乘的结果扩展了信号的带宽，将比特速率的数据流转换成了具有码片速率的数据流。扩频处理通常也叫作信道化操作，所使用的数字序列称为信道化码，这是一组长度可以不同但仍相互正交的码组。扰码与扩频类似，也是用一个数字序列与扩频处理后的数据相乘。与扩频不同的是，扰码用的数字序列与扩频后的信号序列具有相同的码片速率，所做的乘法运算是一种逐码片相乘的运算。扰码是为了标识数据的小区属性。

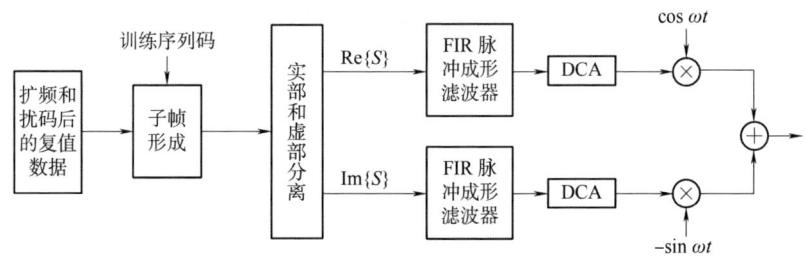

图 7.5-2　扩频与调制过程（2）

在发射端，数据经过扩频和扰码处理后，产生码片速率的复值数据流。流中的每一复值码片按实部和虚部分离后再经过脉冲成形滤波器成形，然后发送出去。脉冲成形滤波器的冲激响应 $h(t)$ 为根升余弦型（滚降系数 $\alpha = 0.22$），接收端和发送端相同。滤波器的冲激响应 $h(t)$ 定义为

$$RC_0(t) = \frac{\sin\left(\pi\,\dfrac{t}{T_C}(1-\alpha)\right) + 4\alpha\,\dfrac{t}{T_C}\cos\left(\pi\,\dfrac{t}{T_C}(1+\alpha)\right)}{\pi\,\dfrac{t}{T_C}\left(1 - \left(4\alpha\,\dfrac{t}{T_C}\right)^2\right)}$$

7.5.2　数据调制

调制就是对源信息进行编码的过程，其目的就是使携带信息的信号与信道特征相匹配以及有效地利用信道。

1. QPSK 调制

为减小传输信号频带来提高信道频带利用率，可以将二进制数据变换为多进制数据来传输。多进制的基带信号对应于载波相位的多个相位值。QPSK 数据调制实际上是将连续的两个比特映射为一个复数值的数据符号，见表 7.5-1。

表 7.5-1　两个比特映射为一个复数值的数据符号

连续二进制比特	复数符号
00	+j
01	+1

续表

连续二进制比特	复数符号
10	−1
11	−j

2. 8PSK 调制

8PSK 数据调制实际上是将连续的 3 个比特映射为一个复数值的数据符号，其数据映射关系如表 7.5-2 所示。在 TD-SCDMA 系统中，对于 2 Mb/s 业务采用 8PSK 进行数据调制，此时帧结构中将不使用训练序列，全部是数据区，且只有一个时隙，数据区前加一个序列。

表 7.5-2 8PSK 数据调制数值映射关系

连续二进制比特	复数符号
000	$\cos(11pi/8) + j\sin(11pi/8)$
001	$\cos(9pi/8) + j\sin(9pi/8)$
010	$\cos(5pi/8) + j\sin(5pi/8)$
011	$\cos(7pi/8) + j\sin(7pi/8)$
100	$\cos(13pi/8) + j\sin(13pi/8)$
101	$\cos(15pi/8) + j\sin(15pi/8)$
110	$\cos(3pi/8) + j\sin(3pi/8)$
111	$\cos(pi/8) + j\sin(pi/8)$

7.5.3 扩频调制

1. 概述

经过物理信道映射后，信道上的数据将进行扩频和扰码处理。

（1）扩频，就是用高于比特速率的数字序列与信道数据相乘，相乘的结果扩展了信号的宽度，将比特速率的数据流转换成具有码片速率的数据流。扩频调制过程如图 7.5-3 所示。扩频处理通常也叫作信道化操作，所使用的数字序列称为信道化码，在 TD-SCDMA 系统中，使用 OVSF（正交可变扩频因子）作为扩频码，上行方向的扩频因子为 1、2、4、8、16，下行方向的扩频因子为 1、16。

（2）扰码与扩频类似，也是用一个数字序列与扩频处理后的数据相乘，与扩频不同的是，扰码用的数字序列与扩频后的信号序列具有相同的码片速率，所做的乘法运算是一种逐码片相乘的运算。扰码是为了标识数据的小区属性，将不同的小区区分开来。扰码是在扩频之后使用的，因此它不会改变信号的带宽，而只是将来自不同信源的信号区分开来。这样，即使多个发射机使用相同的码字扩频也不会出现问题。在 TD-SCDMA 系统中，扰码序列的长度固定为 16，系统共定义了 128 个扰码，每个小区配置 4 个。

2. 正交可变扩频因子（OVSF）码

TD-SCDMA 系统使用的信道化码是正交可变扩频因子（OVSF）码，使用 OVSF 技术可以改变扩频因子，并保证不同长度的不同扩频码之间的正交性。

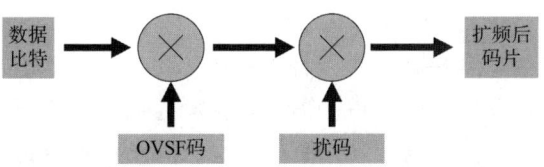

图 7.5-3　扩频调制

OVSF 码可以用码树的方法来定义，OVSF 码树如图 7.5-4 所示。码树的每一级都定义了一个扩频因子为 Q_k 的码。并不是码树上所有的码都可以同时用在一个时隙中，当一个码已经在一个时隙中采用时，则其父系上的码和下级码树路径上的码就不能在同一时隙中被使用，这意味着一个时隙可使用的码数目是不固定的，而是与每个物理信道的数据速率和扩频因子有关。

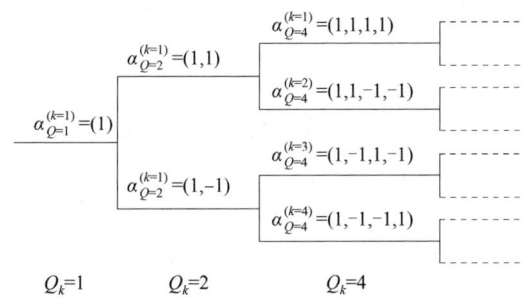

图 7.5-4　OVSF 码树

3. 扩频调制的原理和优点

扩频调制的原理和优点如图 7.5-5 所示。

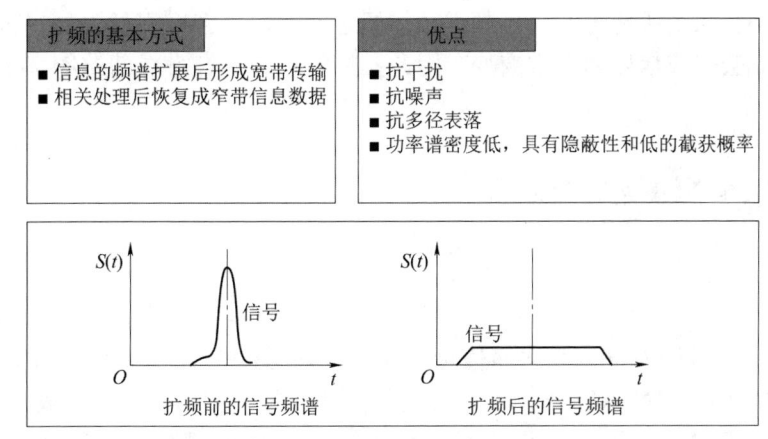

图 7.5-5　扩频调制的原理和优点

1）原理

扩展频谱（简称扩频）通信技术是一种信息传输方式，是码分多址的基础，是数字移动通信中的一种多址接入方式。特别是在第三代移动通信中，它已成为最主要的多址接入方式。扩频通信在发端采用扩频码调制，使信号所占的频带宽度远大于所传输信息必需的带宽；在收端采用相同的扩频码进行相关解调来解扩以恢复所传输的信息数据。扩频通信的理论基础来源于信息论和抗干扰理论。香农在信息论研究中总结出的信道容量公式，称为香农公式，即

$$C = W\log_2\left(1 + \frac{S}{N}\right)$$

式中，C 为信息的传输速率；S 为有用信号功率；W 为频带宽度；N 为噪声功率。

从式中可以看出，为了提高信息的传输速率 C，可以从两种途径实现，即加大带宽 W 或提高信噪比 S/N。换句话说，当信号的传输速率 C 一定时，信号带宽 W 和信噪比 S/N 是可以互换的，即增加信号带宽可以降低对信噪比的要求。当带宽增加到一定程度时，允许信噪比进一步降低，有用信号功率接近噪声功率甚至淹没在噪声之下也是可能的。扩频通信就是用宽带传输技术来换取信噪比上的好处，这就是扩频通信的基本思想和理论依据。

2）优点

（1）抗干扰、噪声。

通过在接收端采用相关器或匹配滤波器的方法来提取信号，抑制干扰。相关器的作用是当接收机本地解扩码与收到的信号码相一致时，即将扩频信号恢复为原来的信息，而其他任何不相关的干扰信号通过相关器，其频谱被扩散，从而落入信息带宽的干扰强度被大大降低，当通过窄带滤波器（其频带宽度为信息宽度）时，就抑制了滤波器的带外干扰。

（2）保密性好。

由于扩频信号在很宽的频带上被扩展了，单位频带内的功率很小，即信号的功率谱密度很低，因此，直接序列扩频通信系统可以在信道噪声和热噪声的背景下，使信号湮没在噪声里，难以被截获。

（3）抗多径衰落。

由于扩频通信系统所传送的信号频谱已扩展很宽，频谱密度很低，如在传输中小部分频谱衰落时，不会造成信号的严重畸变。因此，扩频系统具有潜在的抗频率选择性衰落的能力。

7.6 TD-SCDMA 相关技术

7.6.1 TDD 技术

对于数字移动通信而言，双向通信可以用频率或时间分开，前者称为 FDD（频分双工），后者称为 TDD（时分双工）。对于 FDD，上/下行用不同的频带，一般上/下行的带宽是一致的；而对于 TDD，上/下行用相同的频带，在一个频带内上/下行占用的时间可根据需要进行调节，并且一般将上/下行占用的时间按固定间隔分为若干个时间段，称为时隙。TD-SCDMA 系统采用的双工方式是 TDD。TDD 技术相对于 FDD 方式来说，有以下优点：

（1）易于使用非对称频段，无须具有特定双工间隔的成对频段。

TDD 技术不需要成对的频谱，可以利用 FDD 无法利用的不对称频谱，结合 TD-SCDMA 低码片速率的特点，在频谱利用上可以做到"见缝插针"。只要有一个载波的频段就可以使用，从而能够灵活利用现有的频率资源。目前移动通信系统面临的一个重大问题就是频谱资源的极度紧张，在这种条件下，要找到符合要求的对称频段非常困难，因此 TDD 模式在频率资源紧张的今天受到特别的重视。

（2）适应用户业务需求，灵活配置时隙，优化频谱效率。

TDD 技术调整上/下行切换点来自适应调整系统资源，从而增加系统下行容量，使系统更适于开展不对称业务。

（3）上行和下行使用同个载频，故无线传播是对称的，有利于智能天线技术的实现。

TDD 技术是指上/下行在相同的频带内传输，也就是说，具有上/下行信道的互易性，即上/下行信道的传播特性一致。因此，可以利用通过上行信道估计的信道参数，使智能天线技术、联合检测技术更容易实现。通过上行信道估计参数用于下行波束赋形，有利于智能天线技术的实现。通过信道估计得出系统矩阵 A_n，用于联合检测区分不同用户的干扰。

（4）无须笨重的射频双工器，小巧的基站降低了成本。

由于 TDD 技术上/下行的频带相同，无须进行收/发隔离，可以使用单片 IC 实现收/发信机功能，降低了系统成本。

7.6.2　智能天线技术

1. 智能天线的作用

智能天线的基本思想是：天线以多个高增益窄波束动态地跟踪多个期望用户，接收模式下，来自窄波束之外的信号被抑制，发射模式下，能使期望用户接收的信号功率最大，同时使窄波束照射范围以外的非期望用户受到的干扰最小。

智能天线技术的核心是自适应天线波束赋形技术。自适应天线波束赋形技术在 20 世纪 60 年代开始发展，其研究对象是雷达天线阵，为提高雷达的性能和电子对抗能力，90 年代中期，各国开始考虑将智能天线技术应用于无线通信系统。美国 Arraycom 公司在时分多址的 PHS 系统中实现了智能天线；1997 年，由我国信息产业部电信科学技术研究院控股的北京信威通信技术公司开发成功了使用智能天线技术的 SCDMA 无线用户环路系统。另外，在国内外也开始有众多大学和研究机构广泛地开展对智能天线的波束赋形算法和实现方案的研究。1998 年，我国向国际电信联盟提交的 TD-SCDMA RTT 建议就是第一次提出以智能天线为核心技术的 CDMA 通信系统。

在移动通信发展的早期，运营商为节约投资，总是希望用尽可能少的基站覆盖尽可能大的区域。这就意味着用户的信号在到达基站收/发信设备前可能经历了较长的传播路径，有较大的路径损耗，为使接收到的有用信号不致低于阈值，可能会增加移动台的发射功率，或者增加基站天线的接收增益。由于移动台的发射功率通常是有限的，真正可行的是增加天线增益，相对而言用智能天线实现较大增益比用单天线容易。

在移动通信发展的中晚期，为增加容量、支持更多用户，需要收缩小区范围、降低频率复用系数来提高频率利用率，通常采用的是小区分裂和扇区化，随之而来的是干扰增加，利用智能天线可在很大程度上抑制 CCI 和 MAI 干扰。

2. 智能天线的分类

智能天线的天线阵是一列取向相同、同极化、低增益的天线，天线阵按照一定的方式排列和激励，利用波的干涉原理产生强方向性的方向图。天线阵的排列方式包括等距直线排列、等距圆周排列、等距平面排列。智能天线的分类有线阵、圆阵以及全向阵、定向阵。

3. 天馈系统实物图

1）线阵

天线的线阵实物如图 7.6-1 所示。

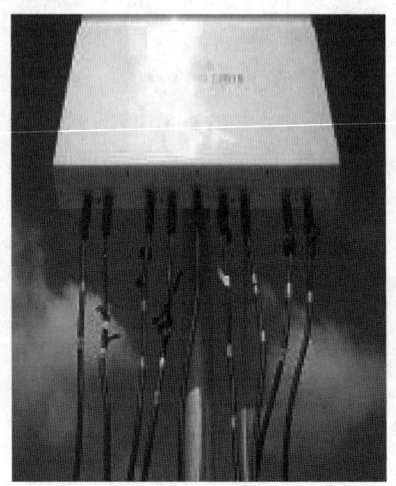

图 7.6-1　线阵

2）圆阵

天线的圆阵实物如图 7.6-2 所示。

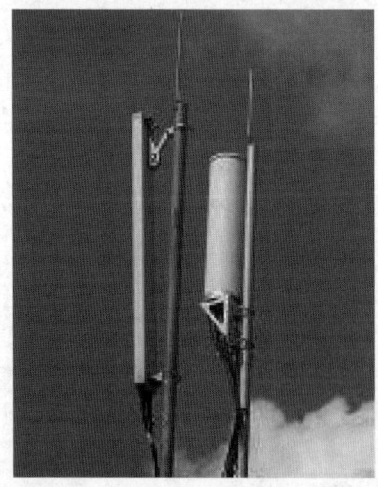

图 7.6-2　圆阵

4. 智能天线实现示意图

智能天线系统主要包含智能天线阵列（线阵、圆阵）、多 RF 通道收/发信机系统（每根天线对应一个 RF 通道）、基带智能天线算法（基带实现，各用户单独赋形）。对于采用智能天线的 TD-SCDMA 系统，节点 B 端的处理分为上行链路处理和下行链路处理。智能天线实现示意图如图 7.6-3 所示。

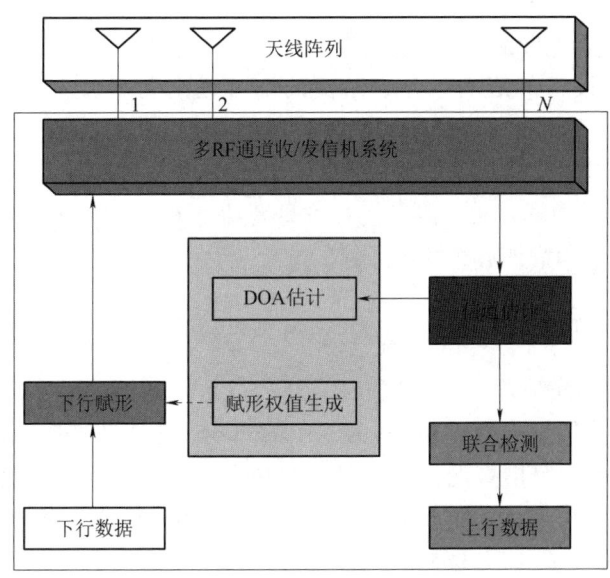

图 7.6-3　智能天线实现示意图

5. 智能天线的优势

（1）提高了基站接收机的灵敏度。

基站所接收到的信号是来自各天线单元和收信机所接收到的信号之和。如果采用最大功率合成算法，在不计多径传播条件下，则总的接收信号将增加 $10\lg N$（dB），其中 N 为天线单元的数量。存在多径时，此接收灵敏度的改善将随多径传播条件及上行波束赋形算法而变化，其结果也在 $10\lg N$（dB）上下。

（2）提高了基站发射机的等效发射功率。

发射天线阵在进行波束赋形后，该用户终端所接收到的等效发射功率可能增加 $20\lg N$（dB）。其中，$10\lg N$（dB）是 N 个发射机的效果，与波束成形算法无关，另外部分将和接收灵敏度的改善类似，随传播条件和下行波束赋形算法而变化。

（3）降低了系统的干扰。

基站的接收方向图是有方向性的，在接收方向以外的干扰有强的抑制。如果使用最大功率合成算法，则可能将干扰降低 $10\lg N$（dB）。

（4）增加了 CDMA 系统的容量。

CDMA 系统是一个自干扰系统，其容量的限制主要来自本系统的干扰。降低干扰对 CDMA 系统极为重要，它可大大增加系统的容量。在 CDMA 系统中使用智能天线后，就拥有了将所有扩频码所提供的资源全部利用的可能性。

（5）改进了小区的覆盖。

对使用普通天线的无线基站，其小区的覆盖完全由天线的辐射方向图确定。当然，天线的辐射方向图是可能根据需要而设计的。但在现场安装后除非更换天线，其辐射方向图是不可能改变和很难调整的。但智能天线的辐射图则完全可以用软件控制，在网络覆盖需要调整或由于新的建筑物等原因使原覆盖改变等情况下，均可能非常简单地通过软件来优化。

（6）降低了无线基站的成本。

在所有无线基站设备的成本中，最昂贵的部分是高功率放大器（HPA）。特别是在CDMA 系统中要求使用高线性的 HPA，更是其主要部分的成本。智能天线使等效发射功率增加，在同等覆盖要求下，每只功率放大器的输出可能降低 $20\lg N$（dB）。这样，在智能天线系统中，使用 N 只低功率的放大器来代替单只高功率 HPA，可大大降低成本。此外，还带来降低对电源的要求和增加可靠性等好处。

7.6.3 联合检测技术

1. 联合检测技术概述

联合检测技术是多用户检测（Multi-user Detection）技术的一种。CDMA 系统中多个用户的信号在时域和频域上是混叠的，接收时需要在数字域上用一定的信号分离方法把各个用户的信号分离开来。信号分离的方法大致可以分为单用户检测和多用户检测两种。

CDMA 系统中的主要干扰是同频干扰，它可以分为两种：一种是小区内部干扰（Intracell Interference），指的是同小区内部其他用户信号造成的干扰，又称为多址干扰（Multiple Access Interference，MAI）；另一种是小区间干扰（Intercell Interference），指的是其他同频小区信号造成的干扰，这种干扰可以通过合理的小区配置来减小其影响。

传统的 CDMA 系统信号分离方法是把 MAI 看作热噪声一样的干扰，当用户数量上升时，其他用户的干扰也会随着加重，导致检测到的信号刚刚大于 MAI，使信噪比恶化，系统容量也随之下降。这种将单个用户的信号分离看作各自独立的过程的信号分离技术称为单用户检测（Single-user Detection）。

为了进一步提高 CDMA 系统容量，人们探索将其他用户的信息联合加以利用，也就是多个用户同时检测的技术，即多用户检测。多用户检测是利用 MAI 中包含的许多先验信息，如确知的用户信道码、各用户的信道估计等将所有用户信号统一分离的方法。

2. 联合检测技术的作用

联合检测技术的作用有以下几个。

（1）降低干扰（MAI&ISI）。

（2）提高系统容量。

（3）降低功控要求。

3. 联合检测技术回顾

1）单独采用联合检测技术会遇到的问题

（1）对小区间的干扰没有办法解决。

（2）信道估计的不准确性将影响到干扰消除的效果。

（3）当用户增多或信道增多时，算法的计算量会非常大，难以实时实现。

2）单独采用智能天线存在的问题

（1）组成智能天线的阵元数有限，所形成的指向用户的波束有一定的宽度（副瓣），对其他用户而言仍然是干扰。

（2）在 TDD 模式下，上、下行波束赋形采用的同样空间参数，由于用户的移动，其传播环境是随机变化的，这样波束赋形有偏差，特别是用户高速移动时更为显著。

（3）当用户都在同一方向时，智能天线作用有限。

（4）对时延超过一个码片宽度的多径造成的 ISI 没有简单有效的解决办法。

这样，无论是智能天线还是联合检测技术，单独使用它们都难以满足第三代移动通信系统的要求，必须扬长避短，将这两种技术结合使用。

3）联合检测+智能天线

智能天线和联合检测两种技术相结合，不等于将两者简单地相加。TD-SCDMA 系统中智能天线技术和联合检测技术相结合的方法使得在计算量未大幅增加的情况下，上行能获得分集接收的好处，下行能实现波束赋形。图 7.6-4 说明了 TD-SCDMA 系统智能天线和联合检测技术相结合的方法。

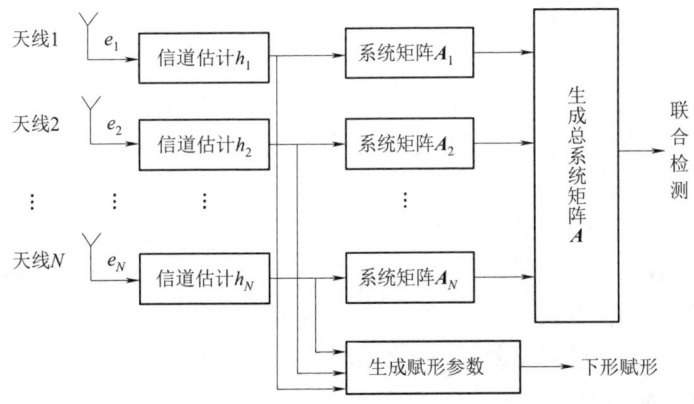

图 7.6-4　TD-SCDMA 系统智能天线和联合检测技术结合流程示意图

（1）智能天线的主要作用。

①降低多址干扰，提高 CDMA 系统容量。

②增加接收灵敏度和发射等效等向辐射功率（Effective Isotropic Radiated Power, EIRP）。

（2）智能天线不能解决的问题。

①时延超过码片宽度的多径干扰。

②多普勒效益（高速移动）。

（3）联合检测。

①基于训练序列的信道估值。

②同时处理多码道的干扰抵消。

③联合检测的优点：降低干扰，扩大容量，降低功控要求，削弱远近效应。

④联合检测的缺点：大大增加系统复杂度、增加系统处理时延、需要消耗一定的资源。

7.6.4 动态信道分配技术

1. 动态信道分配的方法

在无线通信系统中，为了将给定的无线频谱分割成一组彼此分开或者互不干扰的无线信道，使用诸如频分、时分、码分、空分等技术。对于无线通信系统来说，系统的资源包括频率、时隙、码道和空间方向4个方面，一条物理信道由频率、时隙、码道的组合来标志。无线信道数量有限，是极为珍贵的资源，要提高系统的容量，就要对信道资源进行合理分配，由此产生了信道分配技术。如何有效利用有限的信道资源，为尽可能多的用户提供满意的服务是信道分配技术的目的。信道分配技术通过寻找最优的信道资源配置，来提高资源利用率，从而提高系统容量。

TD-SCDMA系统中动态信道分配（DCA）的方法有以下几种。

（1）时域动态信道分配。

因为TD-SCDMA系统采用了TDMA技术，在一个TD-SCDMA载频上，使用7个常规时隙，减少了每个时隙中同时处于激活状态的用户数量。每载频多时隙，可以将受干扰最小的时隙动态分配给处于激活状态的用户。

（2）频域动态信道分配。

频域DCA中每一小区使用多个无线信道（频道）。在给定频谱范围内，与5 MHz的带宽相比，TD-SCDMA的1.6 MHz带宽使其具有3倍以上的无线信道数（频道数），可以把激活用户分配在不同的载波上，从而减小小区内用户之间的干扰。

（3）空域动态信道分配。

因为TD-SCDMA系统采用智能天线技术，可以通过用户定位、波束赋形来减小小区内用户之间的干扰，增加系统容量。

（4）码域动态信道分配。

在同一个时隙中，通过改变分配的码道来避免偶然出现的码道质量恶化。

2. 动态信道分配的分类

（1）慢速DCA。

慢速DCA主要解决两个问题：一是由于每个小区的业务量情况不同，所以不同的小区对上/下行链路资源的需求不同；二是为了满足不对称数据业务的需求，不同小区上/下行时隙的划分是不一样的，相邻小区间由于上/下行时隙划分不一致时会带来交叉时隙干扰。所以慢速DCA主要有两个方面：一是将资源分配到小区，根据每个小区的业务量情况，分配和调整上/下行链路的资源；二是测量网络端和用户端的干扰，并根据本地干扰情况为信道分配优先级，解决相邻小区间由于上/下行时隙划分不一致所带来的交叉时隙干扰。具体方法是：可以在小区边界根据用户实测上/下行干扰情况，决定该用户在该时隙进行哪个方向上的通信比较合适。

（2）快速DCA。

快速DCA主要解决以下问题：不同的业务对传输质量和上/下行资源的要求不同，如何选择最优的时隙、码道资源分配给不同的业务，从而达到系统性能要求，并且尽可能地进行快速处理。快速DCA包括信道分配和信道调整两个过程。信道分配是根据其需要资源

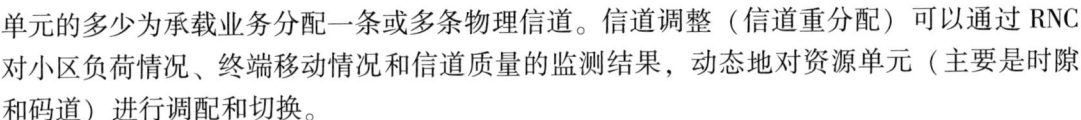

单元的多少为承载业务分配一条或多条物理信道。信道调整（信道重分配）可以通过 RNC 对小区负荷情况、终端移动情况和信道质量的监测结果，动态地对资源单元（主要是时隙和码道）进行调配和切换。

3. DCA 优势

（1）能够较好地避免干扰，使信道重用距离最小化，从而高效率地利用有限的无线资源，提高系统容量。

（2）适应 3G 业务的需要，尤其是高速率的上/下行不对称的数据业务和多媒体业务。

4. DCA 对 TD-SCDMA 的重要性

（1）有利于 UL/DL 转换点的动态调整。

（2）部分克服 TDD 系统特有的上/下行干扰问题。

（3）UL/DL 的干扰受限条件需要根据链路负荷情况动态调整。

（4）通过小区内或波束间的信道切换，可以减小 CDMA 系统软容量的影响。

（5）DCA 可以提供组合信道方式。满足所需业务质量要求，具有优化多个时隙、多个码道的组合能力。

（6）DCA 能尽量把相同方向上的用户分散到不同时隙中，把同一时隙内的用户分布在不同的方向上，充分发挥智能天线的空分功效，使多址干扰降至最小。

（7）可以克服因为不同小区间 UL/DL 切换点的不同，而导致小区边缘移动终端间的信号阻塞问题。

（8）DCA 可以根据时隙内用户的位置（DOA）为新用户分配时隙，使用户波束内的多址干扰尽量小。

（9）快速 DCA 中信道调整可以克服同码道干扰问题。

5. TD-SCDMA 对 DCA 的考虑

（1）为了组网规范，频率分配仍然采用 FCA 方式。

（2）时隙必须先于码道分配，在码道分配时，同一时隙内最好采用相同的扩频因子。

（3）根据 DOA 信息，尽量把相同方向上的用户分散到不同时隙中。

（4）在 CAC（接纳控制）时，首先搜索已接入用户数小于系统可形成波束数的时隙，然后针对该接入用户进行波束成形，使波束的最大功率点指向该用户。

（5）系统测量最好以 5 ms 子帧为周期进行。

（6）在智能天线波束成形效果足够好的情况下，可以为不同方向上的用户分配相同的频率、时隙、扩频码，使系统容量成倍增长。

7.6.5　接力切换技术

1. 切换方式

在现代无线通信系统中，为了在有限的频率范围内为尽可能多的用户终端提供服务，将系统服务的地区划分为多个小区或扇区，在不同的小区或扇区内放置一个或多个无线基站，各个基站使用不同或相同的载频或码，这样在小区之间或扇区之间进行频率和码的复用可以达到增加系统容量和频谱利用率的目的。工作在移动通信系统中的用户终端经常要在使用过程中不停地移动，当从一个小区或扇区的覆盖区域移动到另一个小区或扇区的覆盖区域时，要求用户终端的通信不能中断，这个过程称为越区切换。注：这里的通信不中断可以理解为可能丢失部分信息但不致影响通信。越区切换有 3 种方式，即硬切换、软切换和接力切换。

（1）硬切换。在早期的频分多址（FDMA）和时分多址（TDMA）移动通信系统中采用这种越区切换方法。当用户终端从一个小区或扇区切换到另一个小区或扇区时，先中断与原基站的通信，然后再改变载波频率与新的基站建立通信。硬切换技术在其切换过程中有可能丢失信息。硬切换流程如图 7.6-5 所示。

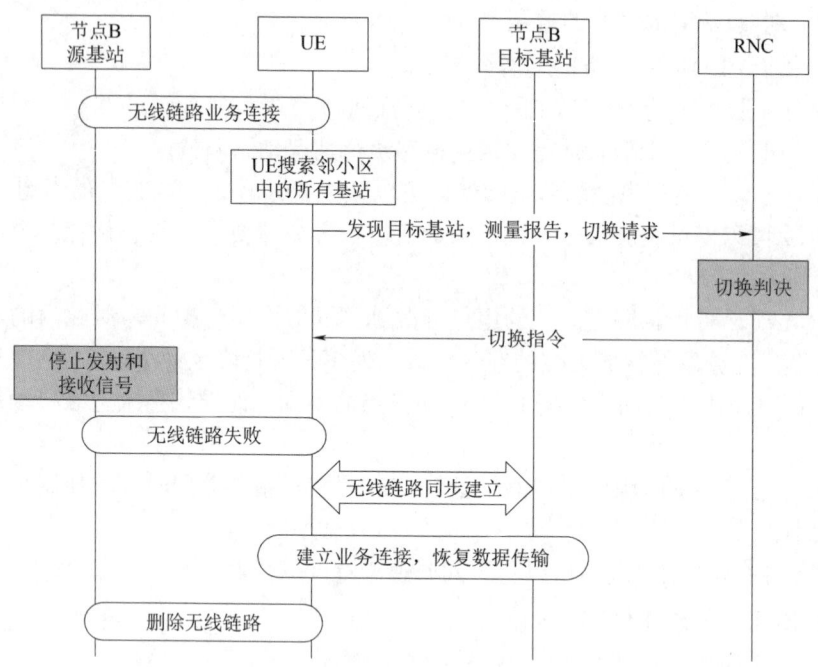

图 7.6-5　硬切换流程

（2）软切换。在美国 Qualcomm 公司于 20 世纪 90 年代发明的码分多址（CDMA）移动通信系统中采用软切换越区切换方法。当用户终端从一个小区或扇区移动到另一个具有相同载频的小区或扇区时，在保持与原基站通信的同时，和新基站也建立起通信连接，与两个基站之间传输相同的信息，完成切换后才中断与原基站的通信。

优点：软切换过程不丢失信息，不中断通信，还可增加系统容量。

缺点：软切换的基础是宏分集，但在 IS-95 中宏分集占用了 50% 的下行容量，因此软切换实现的增加系统容量被它本身所占用的系统容量所抵消。软切换流程如图 7.6-6 所示。

2. 接力切换过程

接力切换是一种应用于同步码分多址（SCDMA）通信系统中的切换方法。接力切换方式不仅具有上述软切换功能，而且可以在使用不同载波频率的 SCDMA 基站之间，甚至在 SCDMA 系统与其他移动通信系统，如 GSM 或 IS-95 CDMA 系统的基站之间实现不丢失信息、不中断通信的理想越区切换。接力切换适用于同步 CDMA 移动通信系统，是 TD-SCDMA 移动通信系统的核心技术之一。

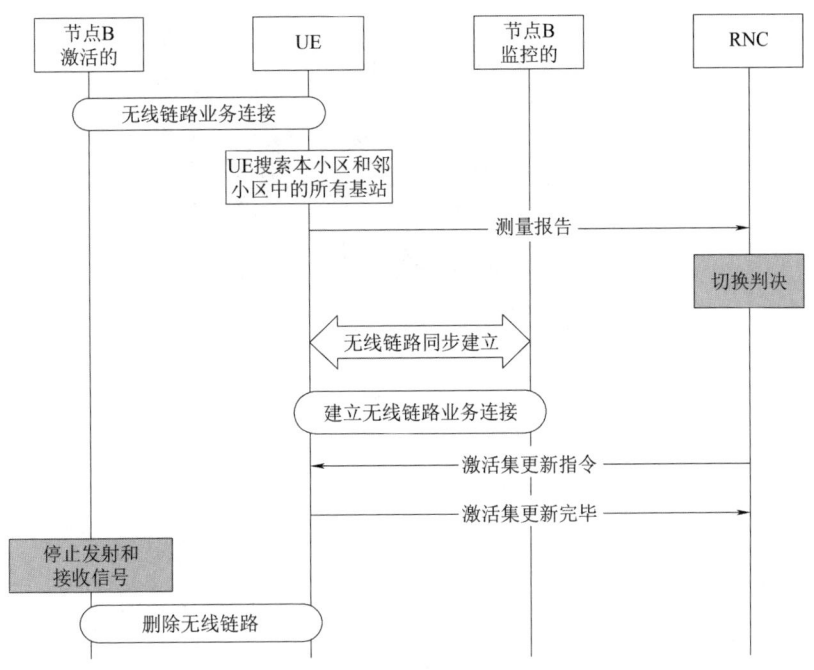

图 7.6-6　软切换流程

设计思想：当用户终端从一个小区或扇区移动到另一个小区或扇区时，利用智能天线和上行同步等技术对 UE 的距离和方位进行定位，根据 UE 方位和距离信息作为切换的辅助信息，如果 UE 进入切换区，则 RNC 通知另一基站做好切换准备，从而达到快速、可靠和高效切换的目的。这个过程就像是田径比赛中的接力赛跑传递接力棒一样，因而形象地称之为接力切换。

优点：将软切换的高成功率和硬切换的高信道利用率综合到接力切换中，该方法可以在使用不同载频的 SCDMA 基站之间，甚至在 SCDMA 系统与其他移动通信系统如 GSM、IS95 的基站之间实现不中断通信、不丢失信息的越区切换。

SCDMA 通信系统中的接力切换基本过程可描述如下（图 7.6-7～图 7.6-9）。

（1）MS 和 BS0 通信。

（2）BS0 发送信息告知邻近基站信息，并提供用户位置信息（基站类型、工作载频、定时偏差、忙闲等）。

（3）BS 或 MS 发起切换请求。

（4）切换准备（MS 搜索基站，建立同步）。

（5）系统决定切换执行。

（6）MS 同时接收来自两个基站的相同信号。

（7）完成切换。

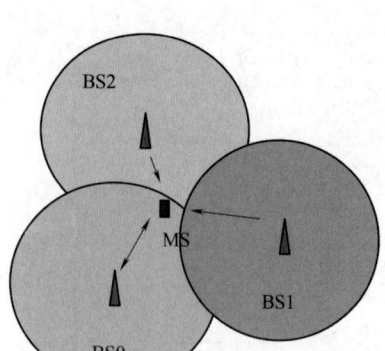

图 7.6-7　接力切换示意图

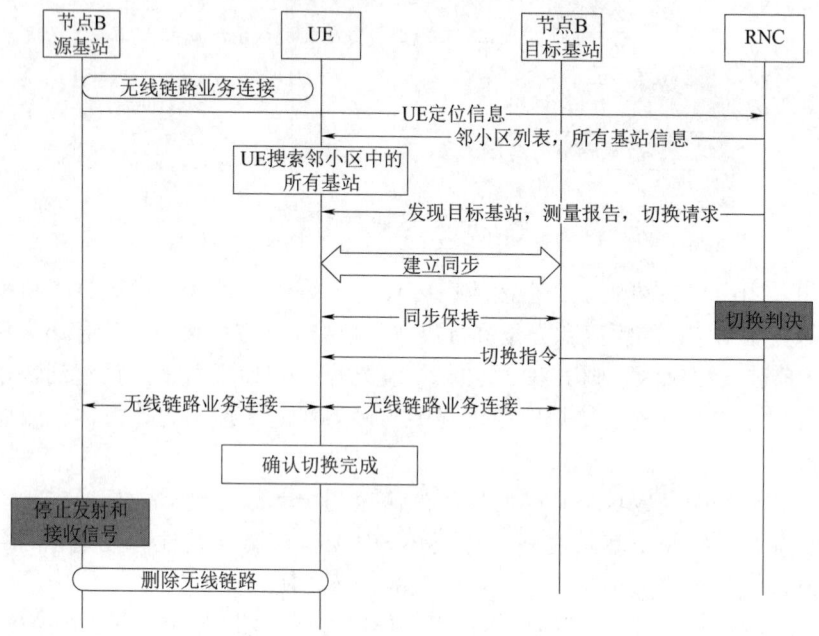

图 7.6-8　接力切换流程

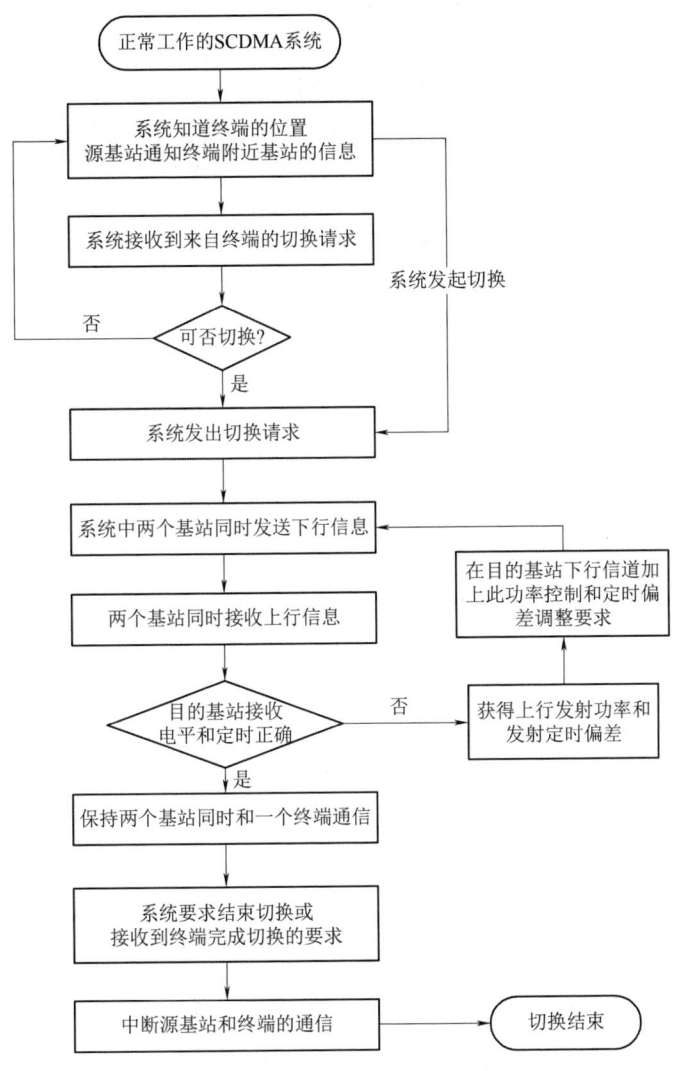

图 7.6-9　基站的接力切换过程

3. 接力切换的优点

与通常的硬切换相比，接力切换除了要进行硬切换所进行的测量外，还要对符合切换条件的相邻小区的同步时间参数进行测量、计算和保持。接力切换使用上行预同步技术，在切换过程中，UE 从源小区接收下行数据，向目标小区发送上行数据，即上/下行通信链路先后转移到目标小区。上行预同步的技术在移动台与原小区通信保持不变的情况下与目标小区建立起开环同步关系，提前获取切换后的上行信道发送时间，从而达到减少切换时间、提高切换成功率、降低切换掉话率的目的。接力切换是介于硬切换和软切换之间的一种新的切换方法。

与软切换相比，具有较高的切换成功率、较低的掉话率以及较小的上行干扰等优点。不同之处在于，接力切换不需要同时有多个基站为一个移动台提供服务，因而克服了软切换需要占用的信道资源多、信令复杂、增加下行链路干扰等缺点。

与硬切换相比，两者具有较高的资源利用率、简单的算法以及较轻的信令负荷等优点。不同之处在于，接力切换断开源基站和与目标基站建立通信链路几乎是同时进行的，因而克服了传统硬切换掉话率高、切换成功率低的缺点。

传统的软切换、硬切换都是在不知道 UE 的准确位置情况下进行的，因而需要对所有邻小区进行测量，而接力切换只对 UE 移动方向的少数小区进行测量。

思考与练习

7.1　简述 TD-SCDMA 系统的发展。

7.2　画图说明 TD-SCDMA 网络的结构，并标出相应的接口。

7.3　什么是 TDD 技术？它有哪些优点？

7.4　什么是接力切换？它与传统的切换技术相比有哪些优点？

7.5　TD-SCDMA 采用了哪些关键技术？试做简要说明。

第5部分

LTE 原理与技术

第8章　LTE 概述

◎ 学习指引

全球信息化时代已经到来，数据总量呈现爆炸式增长，人们对数据信息的需求日益增多。LTE-A 的诞生是为不断优化无线通信技术以满足用户对无线通信的更高要求。LTE 技术将数字信号处理、因特网协议、网络体系结构和安全在内的许多不同研究领域的技术革新结合起来，力图给我们将来在全球范围内使用移动网络的方式带来翻天覆地的变化。同时培养实践能力强、创新能力强、具备国际竞争力的高素质复合型应用型通信人才。本课程配套的在线开放课程资源在超星网络平台可以帮助学生进行学习。

◎ 本章重难点

（1）掌握 LTE 系统的基本原理、关键技术和协议体系。
（2）了解 LTE 系统的发展、作用以及相关理论研究领域的热点问题。

◎ 知识目标

（1）掌握 LTE 系统的网络结构，了解 E-UTRAN 的协议结构，了解 LTE 系统的关键技术。
（2）掌握 OFDM 技术的工作原理，理解 OFDM 系统的关键技术。了解 MIMO 系统的基本概念，掌握 MIMO 系统的传输模型，从而加深对移动通信理论知识的理解，具备较扎实的移动通信理论知识，并了解移动通信领域发展的前沿知识。

◎ 能力目标

（1）在人才培养中，LTE 教学内容要在满足内在规律的基础上，因人而异地提高教学内容难度，创新教学手段，差异化地进行课堂教学，以加深学生对课程内容的理解。

（2）教学内容和教学设计要满足高阶性、创新性和挑战度要求，将知识学习和德育教育相结合，在知识传授的过程中进行德育教育，实现知识传授和价值引领高度融合。

素质目标

培养学生掌握扎实的理论基础，让学生具有较好的创新能力、辩证思维能力、民族情怀和责任担当。

8.1 LTE 概述

3GPP 于 2004 年 12 月开始 LTE 相关的标准制定工作，LTE 是关于 UTRAN 和 UTRA 改进的项目，是对包括核心网在内的全网的技术演进。LTE 也被通俗地称为 3.9G，具有 100 Mb/s 的峰值数据下载能力，被视作从 3G 向 4G 演进的主流技术。LTE 是一个高数据率、低时延和基于全分组的移动通信系统。

LTE 的研究工作按照 3GPP 的工作流程分为两个阶段，即技术可行性研究阶段（Study Item，SI）和具体技术规范的撰写阶段（Work Item，WI）。

3GPP 从 2004 年年底开始 LTE 相关工作，3GPP 计划从 2005 年 3 月开始，到 2006 年 6 月结束的 SI，最终推迟到 2006 年 9 月结束 SI 阶段工作。

3GPP 从 2006 年 6 月开始 WI 阶段的工作，于 2007 年 3 月完成了 WI 的第 2 阶段协议工作，于 2007 年 9 月完成了第 3 阶段的协议工作并结束 WI；于 2008 年 3 月完成了测试规范方面的协议制定工作；2009—2010 年开始 LTE 的商用。成熟的大规模商用于 2011 年之后开始。

图 8.1-1 所示为 3GPP 的工作流程，图 8.1-2 所示为 3GPP 标准组织与制定阶段。

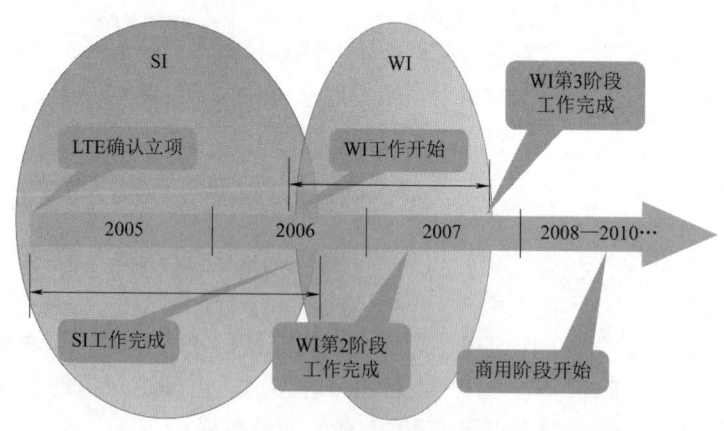

图 8.1-1　3GPP 的工作流程

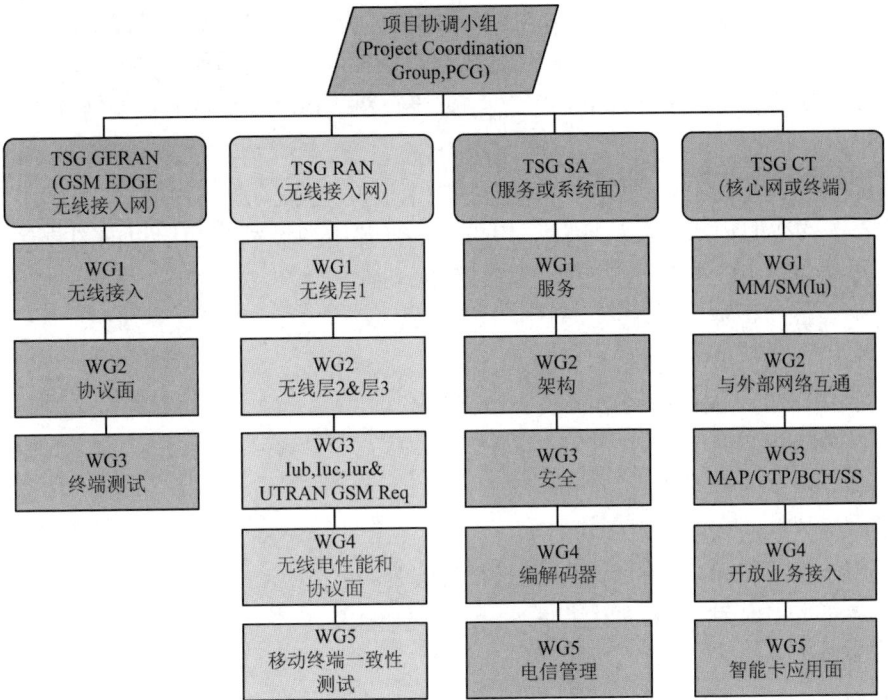

图 8.1-2　3GPP 标准组织与制定阶段

8.2　LTE 系统

LTE 采用了与 2G、3G 均不同的空中接口技术，即基于 OFDM 技术的空中接口技术，并对传统 3G 的网络架构进行了优化，采用扁平化的网络架构，即接入网 E-UTRAN 不再包含 RNC，仅包含节点 eNB，提供 E-UTRA 用户面 PDCP/RLC/MAC/物理层协议的功能和控制面 RRC 协议的功能。E-UTRAN 的系统结构如图 8.2-1 所示。

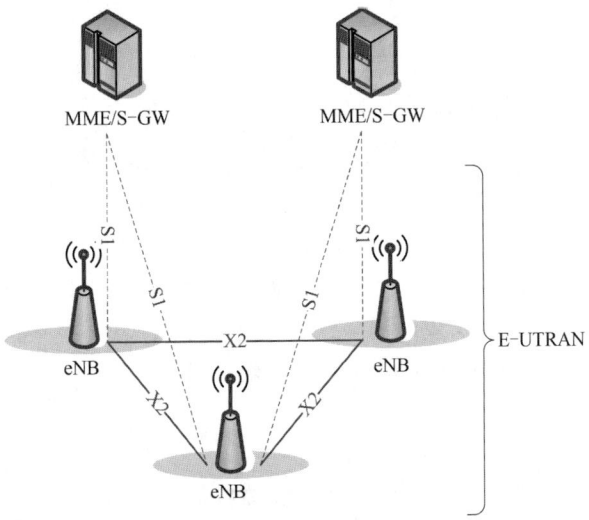

图 8.2-1　E-UTRAN 系统结构

eNB 之间由 X2 接口互联，每个 eNB 又和演进型分组核心网 EPC 通过 S1 接口相连。S1 接口的用户面终止在服务网关 S-GW 上，S1 接口的控制面终止在移动性管理实体 MME 上。控制面和用户面的另一端终止在 eNB 上。LTE 核心网中各网元节点的功能划分如下。

1. eNB

eNB 即 evolved Node B，其主要功能包括空中接口的物理层、介质访问控制层、无线链路控制层、无线资源控制层各层实体，用户通信过程中的控制面和用户面的建立、管理和释放，以及部分无线资源管理方面的功能。具体包括：

（1）无线资源管理（RRM）。

（2）用户数据流 IP 头压缩和加密。

（3）UE 附着时 MME 选择功能。

（4）用户面数据向服务 GW 的路由功能。

（5）寻呼消息的调度和发送功能。

（6）广播消息的调度和发送功能。

（7）用于移动性和调度的测量和测量报告配置功能。

（8）基于 AMBR 和 MBR 的上行承载级速率整形。

（9）上行传输层数据包的分类标示。

2. MME

MME（Mobile Managenment Entity）主要功能包括以下几个。

（1）处理与用户设备（UE）之间的 NAS 信令，这是与无线接入网络（RAN）以下的信令处理，包括建立、维持和释放用户设备与核心网之间的通信连接。

（2）认证。

（3）漫游跟踪区列表管理。

（4）MME 支持用户在 LTE 网络中的移动性管理，包括在不同基站（eNB）之间的切换和位置更新。

（5）空闲模式 UE 的可达性。

（6）选择 PDN GW 和服务 GW。

（7）MME 改变时的 MME 选择功能。

（8）2G、3G 切换时选择 SGSN。

（9）承载管理功能（包括专用承载的建立）。

3. S-GW

S-GW 即服务网关，其主要功能包括以下几个。

（1）负责管理用户设备的上行和下行数据流量，确保网络的正常运行。

（2）在网络触发建立初始承载过程中，缓存下行数据包。

（3）数据包的路由（S-GW 可以连接多个 PDN）和转发。

（4）切换过程中，进行数据的前转。

（5）上/下行传输层数据包的分类标示。

（6）在漫游时，实现基于 UE、PDN 和 QCI 粒度的上/下行计费。

（7）合法性监听。

4. P-GW

P-GW 即分组数据网关，其主要功能包括以下几个。

（1）基于单个用户的数据包过滤。

（2）UE IP 地址分配。

（3）上/下行传输层数据包的分类标示。

（4）上/下行服务级的计费（基于 SDF 或者基于本地策略）。

（5）上/下行服务级的门控。

（6）上/下行服务级增强，对每个 SDF 进行策略和整形。

（7）基于 AMBR 的下行速率整形、基于 MBR 的下行速率整形、上/下行承载的绑定。

（8）合法性监听。

从图 8.2-1 中可见，新的 LTE 架构中，没有了原有的 Iu 和 Iub 以及 Iur 接口，取而代之的是新接口 S1 和 X2。

8.3 LTE 主要指标和需求

3GPP 要求 LTE 支持的主要指标和需求如图 8.3-1 所示。

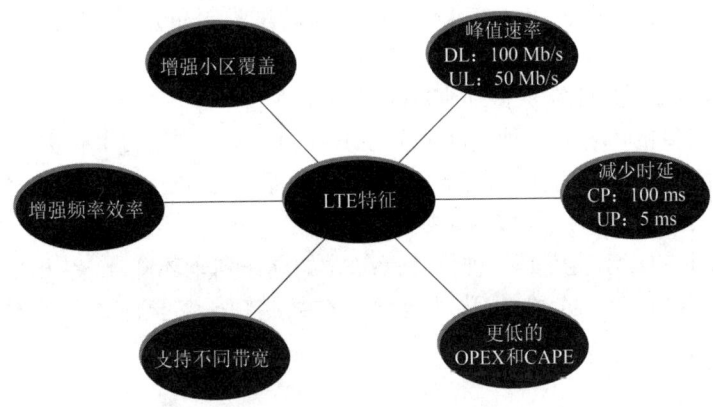

图 8.3-1 LTE 支持的主要指标和需求

8.3.1 峰值数据速率

下行链路的立即峰值数据速率在 20 MHz 下行链路频谱分配的条件下，可以达到 100 Mb/s［5（b/s）/Hz］（网络侧 2 发射天线，UE 侧 2 接收天线条件下）。

上行链路的立即峰值数据速率在 20 MHz 上行链路频谱分配的条件下，可以达到 50 Mb/s［2.5（b/s）/Hz］（UE 侧 1 发射天线情况下）。

8.3.2 控制面延迟

从驻留状态到激活状态，也就是类似于从 R6 的空闲模式到 CELL_DCH 状态，控制面的传输延迟时间小于 100 ms，这个时间不包括寻呼延迟时间和 NAS 延迟时间；从睡眠状态到激活状态，也就是类似于从 R6 的 CELL_PCH 状态到 R6 的 CELL_DCH 状态，控制面传输延迟时间小于 50 ms。

频谱分配是在 5 MHz 的情况下，每小区至少支持 200 个用户处于激活状态。

8.3.3 用户面延迟时间及用户面流量

空载条件即单用户单个数据流情况下，小的 IP 包传输时间延迟小于 5 ms。

下行链路：与 R6 HSDPA 的用户面流量相比，每 1 MHz 的下行链路平均用户流量要提升 3~4 倍。此时，HSDPA 是指 1 发 1 收，而 LTE 是 2 发 2 收。

上行链路：与 R6 增强的上行链路用户流量相比，每 1 MHz 的上行链路平均用户流量要提升 2~3 倍。此时，增强的上行链路 UE 侧是 1 发 1 收，LTE 是 1 发 2 收。

8.3.4 频谱效率

下行链路：在满负荷的网络中，LTE 频谱效率（用每站址、每赫兹、每秒的比特数衡量）的目标是 R6 HSDPA 的 3~4 倍。

上行链路：在满负荷的网络中，LTE 频谱效率（用每站址、每赫兹、每秒的比特数衡量）的目标是 R6 增强上行链路的 2~3 倍。

8.3.5 移动性

E-UTRAN 能为低速移动（0~15 km/h）的移动用户提供最优的网络性能，能为 15~120 km/h 的移动用户提供高性能的服务，对 120~350 km/h（甚至在某些频段下，可以达到 500 km/h）的移动用户能够保持蜂窝网络的移动性。

在 R6 CS 域提供的语音和其他实时业务在 E-UTRAN 中将通过 PS 域支持，这些业务应该在各种移动速度下都能够达到或者高于 UTRAN 的服务质量。E-UTRAN 系统内切换造成的中断时间应不大于 GERAN CS 域的切换时间。

超过 250 km/h 的移动速度是一种特殊情况（如高速列车环境），E-UTRAN 的物理层参数设计应该能够在最高 350 km/h 的移动速度（在某些频段甚至应该支持 500 km/h）下保持用户和网络的连接。

8.3.6 覆盖

吞吐量、频谱效率和 LTE 要求的移动性指标在 5 km 半径覆盖的小区内将得到充分保证，当小区半径增大到 30 km 时，只对以上指标带来轻微的弱化。同时需要支持小区覆盖在 100 km 以上的移动用户业务。

8.3.7 与已有 3GPP 无线接入技术的共存和交互

（1）尽量保持和 3GPP R6 的兼容，但是要注重平衡整个系统的性能和容量。

（2）可接受的系统和终端的复杂性、价格和功率消耗；降低空中接口和网络架构的成本。

（3）在 R6 中使用 CS 域支持的一些实时业务，如语音业务，在 LTE 中应该能在 PS 域里实现（整个速度区间），且质量不能下降。

（4）在切换 E-UTRAN 和 UTRAN（或者 GERAN）之间实时业务时，中断时间不超过 300 ms。

8.4　LTE 关键技术

LTE 支持 FDD、TDD 两种双工方式，同时 LTE 还考虑支持半双工 FDD 这种特殊的双工方式。

8.4.1　OFDM 技术

正交频分复用技术（Orthogonal Frequency Division Multiplexing，OFDM）实际上是多载波调制（Multi-CarrierModulation，MCM）的一种。其主要原理是：将待传输的高速串行数据经串并变换，变成在子信道上并行传输的低速数据流，再用相互正交的载波进行调制，然后叠加在一起发送。接收端用相干载波进行相干接收，再经并串变换恢复为原高速数据。

OFDM 技术有很多优点：可以消除或减小信号波形间的干扰，对多径衰落和多普勒频移不敏感，提高了频谱利用率，频谱效率比串行系统高近 1 倍；适合高速数据传输；抗衰落能力强；抗码间干扰（ISI）能力强。当然，OFDM 也有其缺点。例如，对频偏和相位噪声比较敏感；功率峰值与均值比（PAPR）较大，导致射频放大器的功率效率较低；负载算法和自适应调制技术会增加系统复杂度。

LTE 的下行采用 OFDM 技术提供增强的频谱效率和能力，上行基于 SC-FDMA（单载波频分多址接入）。OFDM 和 SC-FDMA 的子载波宽度确定为 15 kHz，采用该参数值可以兼顾系统效率和移动性。

LTE 上行采用的 SC-FDMA，具体采用 DFT-S-OFDM 技术来实现，该技术是在 OFDM 的 IFFT 调制之前对信号进行 DFT 扩展，这样系统发射的是时域信号，从而可以避免 OFDM 系统发送频域信号带来的 PAPR 问题。

图 8.4-1 所示为 LTE 多址方式示意框图。

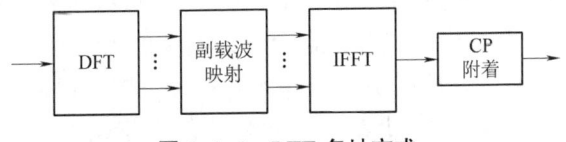

图 8.4-1　LTE 多址方式

8.4.2　多输入多输出（MIMO）技术

MIMO 技术是近年来热门的无线通信技术之一。4G 系统采用了 MIMO 技术，即在基站端放置多副天线，在移动台也放置多副天线，基站和移动台之间形成 MIMO 通信链路。MIMO 技术为系统提供空间复用增益和空间分集增益。空间复用是在接收端和发射端使用多副天线，充分利用空间传播中的多径分量，在同一频带上使用多个子信道发射信号，使容量随天线数量的增加而线性增加。空间分集有发射分集和接收分集两类。基于分集技术与信道编码技术的空时码可获得高的编码增益和分集增益，已成为该领域的研究热点。MIMO 技术可提供很高的频谱利用率，且其空间分集可显著改善无线信道的性能，提高无线系统的容量及覆盖范围。在现有的移动通信系统中，多数基站的天线采用1发2收的结构。对比分析这两种技术，MIMO系统有以下优点：①降低码间干扰（ISI）；②提高空间分集增益；③提高无线信道容量和频谱利用率；④大幅提高资料的传输速率；⑤提高信道的可靠性，降低误码率。

8.4.3　智能天线

智能天线定义为波束间没有切换的多波束或自适应阵列天线。多波束天线与固定波束天线相比，天线阵列的优点是除了提供高的天线增益外，还能提供相应倍数的分集增益。其工作原理和核心思想是：根据信号来波的方向自适应地调整方向图，跟踪强信号，减少或抵消干扰信号。

智能天线具有抑制信号干扰、自动跟踪以及数字波束调节等智能功能。可以提高信噪比，提升系统通信质量，缓解无线通信日益发展与频谱资源不足的矛盾，降低系统整体造价，因而成为4G的关键技术。

8.4.4　软件无线电

软件无线电（SDR）是将标准化、模块化的硬件功能单元经一通用硬件平台，利用软件加载方式来实现各类无线电通信系统的一种开放式结构技术。其中心思想是：使宽带模/数转换器（A/D）及数/模转换器（D/A）等先进的模块尽可能地靠近射频天线的要求。尽可能多地用软件来定义无线功能。其软件系统包括各类无线信令规则与处理软件、信号流变换软件、调制解调算法软件、信道纠错编码软件、信源编码软件等。软件无线电技术主要涉及数字信号处理硬件（DSPH）、现场可编程器件（FPGA）、数字信号处理（DSP）等，软件无线电具有灵活性、集中性、模块化等特点。

8.4.5　基于IP的核心网

4G移动通信系统的核心网是一个基于全IP的网络，可以实现不同网络间的无缝互联。核心网独立于各种具体的无线接入方案，能提供端到端的IP业务，能与已有的核心网和PSTN兼容。4G的核心网具有开放的结构，能允许各种空中接口接入核心网；同时核心网能把业务、控制和传输等分开。采用IP后，所采用的无线接入方式和协议与核心网络协议、链路层是分离独立的。IP与多种无线接入协议相兼容，因此在设计核心网络时具有很大的灵活性，不需要考虑无线接入究竟采用何种方式和协议。由于IPv4地址几近枯竭，4G将采用128位地址长度的IPv6，地址空间增大了2^{96}倍，几乎可以不受限制地提供地址。IPv6的另一个特性是支持自动控制，支持无状态和有状态两种地址自动配置方式。无状态地址自动配置方式下，需要配置地址的节点，使用邻居发现机制获得局部连接地址，一旦得到地址以后，使用即插即用的机制，在没有任何外界干预的情况下，获得一个全球唯一的路由地址。有状态配置机制需要额外的服务器对DHCP协议进行改进和扩展，使网络的管理更加方便和快捷。此外，IPv6技术还有服务质量优越、移动性能好、安全保密性好的特性。

8.5　本章小结

　　本章首先以移动通信的发展过程为基础，讲述 LTE 的网络体系和基本工作原理；然后讲解 LTE 系统的核心技术——OFDM 技术的基本原理和实现过程；最后讲解 MIMO 系统的基本概念和原理。在讲解 LTE 系统基本原理和关键技术的同时，介绍相关领域当前的研究热点以及相关的其他网络体系结构，使学生掌握 LTE 系统的基本结构和工作原理，理解 LTE 关键技术理论的现状和在实际系统中的具体应用，了解 LTE 系统的应用和发展前景。

思考与练习

8.1　LTE 有哪些关键技术？请举例简要说明。

8.2　画出 LTE 系统的组网图并标注接口。

8.3　画出控制面协议结构，并解释相关功能。

8.4　LTE 的主要需求有哪些？

第6部分

5G 原理与技术及 6G 展望

第 9 章　5G 技术概述

学习指引

对接 5G 网络技术的最新发展与应用，结合职业岗位要求和专业能力发展需要，着重培养支撑学生终身发展、适应时代要求的职业素养。引导学生通过多种形式的学习活动，将 5G 网络基础知识、职业技能与劳动教育有机融合。本课程配套的在线开放课程资源在超星网络平台可以帮助学生进行学习。

本章重难点

（1）掌握 5G 网络架构、网元及接口原理。
（2）掌握 5G 网络关键技术。

知识目标

（1）掌握 5G 网络总体架构、5G 无线接入网架构、5GC 架构和网元介绍。
（2）掌握 5G 网络关键技术。掌握 5G 组网技术，从而加深对移动通信理论知识的理解，具备较扎实的移动通信理论知识，并了解移动通信领域发展的前沿知识。

能力目标

（1）适应 5G 技术快速发展，培养能够对 5G 组网与维护的能力。
（2）教学内容和教学设计要能培养对 5G 网络设备进行系统运行与维护的能力。

素质目标

（1）具有不断进取、勇于创新和自主创业的精神。

（2）结合新时期对 5G 技术人才的需求，培养学生具有诚信为本、踏实负责的维护优化职业道德素质。

9.1　5G 网络架构、网元及接口

9.1.1　5G 网络总体架构（1+X 5G 移动网络运维证书考点）

3GPP 于 2004 年 12 月开始 LTE 相关的标准工作，LTE 是关于 UTRAN 和 UTRA 改进的项目，是对包括核心网在内的全网技术演进。LTE 也通俗地称为 3.9G，具有 100 Mb/s 的峰值数据下载能力，被视作从 3G 向 4G 演进的主流技术。LTE 是一个高数据率、低时延和基于全分组的移动通信系统。

LTE 的研究工作按照 3GPP 的工作流程分为两个阶段，即技术可行性研究阶段（Study Item，SI）和具体技术规范的撰写阶段（Work Item，WI）。

3GPP 的工作流程如图 9.1-1 所示，图 9.1-2 所示为 3GPP 标准组织与制定阶段。

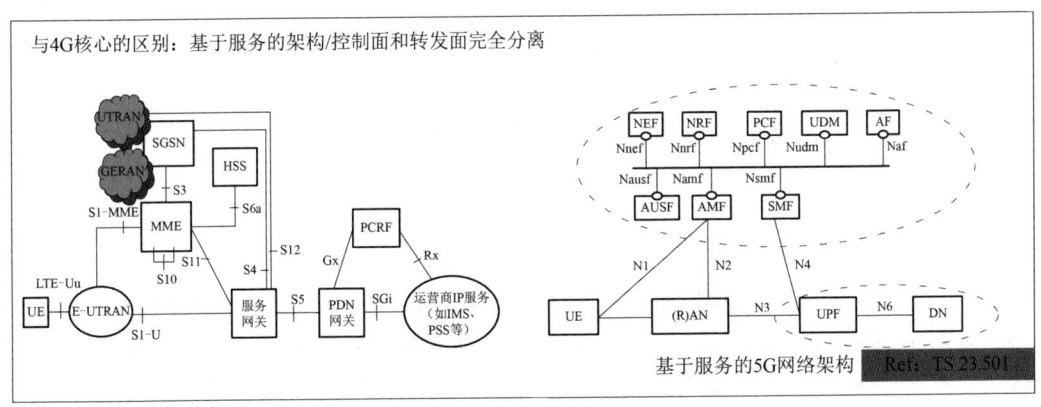

图 9.1-1　3GPP 的工作流程

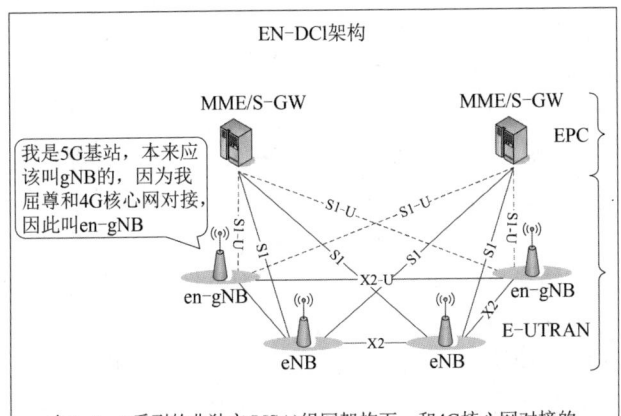
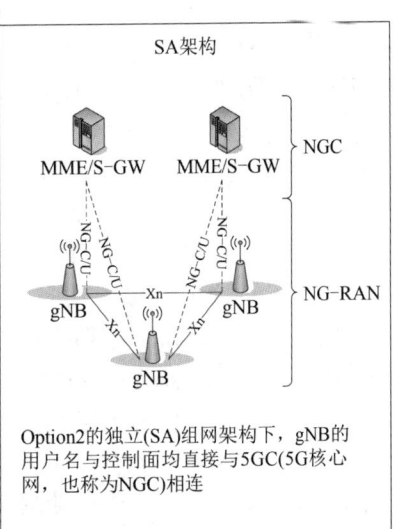

图 9.1-2　3GPP 标准组织与制定阶段

9.1.2　5G 无线接入网架构

1. SA 架构

gNB：SA 架构中，向 UE 提供 NR 用户面和控制面协议终端的节点，并且经由 NG 接口连接到 5GC。

en-gNB：Option3 系列的非独立（NSA）组网架构中，向 UE 提供 NR 用户面协议的节点。

eNB：作为 NSA 的信令锚点，经由 S1 接口连接到 EPC+，通过 X2 接口与 gNB 相连。

5GC：5G 核心网，NG 接口就是 SA 架构中无线接入网和 5G 核心网之间的接口，其中：

①NG-C，NG-RAN 和 5GC 之间的控制面接口；

②NG-U，NG-RAN 和 5GC 之间的用户面接口；

③AMF，接入和移动管理功能；

④UPF，用户平面功能。

在 Option3 系列架构中，gNB 和 eNB 通过 X2 接口相互连接。gNB 和 eNB 也通过 S1 接口连接到 EPC+。更具体地，gNB 通过 S1-U 接口连接到 S-GW（用户面功能）。

在 Option2 系列架构中，gNB 之间通过 Xn 接口相互连接。gNB 通过 NG 接口连接到 5GC，更具体地，gNB 通过 NG-C 接口连接到 AMF（接入和移动管理功能），并通过 NG-U 接口连接到 UPF（用户面功能）。

SA 架构中的 gNB 功能如下。

1）无线资源管理功能

其包括无线承载控制、无线接入控制、移动性连接控制；在上行链路和下行链路中向 UE 的动态资源分配（调度）、IP 报头压缩、加密和数据完整性保护；当不能从 UE 提供的信息确定到 AMF 的路由时，在 UE 附着处选择 AMF、用户面数据向 UPF 的路由、控制面信息向 AMF 的路由、连接设置和释放、调度和传输寻呼消息、调度和传输系统广播信息（源自 AMF 或 O&M）；用于移动性和调度的测量和测量报告配置；上行链路中的传输级别数据包标记会话管理、支持网络切片 QoS 流量管理和映射到数据无线承载、支持处于 RRC_INACTIVE 状态的 UE NAS 消息的分发功能；无线接入网共享。

2）AMF 主要承载功能

终止 RAN CP 接口（N2）、终止 NAS（N1），NAS 加密和完整性保护；注册管理、连接管理、可达性管理、移动性管理（支持系统内和系统间移动性）；支持网络切片、SMF 选择、合法拦截（适用于 AMF 事件和 LI 系统的接口）、空闲模式 UE 可达性（包括寻呼重传的控制和执行）；UE 和 SMF 之间提供 SM 消息的传输；用于路由 SM 消息的透明代理；接入身份验证、接入授权（包括检查漫游权）；在 UE 和 SMSF 之间提供 SMS 消息的传输；安全锚功能（SEAF）；监管服务的定位服务管理为 UE 和 LMF 之间以及 RAN 和 LMF 之间提供位置服务消息的传输；用于与 EPS 互通的 EPS 承载 ID 分配 UE 移动事件通知。

3）UPF 主要承载功能

用于 RAT 内/RAT 间移动性的锚点（适用时）、外部 PDU 与数据网络互联的会话点、分组路由和转发（如支持上行链路分类器以将业务流路由到数据网络的实例、支持分支点以支持多宿主 PDU 会话）、数据包检查（如基于服务数据流模板的应用流程检测以及从 SMF 接收的可选 PFD）；用户面部分策略规则实施（如门控、重定向、流量转向）、合法拦截（UP 收集）、流量使用报告用户面的 QoS 处理（如 UL/DL 速率实施）、DL 中的反射 QoS 标记上行链路流量验证（SDF 到 QoS 流量映射）、上行链路和下行链路中的传输级分组标记、下行数据包缓冲和下行数据通知触发；将一个或多个"结束标记"发送和转发到 NG-RAN 节点。

4）会话管理功能（SMF）主要承载功能

（1）会话管理，如会话建立、修改和释放，包括 UPF 和 AN 节点之间的通道维护、UE IP 地址分配和管理（包括可选的授权）、DHCPv4（服务器和客户端）和 DHCPv6（服务器和客户端）功能、IETF RFC 1027 中规定的 ARP 代理和/或以太网 PDU 的 IETF RFC 4861 功能中规定的 IPv6 邻居请求代理。SMF 通过提供与请求中发送的 IP 地址相对应的 MAC 地址来响应 ARP 和/或 IPv6 邻居请求。

（2）选择和控制 UP 功能，包括控制 UPF 代理 ARP 或 IPv6 邻居发现，或将所有 ARP/IPv6 邻居请求流量转发到 SMF，用于以太网 PDU 会话配置 UPF 的流量控制，将流量路由到正确的目的地，终止接口到策略控制功能；合法拦截（用于 SM 事件和 LI 系统的接口）；收费数据收集和支持计费接口；控制和协调 UPF 的收费数据收集；终止 SM 消息的 SM 部分；下行数据通知；AN 特定 SM 信息的发起者，通过 AMF 和 N2 发送到 AN；确定会话的 SSC 模式；漫游功能。

2. NG 接口协议栈

1）NG 用户面接口

NG 用户面接口（NG-U）在 NG-RAN 节点和 UPF 之间。

定义：传输网络层建立在 IP 传输上，GTP-U 用于 UDP/IP 之上，以承载 NG-RAN 节点和 UPF 之间的用户面 PDU；NG-U 在 NG-RAN 节点和 UPF 之间提供无保证的用户面 PDU 传送。

2）NG 控制面接口

NG 控制面接口（NG-C）在 NG-RAN 节点和 AMF 之间。

定义：传输网络层建立在 IP 传输之上，为了可靠地传输信令消息，在 IP 之上添加 SCTP。应用层信令协议称为 NGAP（NG 应用协议）。SCTP 层提供有保证的应用层消息传递。在传输中，IP 层点对点传输用于传递信令 PDU。

NG 接口协议栈如图 9.1-3 所示。

3. Xn 接口协议栈

1）Xn 用户面接口

Xn 用户面接口（Xn-U）在两个 gNB 节点之间定义。传输网络层建立在 IP 传输上，GTP-U 用于 UDP/IP 之上以承载用户面 PDU。Xn-U 提供无保证的用户面 PDU 传送。Xn-U 接口支持的

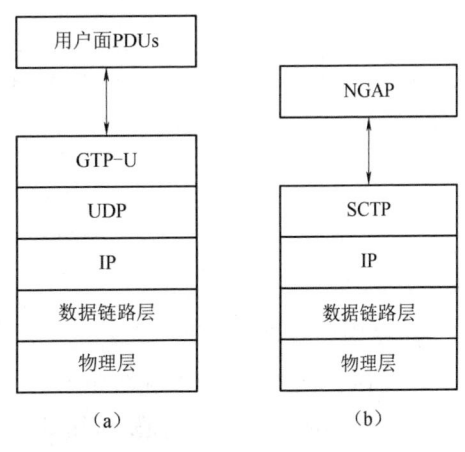

图 9.1-3　NG 接口协议栈

（a）NG-U 协议栈；（b）NG-C 协议栈

功能有：数据传输和流量控制功能；数据传输功能允许在 gNB 节点之间传输数据以支持移动性操作；流量控制功能使 gNB 节点能够从第二个 gNB 节点接收用户面数据，以提供与数据流相关的反馈信息。

2）Xn 控制面接口

Xn 控制面接口（Xn-C）在两个 gNB 节点之间定义。传输网络层建立在 IP 之上的 SCTP 上。应用层信令协议称为 XnAP（Xn 应用协议）。SCTP 层提供有保证的应用层消息传递。在传输 IP 层中，点对点传输用于传递信令 PDU。Xn-C 接口支持的功能有：Xn 接口管理；管理自身接口的状态 UE 移动性管理，包括上下文传输和 RAN 寻呼双连接实现功能。

Xn 接口协议栈原理如图 9.1-4，Xn 接口协议栈如图 9.1-5 所示。

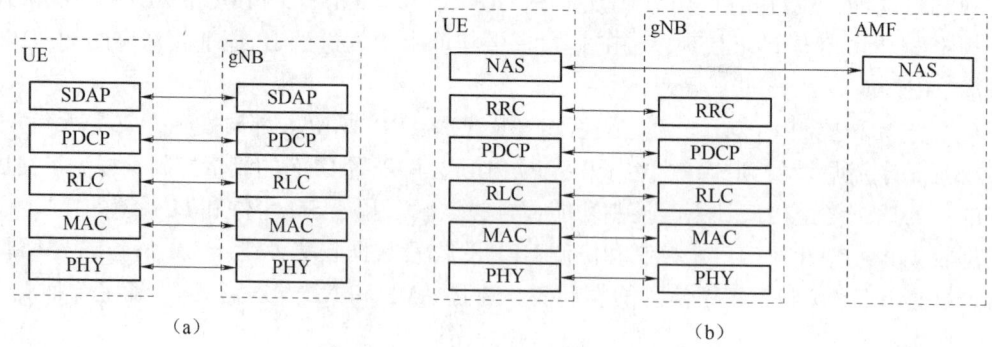

图 9.1-4 Xn 接口协议栈原理

（a）用户面协议栈；（b）控制面协议栈

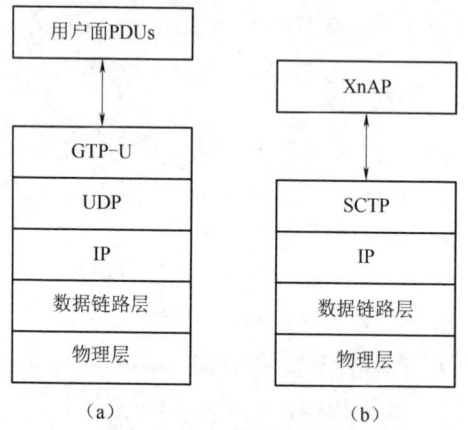

图 9.1-5 Xn 接口协议栈

（a）Xn-U 协议栈；（b）Xn-C 协议栈

4. 子层服务和功能

1）MAC 子层主要服务和功能

完成逻辑信道和传输信道之间的映射；将来自一个或多个逻辑信道的 MAC SDU 复用到一个传输块（TB），通过传输信道发给物理层；通过 HARQ 进行纠错（在 CA 的情况下每个小区一个 HARQ 实体）；通过动态调度在 UE 之间进行优先级处理；通过逻辑信道优先级排序在一个 UE 的逻辑信道之间进行优先级处理；填充功能。

2）RLC 子层主要服务和功能

传输上层 PDU 序列编号独立于 PDCP（UM 和 AM）中的序列编号，通过 ARQ 纠错（仅限 AM）RLC SDU 的分段（AM 和 UM）和重新分段（仅 AM）；重新组装 SDU（AM 和 UM）；重复检测（仅限 AM）；RLC SDU 丢弃（AM 和 UM）；RLC 重建协议错误检测（仅限 AM）。

3）PDCP 子层主要服务和功能

（1）用户面的 PDCP 子层的主要服务和功能：序号标头压缩和解压（仅限 ROHC）；传输用户数据重新排序和重复检测；PDCP PDU 路由（在分离承载的情况下）；重传 PDCP SDU；加密、解密和完整性保护；PDCP SDU 丢弃；RLC AM 的 PDCP 重建和数据恢复；重复 PDCP PDU。

（2）控制面的 PDCP 子层的主要服务和功能：序号加密、解密和完整性保护；控制面数据的传输；重新排序和重复检测；重复 PDCP PDU。

4）SDAP 子层与 RRC 子层主要服务和功能

（1）SDAP 子层的主要服务和功能：QoS 流和数据无线承载之间的映射；标记 DL 和 UL 数据包中的 QoS 流 ID（QFI）；为每个单独的 PDU 会话配置 SDAP 的单个协议实体。

（2）RRC 子层的主要服务和功能：广播与 AS 和 NAS 相关的系统信息；由 5GC 或 gNB 发起的寻呼建立、维持和释放 UE 与 gNB 之间的 RRC 连接，包括载波聚合的添加、修改和释放。安全功能包括：密钥管理信令无线承载（SRB）和数据无线承载（DRB）的建立、配置、维护和发布。移动功能包括：切换和上下文转移、UE 小区选择和重选以及小区选择和重选的控制；RAT 间移动性；QoS 管理功能；UE 测量报告和控制报告；无线链路故障的检测和恢复；NAS 向/从 UE 传送 NAS 的消息。

9.1.3　5GC 架构和网元介绍

1. 5GC 架构概览

5GC 架构如图 9.1-6 所示。

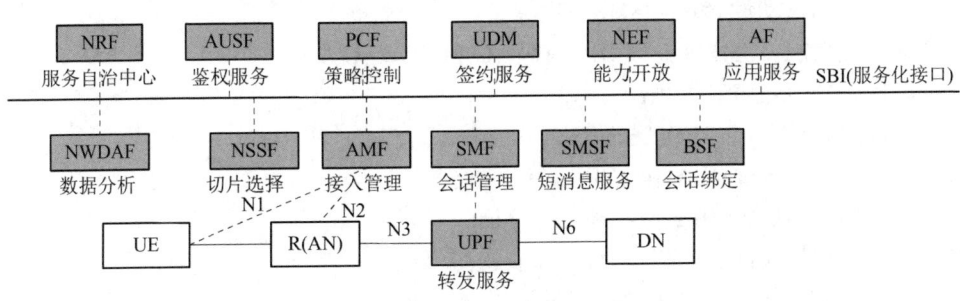

图 9.1-6　5GC 架构

5G Core Network Function	主要功能
NRF（NF Repository Function）	提供服务注册、发现和授权，并维护可用的 NF 实例信息
UDM（User Data Management）	用户数据管理功能，包括认证/用户识别/授权/注册/位置管理等
NSSF（Network Slice Selection Function）	为 UE 选择一组网络切片实例
AUSF（Authentication Server Function）	提供 3GPP 和非 3GPP 统一接入认证服务
AMF（Access Management Function）	终端到核心网控制面接入点，包括接入管理和移动性管理等
SMF（Session Management Function）	会话管理功能，包括 IP 地址分配和管理、策略控制、计费数据采集
UPF（User Plane Function）	分组报文转发、策略 &QoS 处理及使用量报告
PCF（Policy Control Function）	业务流和 IP 承载资源的 QoS 策略与计费策略控制
NEF（Network Exposure Function）	统一开放各种网络能力，避免网络内部差异

图 9.1-6　5GC 架构（续）

2. 5GC 和 EPC 对比

5GC 和 EPC 的对比如图 9.1-7 所示。

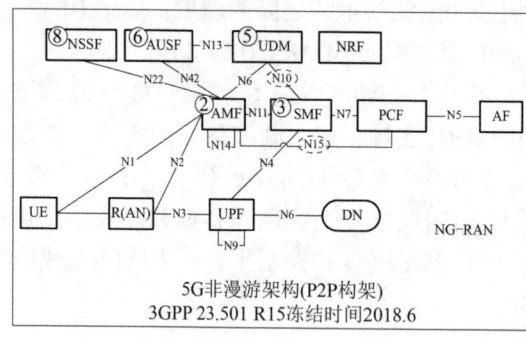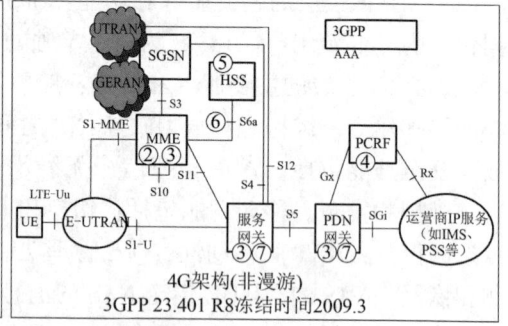

图 9.1-7　5GC 和 EPC 对比

①服务化架构：5G 控制面采用服务化架构，NRF 是新增的网络功能，用于服务化架构下的服务注册、发现等处理。

②接入管理和移动性管理：AMF↔MME。

③会话管理功能：SMF↔（MME、SGW-C 和 PGW-C）。

④策略控制功能：PCF↔PCRF。

⑤用户数据管理功能：UDM↔HSS。

⑥鉴权功能：AUSF↔HSS 和 3GPP AAA 服务。

⑦用户面功能：UPF↔SGW-U 和 PGW-U。

⑧网络切片选择功能：NSSF↔无。

1）5G 引入服务化架构以实现功能灵活组合、业务敏捷

服务化架构为 5G 网络基础架构（图 9.1-8），网络功能基于模块化拆解，解耦的网络功能可独立扩容、独立演进、按需部署。借鉴 IT 系统服务化/微服务化架构经验，控制面所有 NF 之间采用服务化接口，同一种服务可以被多种 NF 调用，降低 NF 之间接口定义的耦合度，最终实现整网功能的按需定制，灵活支持不同的业务场景和需求。

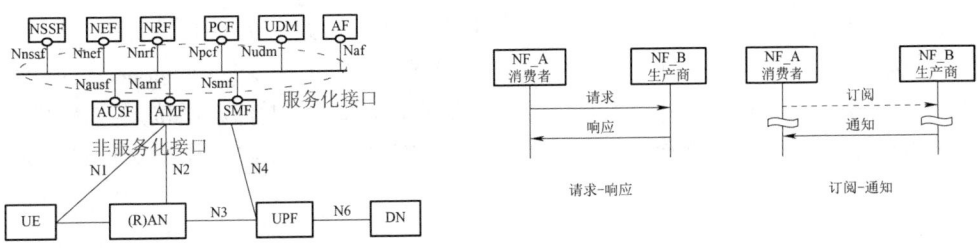

图 9.1-8　5G 引入服务化架构

（1）由 NRF 提供网络功能的注册、发现、网络服务的授权等，实现网络功能和服务的按需配置及 NF 间的互联。

（2）NF 之间简化为两种交互，即请求-响应和订阅-通知。

（3）NF 服务模板：按照统一模板定义 NF 服务，包括服务名称、输入、输出、服务流程等。

2）NRF 是服务化架构的管理中心（图 9.1-9）

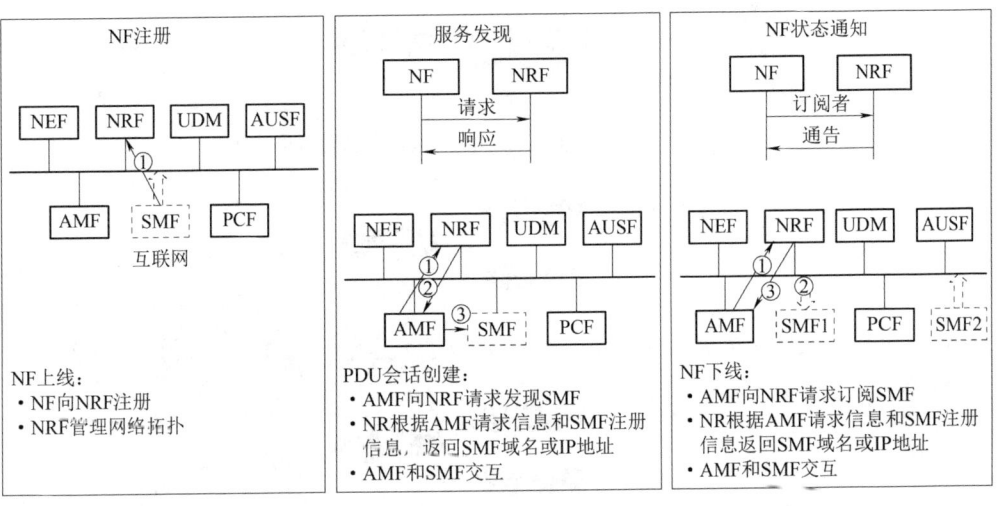

图 9.1-9　NRF 是服务化架构的管理中心

（1）移动性管理优化：个性化移动性管理，适应多种应用场景，如图 9.1-10 所示。

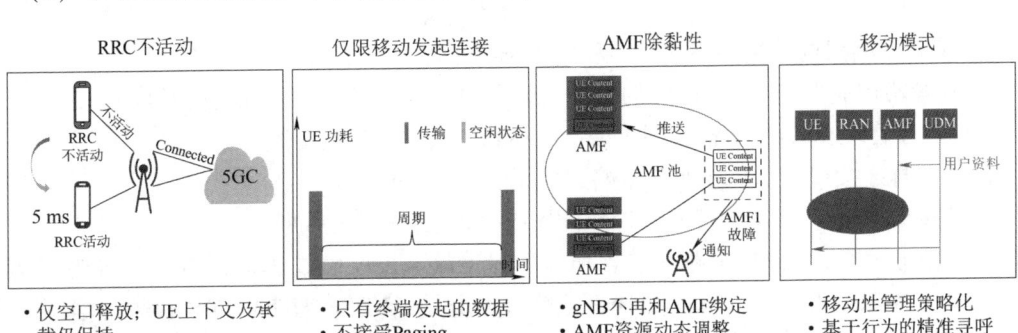

图 9.1-10　移动性管理优化

（2）会话管理优化：为不同业务提供差异化会话管理，如图9.1-11所示。

5G对会话管理模型进行了较多的优化和扩展，引入SSC（Service and Session Continuity）模式、定义优化的小包传输方案、支持本地卸载、支持不同接入技术等。每个会话隧道取消承载，减少专有承载的信令交互；支持以太网和非结构化报文传送（如工业以太网、IoT等业务）。

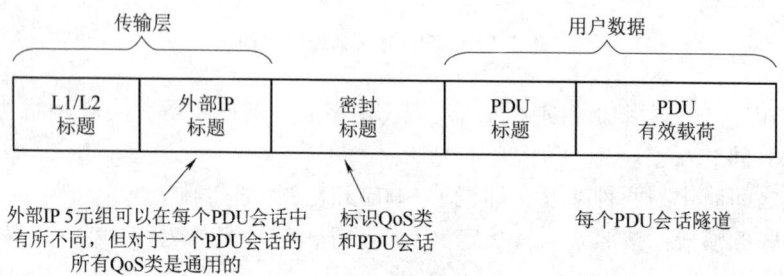

SSC模式：满足不同应用的业务连续性需求

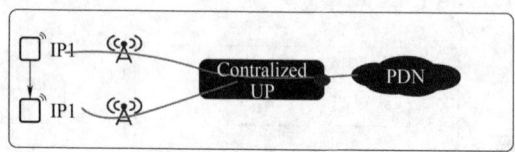

模式1：提供IP连续性，适用于IMS语音等强连续性需求应用

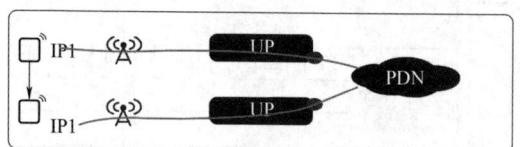

模式2：不提供IP连续性，适用于网页浏览等无连续性需求应用

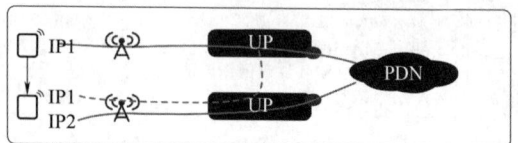

模式3：提供短期IP连续性，适用于支持多径传输(如MPTCP)的应用

图9.1-11　会话管理优化

3）策略控制架构并增加终端接入和路由选择策略

5G在策略控制上基本沿用4G的PCC架构，主要差异是除了会话管理策略外，还包括接入和移动性管理相关的策略、选网策略（ANDSP）、路由选择策略（URSP）以及PCF和AMF之间的直连接口可以传输业务策略，如图9.1-12所示。

（1）接入策略TA List，接入网选择优先级。

（2）业务策略，URSP策略，包含切片选择策略、SSC模式选择策略、DNN选择策略和Non-Seamless接入选择策略；ANDSP策略（合并了ANDSF功能），选网策略；策略传输机制：PCF发送策略信息到AMF，由AMF通过NAS信令传给UE。

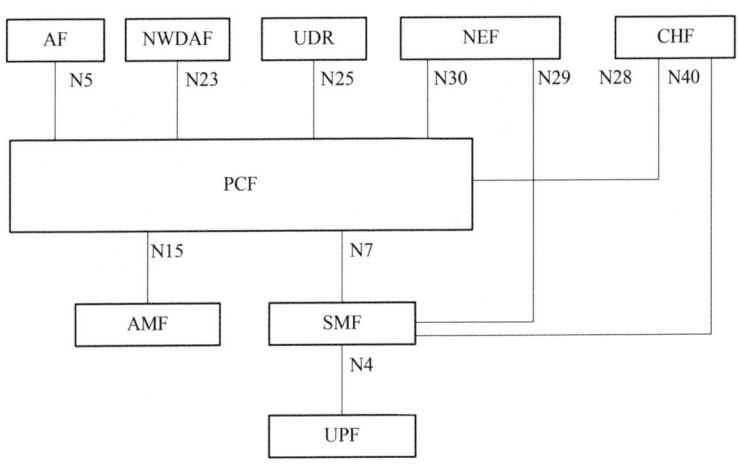

图 9.1-12　策略控制架构

（3）PCF 在 5G 中的策略控制：新增 AMF 和 UE 策略执行节点。

①WLAN 选择策略：SSID 列表及其优先级；上/下行带宽；UE 路由策略。

②业务 SSC 模式：业务切片选择。

③业务优选 3GPP/non-3GPP 接入：业务需要通过 non-3GPP 卸载。

④接入限制：（不）允许业务区（TAI）。

⑤接入网选择（RAN 执行）：选 RAT/频点（RFSP Index）。

⑥带宽控制：会话级别（MBR）；应用/流级别（GBR/MBR）。

⑦计费控制：OCS/OFCS 选择；计费规则。

⑧配额管理：流量配额；时长配额。

⑨融合用户数据管理，支持不换卡、不换号。

（4）融合用户数据管理。

①用户数据消费者和提供者直接通信，按需获取用户签约数据。

②统一的鉴权框架。加强用户鉴权过程中归属地的处理，避免漫游地欺诈行为（5G AKA）。

4）5G 用户管理特征

（1）融合 HSS/UDM 统一管理多接入的移动用户。

（2）统一的鉴权框架、鉴权计算和鉴权向量下发分成，为 5G 网络鉴权能力开放做准备。

注：5G SIM 卡有 IMSI 隐私保护机制（可选功能），新发卡可以有 IMSI 加密功能。

（3）5G 用户管理：泛接入、多层次的用户数据管理和用户鉴权。

5）EPC 网络用户管理

（1）用户数据消费者和提供者不直接通信（如用户业务级别签约数据下发给 MME，MME 通过 S11/S5/S8 接口传递给 S-PGW）。

（2）用户鉴权数据和用户签约数据通过相同的接口下发。

3. 5G 网络用户管理

（1）用户数据消费者和提供者直接通信，按需获取用户签约数据。

（2）统一的鉴权框架实现固定移动统一鉴权，并且加强用户鉴权过程中归属地的处理，避免漫游地欺诈行为（5G AKA）。

（3）U面下沉是 MEC 的关键技术。

MEC 的解决方案由以下三大部分组成。

①核心网：提供网络能力，包括 U 面下沉、分流、能力开发、计费等。

②MEC 管理平台：APP 生命周期管理、运维管理、平台能力开放。

③应用 APP：提供具体业务服务，如车联网服务器、AR/VR 服务器、mCDN 等。

（4）ETSI 定义 7 类 MEC 应用场景。

①视频优化：边缘部署给中心视频服务器提供动态网络分析信息。

②辅助 TCP 拥塞控制视频流分析：在边缘进行监控视频的分析，降低视频采集设备的成本，减少发给核心网的流量。

③增强现实：边缘应用快速处理用户位置和摄像头图像，给用户实时提供辅助信息。

④车联网：MEC 应用分析车及路侧传感器的数据，将危险警告及其他时延敏感信息发送给周边车辆。

⑤企业分流：将用户面流量分流到企业网络。

⑥IoT/工业互联：MEC 应用聚合、分析设备产生的消息并及时产生决策。

⑦辅助敏感计算：边缘应用提供高性能计算能力，执行时间敏感的数据处理，并将结果反馈给端设备，如智能机器人。

（5）网络、平台和应用组成 MEC 完整解决方案，如图 9.1-13 所示。

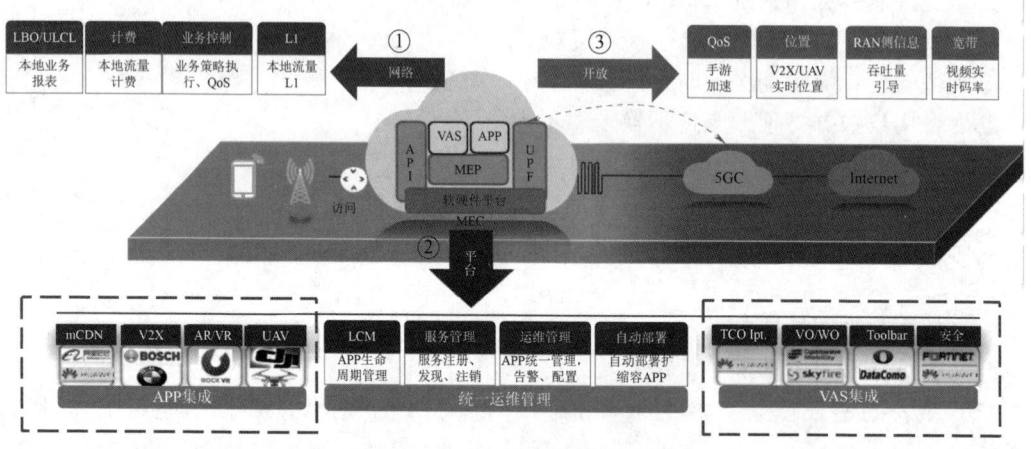

图 9.1-13　MEC 完整解决方案

①切片，满足 5G 多样化业务需求。

②切片定义：逻辑网络，提供特定的网络功能和特性。

③支持不同的网络功能（定制）。

• 切片是端到端网络，包括 RAN、传输网和核心网，需要跨域的切片管理系统。

• 切片需要实现资源隔离、安全隔离和 OAM 隔离，不同域可以采用不同的技术，如 CN 采用虚拟化技术。

- 切片是可以定制的，基于行业用户的诉求定制切片网络。

④支持不同的用户组（隔离）。

⑤切片数量相关的标准定义。

- 切片标识（S-NSSAI）长度为 4 B。其中 SST（Slice/Service Type）长度为 1 B、SD（Slice Differentiator）长度为 3 B。

- 每个用户最多支持 8 个切片的业务。

⑥核心网切片部署形态（图 9.1-14）：可共享可独占，按需选择。

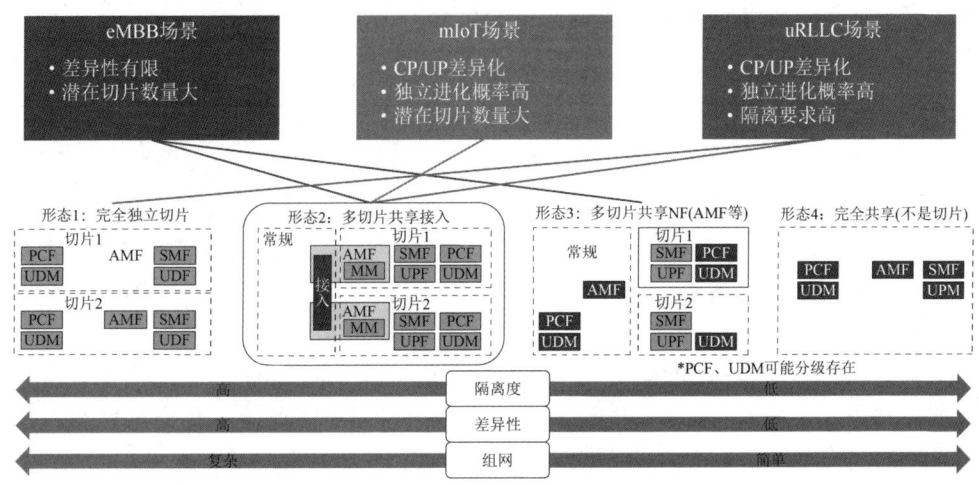

图 9.1-14　核心网切片部署形态

（6）在线计费和离线计费合并、引入融合计费系统。

①5G 部署依赖计费系统改造，需要新的 5G 融合计费系统，原有 4G 计费系统需要跟 5G 计费系统协同。

②网络级可靠性降低。5G 融合计费系统部署在中心节点，只有唯一的 Nchf 计费接口；若系统故障或者网络故障，导致核心网 NF 计费数据堆积拥塞，系统级可靠性相比 4G 下降。

③计费问题定位定界困难。核心网侧无原始计费数据保留、计费丢失或者计费类问题，可能涉及跨厂商配合，定位定界困难。

4. 5GC 网络架构总结

（1）服务化：5G 控制面采用服务化架构，控制面功能解耦重构为多个网络功能，针对每个网络功能定义服务。

（2）控制面模块化：控制面功能进一步模块化，通过 AMF 和 SMF 实现了 MM 和 SM 的分离，鉴权部分功能独立为 AUSF 实体。

（3）用户面归一化：5G 架构继承 4G CUPS（控制面用户面分离）特性，用户面实体归一为 UPF，不再有 SGW/PGW 等差异。

（4）策略控制：5G 增加接入选网策略和用户路由策略功能，网络指示终端选择网络、DNN、切片等。

（5）融合计费：5GC 将在线计费和离线计费统一为融合计费。

（6）网络切片：满足不同应用场景需求，切片间资源隔离，各切片功能按需定制。

9.2　5G 网络关键技术

9.2.1　5G 新频谱和时频配置

1. 5G 扇区带宽可选设置

频谱资源是无线通信的重要资源，5G 的频谱分为表 9.2-1 所示的两个部分。

表 9.2-1　5G 频谱范围

频率范围标识	相应的频率范围
FR1	410~7 125 MHz
FR2	24 250~52 600 MHz

（1）FR1 可选带宽包括 5 MHz、10 MHz、15 MHz、20 MHz、25 MHz、40 MHz、50 MHz、60 MHz、70 MHz、80 MHz、90 MHz、100 MHz。

（2）FR2 可选带宽包括 50 MHz、100 MHz、200 MHz、400 MHz。

根据香农公式，更大的信道带宽将获得更多信道容量，因此为了提升扇区容量，在部署时争取配置更多带宽给扇区。

2. 5G 可选频段和频谱分配

（1）FR1 可选运营频段和双工方式如表 9.2-2 所示。

表 9.2-2　FR1 可选运营频段和双工方式

NR 操作频带	上行链路操作频带 BS 接收/UE 发送 $F_{\mathrm{UL,low}} \sim F_{\mathrm{UL,high}}$	下行链路操作频带 BS 发送/UE 接收 $F_{\mathrm{DL,low}} \sim F_{\mathrm{DL,high}}$	双工模式
n1	1 920~1 980 MHz	2 110~2 170 MHz	FDD
n2	1 850~1 910 MHz	1 930~1 990 MHz	FDD
n3	1 710~1 785 MHz	1 805~1 880 MHz	FDD
n5	824~849 MHz	869~894 MHz	FDD
n7	2 500~2 570 MHz	2 620~2 690 MHz	FDD
n8	880~915 MHz	925~960 MHz	FDD
n12	699~716 MHz	729~746 MHz	FDD
n20	832~862 MHz	791~821 MHz	FDD
n25	1 850~1 915 MHz	1 930~1 995 MHz	FDD
n28	703~748 MHz	758~803 MHz	FDD
n34	2 010~2 025 MHz	2 010~2 025 MHz	TDD
n38	2 570~2 620 MHz	2 570~2 620 MHz	TDD
n39	1 880~1 920 MHz	1 880~1 920 MHz	TDD

NR 操作频带	上行链路操作频带 BS 接收/UE 发送 $F_{UL,low} \sim F_{UL,high}$	下行链路操作频带 BS 发送/UE 接收 $F_{DL,low} \sim F_{DL,high}$	双工模式
n40	2 300～2 400 MHz	2 300～2 400 MHz	TDD
n41	2 496～2 690 MHz	2 496～2 690 MHz	TDD
n50	1 432～1 517 MHz	1 432～1 517 MHz	TDD
n51	1 427～1 432 MHz	1 427～1 432 MHz	TDD
n66	1 710～1 780 MHz	2 110～2 200 MHz	FDD
n70	1 695～1 710 MHz	1 995～2 020 MHz	FDD
n71	663～698 MHz	617～652 MHz	FDD
n74	1 427～1 470 MHz	1 475～1 518 MHz	FDD
n75	N/A	1 432～1 517 MHz	SDL
n76	N/A	1 427～1 432 MHz	SDL
n77	3 300～4 200 MHz	3 300～4 200 MHz	TDD
n78	3 300～3 800 MHz	3 300～3 800 MHz	TDD
n79	4 400～5 000 MHz	4 400～5 000 MHz	TDD
n80	1 710～1 785 MHz	N/A	SUL
n81	880～915 MHz	N/A	SUL
n82	832～862 MHz	N/A	SUL
n83	703～748 MHz	N/A	SUL
n84	1 920～1 980 MHz	N/A	SUL
n86	1 710～1 780 MHz	N/A	SUL

（2）FR2 可选运营频段和双工方式如表 9.2-3 所示。

表 9.2-3　FR2 可选运营频段和双工方式

NR 工作频段	上行（UL）和下行（DL）工作频段 BS 发送/接收　UE 发送/接收 $F_{UL,low} \sim F_{UL,high}$　$F_{DL,low} \sim F_{DL,high}$	双工模式
n257	26 500～29 500 MHz	TDD
n258	24 250～27 500 MHz	TDD
n260	37 000～40 000 MHz	TDD
n261	27 500～28 350 MHz	TDD

　　一般 5G 基站使用频段达到 100 MHz，在低频段已经被大部分使用的情况下，向高频段寻求可用频谱资源。

　　2018 年 12 月 10 日，工信部向中国电信、中国移动、中国联通发放了第五代移动通信系统中低频段试验频率使用许可。

其中，中国电信获得 3 400~3 500 MHz，中国移动获得 2 515~2 675 MHz、4 800~4 900 MHz，中国联通获得 3 500~3 600 MHz。

3. 频谱利用率提升

5G 空口引入了更好的滤波技术，减少保护带宽（Guardband）的频谱占用，让更多的频谱成为可传输带宽，如图 9.2-1 所示。

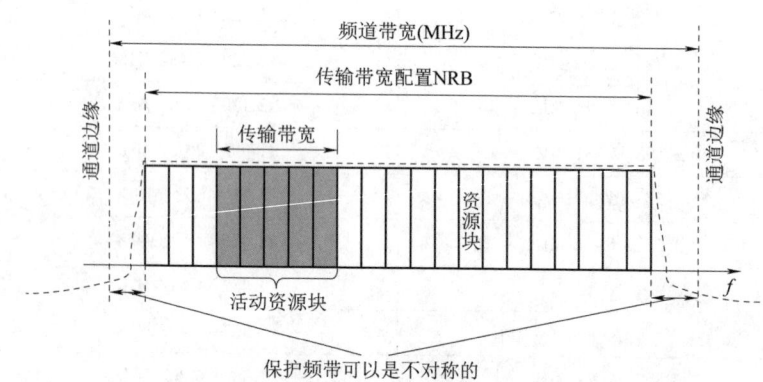

图 9.2-1　频谱利用率提升

FR1 频谱利用率最大可达到 98.3%。FR1 最小保护带宽如表 9.2-4 所示。

表 9.2-4　FR1 最小保护带宽　　　　　　　　　　　　　　kHz

SCS /kHz	5 MHz	10 MHz	15 MHz	20 MHz	25 MHz	30 MHz	40 MHz	50 MHz	60 MHz	70 MHz	80 MHz	90 MHz	100 MHz
15	242.5	312.5	382.5	452.5	522.5	592.5	552.5	692.5	N. A	N. A	N. A	N. A	N. A
30	505	665	645	805	785	945	905	1 045	825	965	925	885	845
60	N. A	1 010	990	1 330	1 310	1 290	1 610	1 570	1 530	1 490	1 450	1 410	1 370

4. 5G 子载波间隔设置

子载波间隔（SubCarrier Spacing, SCS）包括 15 kHz、30 kHz、60 kHz、120 kHz 和 240 kHz，并在各频带宽度实现不同数量的 NRB。

在 FR1，NRB 最多达到 273 个。FR1 发送带宽配置 NRB 如表 9.2-5 所示。

表 9.2-5　FR1 发送带宽配置 NRB

| SCS /kHz | 5 MHz | 10 MHz | 15 MHz | 20 MHz | 25 MHz | 30 MHz | 40 MHz | 50 MHz | 60 MHz | 70 MHz | 80 MHz | 90 MHz | 100 MHz |
	NRB	NRB	NRB	NRB	NRB	NRB	NRB	NRB	NRB	NRB	NRB	NRB	NRB
15	25	52	79	106	133	160	216	270	N. A	N. A	N. A	N. A	N. A
30	11	24	38	51	65	78	106	133	162	189	217	245	273
60	N. A	11	18	24	31	38	51	65	79	93	107	121	135

不同的子载波间隔（SCS）可适应不同的应用场景。

①在覆盖型场景：SCS 越小，则符号长度越长，覆盖能力越强。

②在低时延场景：SCS 越大，则符号长度越短，时延越小。

5. 时隙灵活配置

（1）时域调度基本单位，分为以下两类。

①Slot-based：基本单位为 slot（时域长度为 14 个符号）。

②non Slot-based：基本单位为 mini-slot（R15 支持时域长度为 2、4、7 个符号）。

（2）Slot 构成。

①Downlink，用于下行传输。

②Uplink，用于上行传输。

③Flexible，可用于下行传输、上行传输、GP 或作为预留资源。

（3）Slot 类型，包括以下几个。

①Type 1：全下行。

②Type 2：全上行。

③Type 3：灵活配置。

④Type 4：mixed slot，至少包含一个下行或上行，其余的可以灵活配置。

9.2.2　Massive MIMO（1+X 5G 移动网络运维证书考点）

Massive MIMO（大规模天线技术）比传统天线有更多的通道数，如 64TR，并在信号水平维度空间基础上引入垂直维度的空域进行利用，也称为 3D-MIMO，如图 9.2-2 所示。

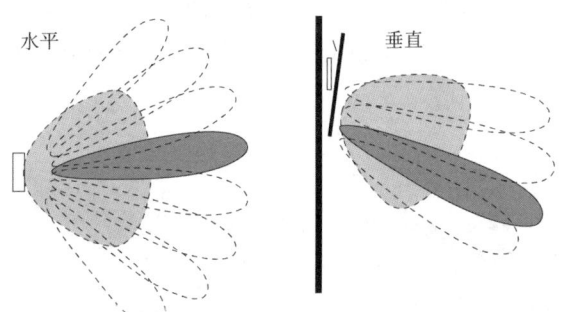

图 9.2-2　Massive MIMO 技术

Massive MIMO 使用了有源天线、波束赋形技术。

（1）有源天线：AAS（Active Array System）技术将天线阵列中的每个辐射单元与相应的射频/数字电路模块集成在一起，可实现基带独立控制每个振子。

（2）波束赋形：将信号集中在用户方向上，可以增强信号，并降低其他方向上的干扰。天线阵子数越多，赋形后的波束宽度可以越窄。

9.2.3　高阶调制技术应用

（1）5G 支持 256QAM，提升了单符号传递的信息量。

（2）各类调制方式情况如下。

①BPSK：Binary Phase Shift Keying，二相相移键控，一个符号代表 1 bit。

②QPSK：Quadrature Phase Shift Keying，四相相移键控，一个符号代表 2 bit。

③8PSK：8 Phase Shift Keying，八相相移键控，一个符号代表 3 bit。

④16QAM：16 Quadrature Amplitude Modulation，16 正交幅相调制，一个符号代表 6 bit。

⑤256QAM：256 Quadrature Amplitude Modulation，256 正交幅相调制，一个符号代表 8 bit（图 9.2-3）。

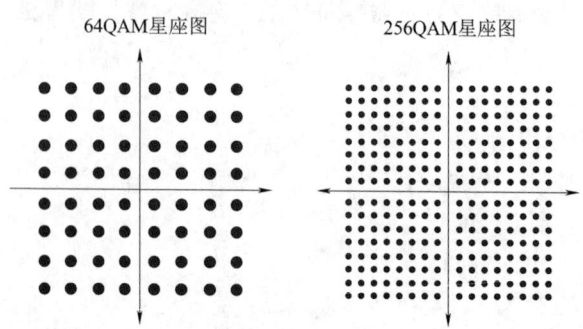

图 9.2-3　星座图

（3）高阶调制需要足够好的信噪比（SNR）支持。

9.2.4　上行波形增加

5G 上行支持 DFT-S-OFDM 和 CP-OFDM 两种波形。

（1）DFT-S-OFDM：采用单载波技术（类似于 LTE），可以降低峰均比。

（2）CP-OFDM：采用多载波技术，支持 MIMO，可以实现更高速率。

9.2.5　编码技术提升

R15 定义 eMBB 编码：

（1）控制信道：Polar 码。

（2）业务信道：LDPC 码。

Polar 码的优势：在相同 BLER 时，Polar 码的 SNR 要求比卷积码低。

LDPC 码的优势：在高码率场景，译码速度比 Turbo 码高，可以提升峰值速率。

9.3　5G 组网技术

9.3.1　独立组网和非独立组网

（1）5G 包括独立组网和非独立组网两种方式（图 9.3-1）。

①独立组网方式：支持 eMBB/uRLLC/mMTC 全业务场景及网络切片。

②非独立组网方式：核心网继续使用 EPC，适合早期 NR 快速引入，聚焦 eMBB 场景。

（2）NSA 中 Option3x 架构对 LTE 影响小，性能较优。

①数据分流点在 gNB。

②可根据小区状态动态分流，以提升效率。

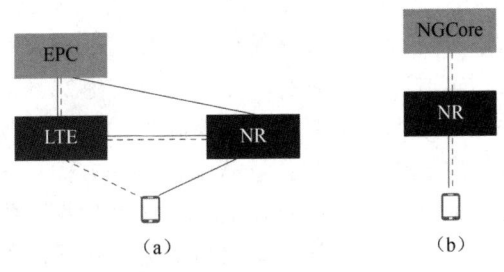

图 9.3-1　组网方式举例

（a）NSA（非独立组网）；（b）SA（独立组网）

9.3.2　C-RAN 和 D-RAN

无线接入网有 D-RAN、C-RAN 等组网方式。

（1）D-RAN（Distributed RAN，分布式无线接入网），在基带处理单元（BBU）和射频拉远单元（RRU）分离时，在基站 RRU 附近建设分布式机房安装对应的 BBU 和相关的配套设备（电源、空调等）。

（2）C-RAN 是基于集中化处理（Centralized Processing）、协作式无线电（Collaborative Radio）和实时云计算构架（Real-time Cloud Infrastructure）的绿色无线接入网构架（Clean System），通过减少基站机房数量，减少能耗，采用协作化、虚拟化技术，实现资源共享和动态调度，降低运营成本并提高效率。

9.3.3　密集组网和异构网

5G 大带宽需求引发连锁反应，为达到良好覆盖，密集组网已成为趋势，如图 9.3-2 所示。

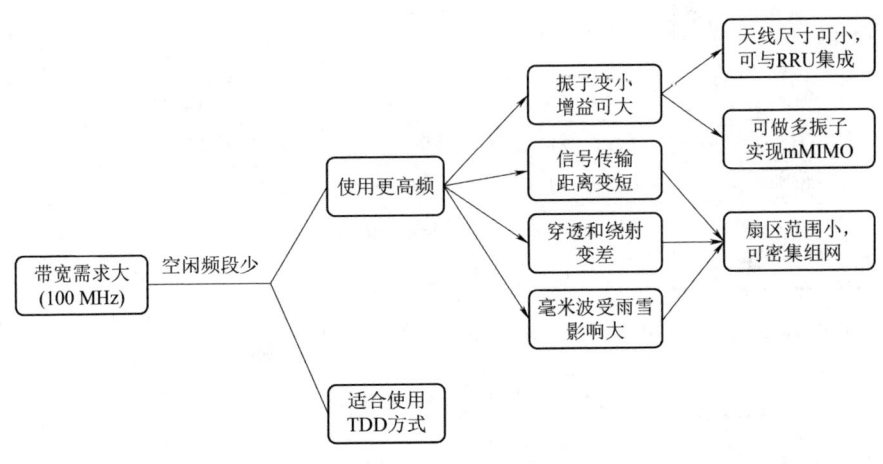

图 9.3-2　密集组网

异构网（HetNet）是在宏站覆盖的基础上，增加微站用于补盲和满足高业务量需求。5G 时代，杆站将成为异构网的重要组成部分。

5G 在建网初期，网络建设主要是抢占覆盖型站址资源，构成网络覆盖骨架，从业务试验区域及热点区域覆盖，逐步实现室外城区及广域浅覆盖。此阶段的焦点问题是较密集城区的站址增加。例如，较密集城区在增加宏站（高度一般在 25 m 以上）遇到困难时，也可将杆站作为覆盖补充。在建网中期，主要需求是覆盖增加及一定的容量需求，一方面通过持续增加宏站数量来实现深度覆盖和应对容量需求，另一方面可通过建设杆站补充深度覆盖、增加容量，同时进行较大规模室内覆盖建设。在建网后期，将面临大幅增加的容量需求和持续的深度覆盖需求，对宏站、杆站、室内覆盖的建设需求均会增加。从宏站站址资源受限情况（如大片居民区之间可能缺少适合建设宏站的商务楼）及宏站和杆站协同组网角度来看，杆站的数量需求可能会更大。

9.4 5G 信令流程

9.4.1 5G 信令流程基本概念

5G UE AS 层标识——RNTI，如表 9.4-1 所示。

表 9.4-1 5G UE AS 层标识——RNTI

标识类型	应用场景随机接入	获得方式根据 PRACH 时
RA-RNTI	用于指示接收随机接入响应消息	频率资源位置获取
Temporary CRNTI	接入没有进行竞争裁决前的 CRNTI	消息中下发给终端
C-RNTI	用于标识 RRC Connected 状态的 UE	初始接入时获得
CS-CRNTI	半静态调度标识	gNB 在调度 UE 进入 SPS 时由 RRC 分配
P-RNTI	寻呼消息调度	FFFE（固定标识）
SI-RNTI	系统广播消息调度用于指示	FFFF（固定标识）
MCS-C-RNTI	PUSCH/PDSCH 使用的 MCS 表格	通过 RRC 消息中的 PhysicalCellGroupConfig 信源携带
SFI-RNTI	用于加扰 Format 2_0，指示时隙结构	
INT-RNTI	用于加扰 Format 2_1，指示抢占信息	
TPC-PUSCH/PUCCH/SRS-RNTI	加扰上行功控 DCI，用于上行功率控制流程	
SP-CSI-RNTI	用于指示半静态 CSI 的资源	

5G UE NAS 层标识如表 9.4-2 所示。

表 9.4-2　5G UE NAS 层标识

用户标识	名称	来源	作用
IMSI	International Mobile Subscriber Identity（国际移动用户标识）	SIM 卡	作为用户的身份标识，但 5G 中可能引入新的标识
IMEI	International Mobile Equipment Identity（国际移动设备识别）	终端	国际移动台设备标识，唯一标识 UE 设备，用 15 个数字表示
5G-GUTI	5G Globally Unique Temporary Identifier（全局唯一临时标识）	由 AMF 分配	取代 IMSI 作为用户的临时 ID，提升安全性

除以上常见标识外，还有 SUCI、SUPI 等，详见 HiCLC。

5G 空间接口 RRC 的状态及转换如图 9.4-1 所示。

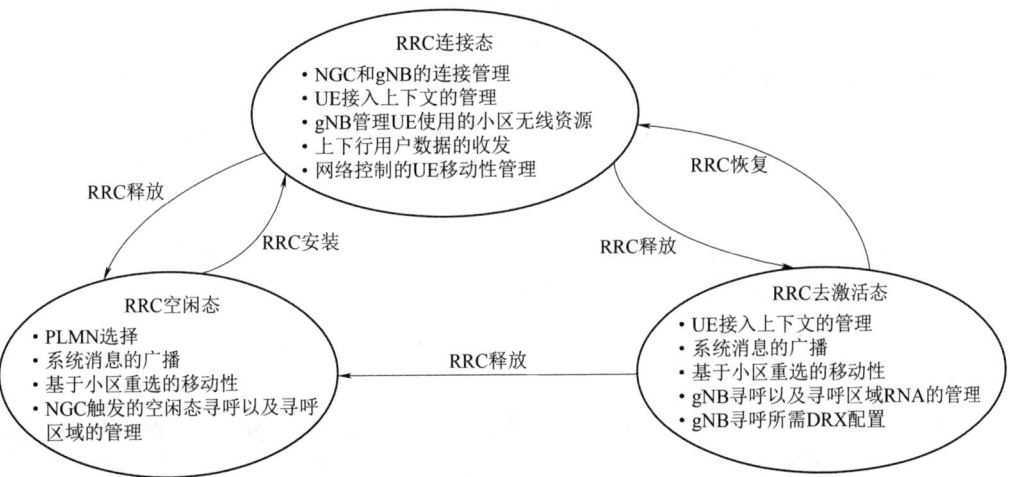

图 9.4-1　5G 空间接口 RRC 状态及转换

（1）5G NAS 层状态流程——注册、连接管理。

注册管理（RM）与连接管理（CM）状态如下。

①RM 状态：指示 UE 是否成功注册到 5GC AMF，分为 RM-DEREGISTERED 和 RM-REGISTERED 两个状态，如图 9.4-2 所示。

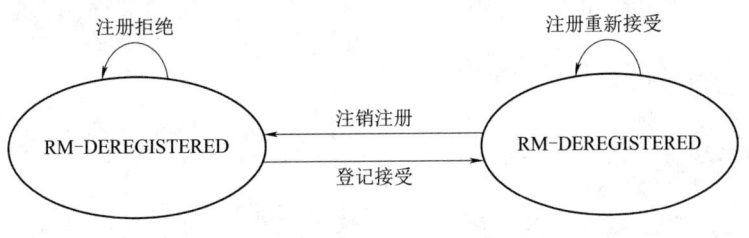

图 9.4-2　RM 状态

②CM 状态：指示注册状态下的 UE 是否存在信令连接，分为 CM-IDLE 和 CM-CONNECTED 两个状态，如图 9.4-3 所示。

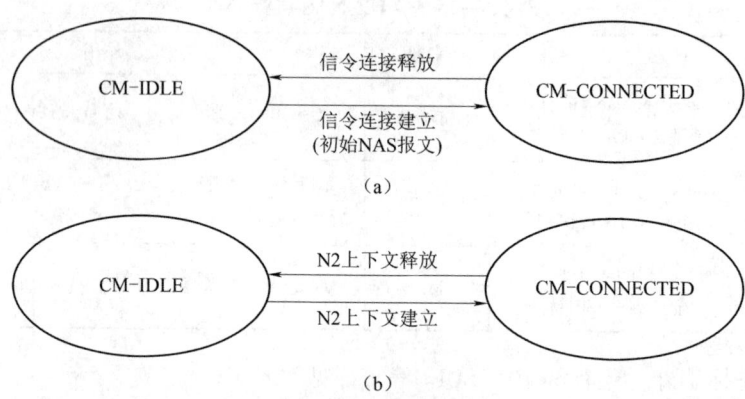

（a）

（b）

图 9.4-3　CM 状态

（a）UE 侧状态转换；（b）AMF 侧状态转换

（2）5G NAS 层状态流程——会话管理。

会话管理（SM）状态：会话管理（SM）由 SMF 进行处理，指示 UE 和 5GC 之前是否存在 PDU 会话。每一个 PDU 会话对应于一个数据连接，该连接可以用 APN（NSA）或 DNN（SA）来表示。

APN：Access Point Name，接入点名称。

DNN：Data Network Name，数据网络名称。

一个 PDU 会话可以包含多个 QoS Flow，5G 中的 QoS Flow 类似于 4G 中的 EPS 承载，每个 QoS Flow 映射一组 QoS 参数。

5G 无线承载 RB 与业务流的一对多关系，可以使 DRB 与 QoS flow 映射解耦，更加灵活。

9.4.2　5G 初始接入流程

5G 初始接入流程如图 9.4-4 所示。

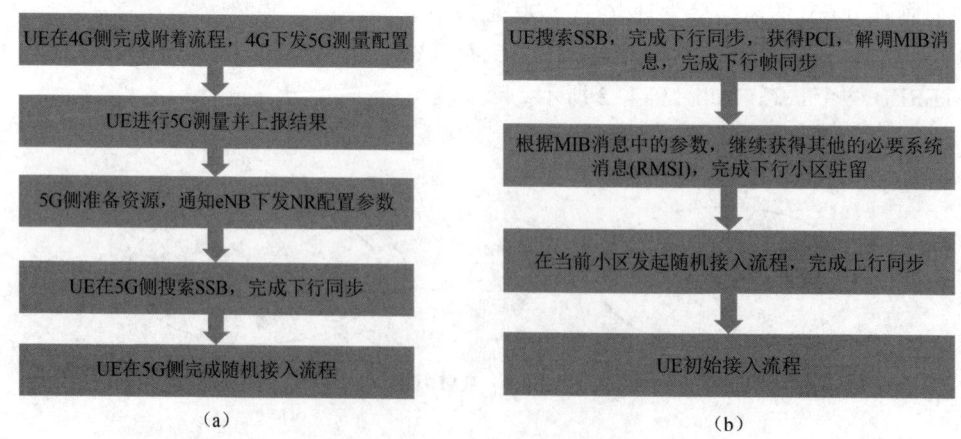

（a）

（b）

图 9.4-4　5G 初始接入流程

（a）NSA 非独立组网；（b）SA 独立组网

1. 5G 小区搜索同步过程

小区搜索（Cell Search）基本原理：小区搜索是 UE 实现与 gNB 下行时频同步并获取服务小区 ID 的过程。小区搜索分以下几个步骤：

第一步：UE 解调主同步信号（PSS，和 LTE 一样是 3 个），实现符号同步，并获取小区组内 ID；

第二步：UE 解调次同步信号（SSS，5G 的 SSS 有 336 个），获取小区组 ID，结合小区组内 ID，最终获得小区的 PCI（5G 的 PCI 有 1 008 个）

第三步：解调 PBCH 的 MIB 消息，获取波束 ID，以及半帧指示信息，完成下行帧同步。

UE 采用 GSCN 的光栅同步进行小区搜索。

NSA 组网下，RMSI 中的内容通过 RRC 信令（由 LTE 发送）在 UE 开始接入 NR 前发送给 UE 直接读取 SSB 的中心频点。

2. 5G 空间接口的广播消息

5G 空间接口的广播消息如表 9.4-3 所示。

表 9.4-3　5G 空间接口的广播消息

大类	子类	承载内容	发送方式
MSI	MIB	提供最基本的初始接入信息（系统帧号、载波间隔、SSB 偏置）和 RMSI 捕获方式信息	周期广播
	RMSI	即 SIB1，提供 UE 接入网络的必要信息，主要包括： • 小区选择信息； • 小区接入信息（PLMN、TAC、CellID）； • SI 调度信息（SI 周期、窗长、SIB 映射等）； • 小区配置信息（频带、频点、带宽、初始 BWP 信道配置等）	周期广播
OSI	SIB2	小区重选参数（包括同频/异频/异系统重选参数）	周期广播或按需广播
	SIB3	同频邻区信息	周期广播或按需广播
	SIB4	异频邻区信息	周期广播或按需广播
	SIB5	异系统（EUTRAN）邻区信息	周期广播或按需广播
	SIB6	ETWS（地震预警）通知	周期广播或按需广播
	SIB7	ETWS（地震预警）补充通知	周期广播或按需广播
	SIB8	商用移动警报服务（Commercial Mobile Alert Service，CMAS）	周期广播或按需广播
	SIB9	GPS 时间信息	周期广播或按需广播

（1）5G RMSI 消息介绍。

UE 获取了 MIB 消息后，并不能完成后续的驻留和初始接入，因此 UE 需要继续读取必备的系统消息，这些系统消息称为 RMSI，RMSI 可以认为是 SIB1 消息。UE 需要通过 MIB 消息里面的 CORESET 配置，获取 RMSI 的信息，然后通过盲检流程获取 RMSI 的调度。

（2）5G OSI 消息介绍。

OSI（Other System Information）包括 SIB2～SIBn，OSI 承载在 PDSCH 支持周期性广播具有相同传输周期的 SIBs，映射到相同的 SI 信息中，不同传输周期的 SIBs 不能映射到同一个 SI 信息中，具有相同传输周期的 SIBs 可以映射到不同的 SI 信息中。

支持 ODOSI（On Demand OSI）广播。在 RRC CONNECTED 状态的 UE，通过专用信令来请求和传递 OSI，具体流程待协议明确；在 RRC IDLE 或 RRC INACTIVE 状态的 UE，如果 SIB1 中指示支持 ODOSI，则通过 MSG1 请求 OSI；否则，通过 MSG3 请求 OSI，具体细节待协议明确。

3. 5G 小区选择流程

NR 中的小区选择流程和 4G 类似，采用 S 准则进行判决，具体算法如下：

Srxlev>0 以及 Squal>0，其中：

Srxlev = Qrxlevmeas − （Qrxlevmin+Qrxlevminoffset）−Pcompensation−Qoffsettemp

Squal = Qqualmeas − （Qqualmin+Qqualminoffset）−Qoffsettemp

和 LTE 相比，主要的变化就是新增了 Qoffsettemp 参数，目前协议对该参数还未有详细的说明。在小区选择过程中，UE 是通过 SSB 的测量来获取 Qrxlevmeas 及 Qqualmeas 的。

4. 5G 空间接口随机接入场景

触发 RA 的事件有以下几类。

- Case 1：初始 RRC 连接建立。
- Case 2：RRC 连接重建。
- Case 3：切换。
- Case 4：失步状态下行数据到达。
- Case 5：失步状态上行数据到达。
- Case 6：NSA 接入。UE 在 LTE 小区接入后，添加 NR 小区时，在 NR 发起 RA。
- Case 7：基于 RA 请求 SI（系统消息）。UE 需要请求特定 SI 时会发起 RA。
- Case 8：UE 从 RRC_INACTIVE 到 RRC_CONNECTED 状态。
- Case 9：波束恢复。当 UE PHY 层检测到波束失步时，会通知 UE MAC 发起 RA。

基于非竞争的随机接入如图 9.4-5 所示。

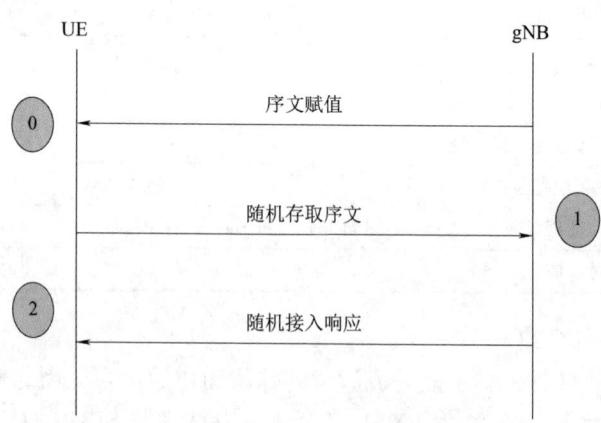

图 9.4-5 基于非竞争的随机接入

9.4.3 5G NSA 组网信令流程

1. 5G NSA 组网场景的承载选择

推荐采用 Option3x 组网的 SCG Split 承载进行空口分流承载，承载分类如表 9.4-4 所示。

表 9.4-4 5G NSA 组网场景的承载分类

承载分类	说明
MCG 承载	数据只在主站 eNB 上，NSA Option3/3a 场景
SCG 承载	数据只在辅站 gNB 上，NSA Option3a/3x 场景
MCG SP1 承载	数据经主站 eNB 空口分流，NSA Option3 场景
SCG SP1 承载	数据经辅站 gNB 空口分流，NSA Option3x 场景

2. 5G NSA 移动性流程

该流程包含 MeNB 触发和 SgNB 触发两类流程。

（1）MeNB 触发的 SgNB 修改包括以下场景：MeNB 站内切换；MeNB 触发承载建立、修改或释放。

（2）SgNB 触发的 SgNB 修改流程包括以下场景：SgNB 发生站内小区变更；SgNB 触发承载参数的变更。

9.4.4 5G SA 组网信令流程

SA 场景 UE 开机入网包含以下几个步骤。

（1）获得上下行同步。

侦听网络获得下行同步；随机接入，获取上行同步。

（2）建立 UE 到核心网的信令连接。

（3）完成到 NGC 的注册（类似于 LTE 的 Attach 流程）。

（4）完成 PDU 会话建立（类似于 LTE 的 PDN 建立流程）。

PDU 会话建立是独立于注册的流程，而 LTE 网络则是 Attach 流程中包含了默认承载建立流程。

1. 5G SA 业务请求流程

（1）何时触发（When）。用户注册之后，如果 UE 回到 Idle 模式，再发起业务时使用 Service Request 流程，也就是：当 UE 无 RRC 连接且有上行数据发起请求时；当 UE 处于 CM IDLE 状态且有下行数据达到时。

（2）触发原因（Why）。UE 触发（Service Request）、网络触发（寻呼+Service Request，或者网络对空闲状态 UE 发起信令过程（如注销等过程）。

2. 5G SA 系统内切换——站内切换

（1）CU 测量控制下发：源 DU 小区将测量控制信息通过 F1 接口传递给 CU，CU 通过 RRC 信令下发给 UE 同频切换使用 A3 事件。

（2）UE 测量结果上报：当测量结果满足 A3 上报条件时，UE 上报服务小区和邻区的测量结果。

（3）源 DU 小区切换判决：选择信号质量最好的邻区尝试切换。

（4）切换命令执行：下发 RRC 重配命令给 UE。

3. 5G SA 系统内切换——站间 Xn 切换

站间切换与站内切换的基本流程是一致的，主要区别在于信令流程站间切换分为 Xn 和 Ng 切换，信令流程涉及 Xn 或 Ng 接口，涉及的网元包括目标 gNB 和 AMF。

4. 5G SA 异系统切换流程

（1）基于覆盖范围的 HO（NR->LTE）：

当 UE 建立无线承载时，gNB 向 UE 发送测量配置信息，包含如果 gNB 收到 A2 事件，下发异系统 B2 测量及 A1 测量；收到 A1 事件报告，停止异系统切换测量。

（2）基于语言业务的 HO（EPSFallback）：

UE 在建立 Voice Flow（5QI=1）时，如果语音业务的承载策略是承载在 LTE 网络上，则 gNB 拒绝 Voice Flow 的建立，通知 UE 进行 B1 测量，当 UE 上报 B1 测量报告后，gNB 收到 B1 测量报告后，根据其携带的 PCI 找到符合条件的 LTE 小区 A2 测量的相关配置，UE 执行相关测量。

5. 总结

（1）5G 组网结构与策略：NSA（非独立组网）和 SA（独立组网）。

（2）5G 关键技术与物理层。

①高速率：大带宽、Massive MIMO（复用）、高阶调制、LDPC 码。

②高频效：F-OFDM、灵活的帧结构。

③覆盖增强：SUL（上下行解耦）、Massive MIMO（波束赋形）。

④低时延：CUDU 分离、自包含时隙。

（3）5G 无线网络信令流程：初始随机接入流程、NSA 入网流程及其移动性管理、SA 入网流程及其移动性管理。

9.5　5G 无线网络空中接口

1. 信道管理概述

（1）物理信道类型简述。

物理信道：负责编码、调制、多天线处理以及从信号到合适物理时频资源的映射。基于映射关系，高层一个传输信道可以服务物理层一个或几个物理信道。

（2）下行物理信道分成以下类型：

①PBCH（Physical Broadcast Channel）；

②PDCCH（Physical Downlink Control Channel）；

③PDSCH（Physical Downlink Shared Channel）。

（3）上行物理信道分成以下类型：

①PUCCH（Physical Uplink Control Channel）；

②PUSCH（Physical Uplink Shared Channel）；

③PRACH（Physical Random Access Channel）。

2. NR 物理信道和信号概述

NR 物理信道结构如图 9.5-1 所示。

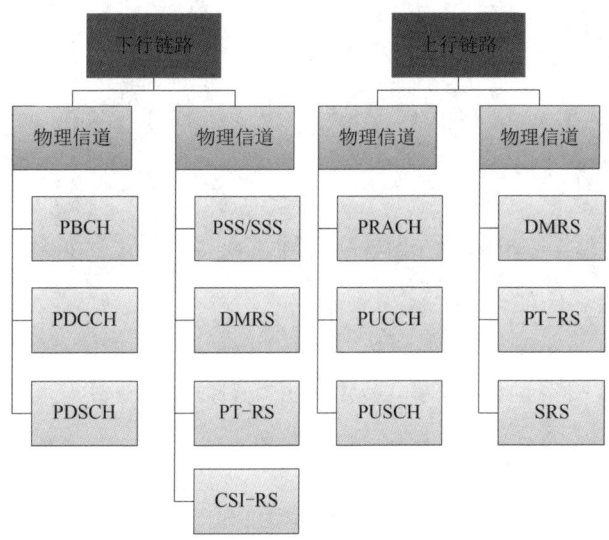

图 9.5-1　NR 物理信道结构

（1）NR 物理信道的使用场景。

①小区搜索涉及的物理信道：PSS/SSS->PBCH->PDCCH->PDSCH。

②随机接入涉及的物理信道：PRACH->PDCCH->PDSCH->PUSCH。

③下行数据传输涉及的物理信道：PDCCH->PDSCH->PUCCH/PUSCH。

④上行数据传输涉及的物理信道：PUCCH->PDCCH->PUSCH->PDCCH。

（2）下行物理信号设计全貌，如图 9.5-2 所示。

	LTE RS	功能小	NR RS
SS	SS（PSS/SSS）	小区下行同步	SS（PSS/SSS）
CRS	CRS	小区下行测量	CSI-RS/SSB
		PDCCH、PBCH 相干解调	DMRS for PBCH
			DMRS for PDCCH
DMRS	CRS、UE-RS	PDSCH 相干解调	DMRS for PDSCH
CSI-RS	CRS、CSI-RS	CSI 报告	CSI-RS
	—	波束管理（NR 新增功能）	
	—	相位跟踪（NR 新增功能）	PT-RS

图 9.5-2　下行物理信号设计

下行物理信道和信号时频域分布示意图如图 9.5-3 所示。

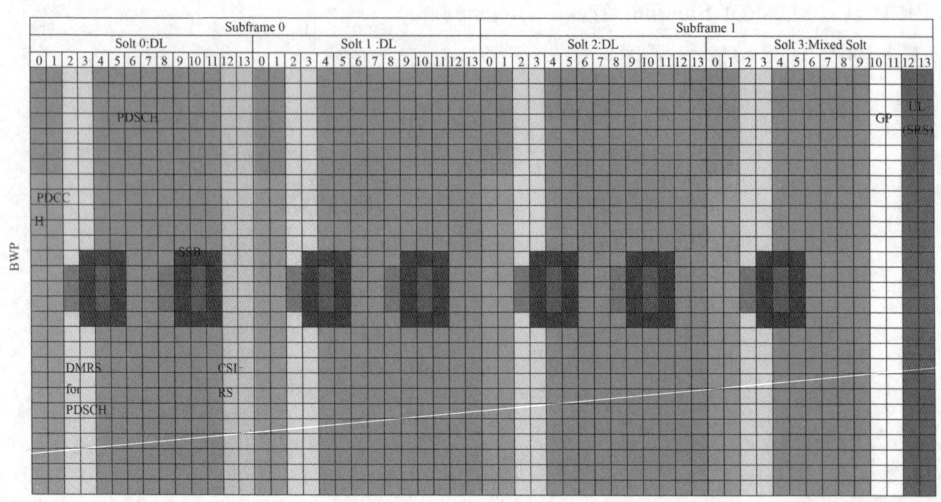

图 9.5-3　下行物理信道和信号时频域分布

3. SSB 概述

PBCH 和 PSS/SSS 作为一个整体出现，统称为 SSB。与 LTE 不同，PSS/SSS 可以灵活配置，不需要配置在载波的中心频点处，可以配置在载波的任意一个位置。

（1）SSB 的特点。

PBCH 和 PSS/SSS 使用相同的子载波间隔，并且每个频段使用的子载波间隔固定。

①PSS/SSS 介绍。

PSS：Primary Synchronization Signal，主同步信号。

SSS：Secondary Synchronization Signal，辅同步信号。

其主要作用是：用于 UE 进行下行同步，包括时钟同步、帧同步和符号同步；获取小区 ID。

特点是 PSS 和 SSS 都使用 PN 序列；PSS 在时域上占用一个符号，频域上占用 127 个 RE。

②PBCH 介绍。其主要作用是用于获取用户接入网络中的必要信息，如系统帧号 SFN、初始 BWP 的位置和大小信息。

其特点与 LTE 不同，NR 中 PBCH 信道和 PSS/SSS 组合在一起，在时域上占用连续 4 个符号，频域上占用 20 个 RB，组成一个 SS/PBCH block；其中 PBCH 信道占用 SS/PBCH block 中的符号 1 和符号 3，还占用符号 2 中的一部分。

（2）PBCH 的 DMRS 设计。

PBCH 信道的每个 RB 中包含 3 个 RE 的 DMRS 导频，为避免小区间 PBCH DMRS 干扰，3GPP 中定义 PBCH 的 DMRS 在频域上根据小区 Cell ID 错开。也就是说，DM-RS 在 PBCH 的位置 $\{0+v, 4+v, 8+v, \cdots\}$，$v$ 为 PCI mod 4 的值。

（3）SSB 发送机制。

为支持 Massive MIMO，5G 中将 PSS/SSS 和 PBCH 组合在一起，称为 SSB block，每个 SSB block 都能够独立解码，并且 UE 解析出一个 SSB 后，可以获取小区 ID、SFN 以及 SSB

Index（类似于波束 ID）等信息。

针对 Sub3G，定义最多配置 4 个 SSB block（最新协议中 TDD 系统的 2.4~6 GHz 也可以配置 8 个）；对于 Sub3G~Sub6G，定义最多配置 8 个 SSB block；Above 6G 定义了最多配置 64 个 SSB block。

4. PDCCH 信道概述

PDCCH 主要发送下行调度信息、上行调度信息、SFI（Slot Format Indicator）和功控命令等。小区 PDCCH 时域上占据 1 个 Slot 的前几个符号，最多为 3 个符号。PDCCH 时域位置：PDCCH 信道在 D slot 和 S slot 上映射，默认从第一个符号开始。

1）CORESET 介绍

LTE 中 PDCCH 资源相对固定，频域为整个带宽，时域上为 1~3 个符号，而 NR 里的 PDCCH 时域和频域的资源都是灵活的，因此 NR 中引入了 CORESET 的概念来定义 PDCCH 的资源。频域上，CORESET 包含若干个 PRB，最小为 6 个；时域上，符号数为 1~3，一个 CORESET 可以包含多个 CCE。

每个小区可以配置多个 CORESET（0~11），其中 CORES T0 用于 RMSI 的调度，CORESET 必须包含在对应的 BWP 里面。

2）COREST 和 Search Space

（1）CORESET（Control-Resource Set）和 Search Space。

CCE 是 PDCCH 传输的最小资源单位，1 个 CCE 包含 6 个 REG，一个 REG 对应一个 RB。

①CORESET 主要指示 PDCCH 占用符号数（时域）、RB 数（频域）以及 Slot 周期和偏置等，通过 RRC 信令进行配置。

每个用户盲检 PDCCH 的搜索空间（Search Space）是通过 CORESET 进行指示的。

②Search Space 包括公共搜索空间和专有搜索空间。

UE 侧在配置的 CORESET 内，对于不同聚集级别进行盲检。

（2）CCE 资源分配。

CCE（Control-Channel Element）是 PDCCH 传输的最小资源单位，不同 DCI Format 承载不同长度的有效载荷，按照编码速率的不同，gNB 能够将 1、2、4、8、16 个 CCE 聚合起来组成一个 PDCCH。

（3）CCE 最大盲检次数。

为了减少 CCE 盲检次数，协议中对每种 CCE 聚合级别的搜索空间大小做了限制，每个 UE 的搜索空间和 UE 的 C-RNTI 相关。协议中定义了每个 Slot 的最大盲检次数，如表 9.5-1 所示。

表 9.5-1　每个 Slot 的最大盲检次数

μ	最大盲检次数/时隙 $M_{\mathrm{PDCCH}}^{\max,\mathrm{slot},\mu}$
0	44
1	36
2	22
3	20

5. PDSCH 信道概述

PDSCH 由 DCI1_0 和 DCI1_1 进行资源分配，最大的 HARQ 进程为 16 个，由 RRC 高层进行配置，最大码字数为 2 个，最大层数为 8。

1）PDSCH 资源映射

（1）Type A 映射：PDSCH 起始符号数为 {0，1，2，3}，长度为 3~14 个符号。该类型主要用于 eMBB 场景。

（2）Type B 映射：PDSCH 起始符号为 0~12，长度为 {2，4，7}，主要用于自包含时隙。

2）PDSCH 资源分配

和 LTE 类似，NR 中 PDSCH 的频域资源分配分为 bitmap 和 RIV 两种方式，但是 NR 中不支持 LTE Type1 的复杂分配方式。

（1）DMRS for PDSCH。

①作用：用于 PDSCH 解调时的信道估计。

②DMRS 分类：不同的时域位置。

● Front Loaded（FL）DMRS：前置 DMRS，1~2 符号，默认需要配置。

● Additional（Add）DMRS：额外 DMRS，1~3 符号，由高层参数 UL-DMRS-add-pos 配置有无和符号位置。

（2）DMRS 类型：支持最大端口数不同。

①Type1：单符号最大支持 4 端口，双符号最大支持 8 端口。

②Type2：单符号最大支持 6 端口，双符号最大支持 12 端口。

6. CSI-RS 概述

1）CSI-RS 的主要功能和主要分类

（1）CSI 获取：用于信道状态信息（CSI）测量，UE 上报的内容包括 CQI、PMI、RI（Rank Indicator）和 LI（Layer Indicator）。

（2）波束管理：用于波束测量，UE 上报的内容包括 L1-RSRP、CRI（CSI-RS Resource Indicator）、TRrSaRcPking RS [用于精细化时频偏跟踪（频率校正）]。

2）CSI-RS 的设计原则和特点

（1）稀疏性：时频域密度低、开销小，支持的最大端口数可到 32 序列生成和 Cell ID。

（2）解耦：扰码 ID 由高层参数配置。

（3）资源配置灵活：UE-specific 配置时频资源。

3）CSI-RS 的资源配置

信道质量测量与时频偏测量的 CSI-RS 通过 RRC 信令配置，如图 9.5-4 所示。

PT-RS：Phase noise Tracking RS。

NR 新引入的参考信号，用于跟踪相位噪声的变化，主要用于高频段。

（1）相位噪声。

①产生：系统如射频器件在各种噪声（随机性白噪声、闪烁噪声）等作用下引起系统输出信号相位的随机变化。

②影响：恶化接收段 SNR，造成大量误码，从而直接限制高阶星座调制的使用，严重

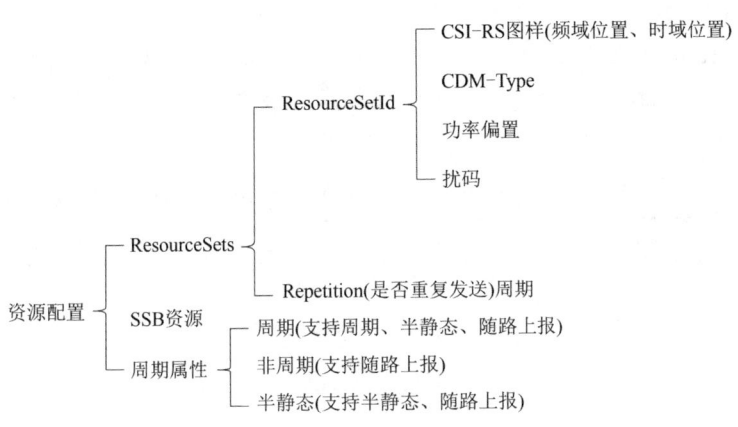

图 9.5-4 CSI-RS 资源配置

影响系统容量。

③频段差异：在低频段（Sub6G）影响较小；在高频段（Above 6G）下由于参考时钟源的倍频次数大幅增加以及器件工艺水平和功耗等原因，相位噪声响应大幅增加，影响尤为突出。

（2）应对方式。引入相位噪声跟踪参考信号 PT-RS 以及相位估计补偿算法，增大子载波间隔，减少相位噪声带来的 ICI 和 ISI 的影响，提升本振器件质量，降低相位噪声。

7. PRACH 信道概述

小区搜索之后，UE 通过随机接入过程与小区建立连接并取得上行同步。PRACH 信道用于传输 Preamble 序列。gNB 通过测量 Preamble 获得其与 UE 之间的传输时延，并将上行时间信息通过定时提前指令告知 UE。

1）PRACH 资源

（1）时域：时域位置（System Frame，Subframe，Slot，Symbol）、长度、周期。

（2）频域：起始 RB、所占的 RB 数。

（3）码域：Preamble 序列。

2）PRACH 信道格式——长格式序列

按照 Preamble 序列长度，分为长序列和短序列两类前导。

长序列沿用 LTE 设计方案，共 4 种格式，不同格式下支持的最大小区半径和典型场景如表 9.5-2 所示。

表 9.5-2 长序列不同格式下支持的最大小区半径和典型场景

格式	序列长度	子载波间隔/kHz	时域总长/ms	占用带宽/MHz	最大小区半径/km	典型场景
0	839	1.25	1.0	1.08	14.5	低速 & 高速，常规半径
1	839	1.25	3.0	1.08	100.1	超远覆盖
2	839	1.25	3.5	1.08	21.9	弱覆盖
3	839	5.0	1.0	4.32	14.5	超高速

3）PRACH 信道格式——短格式序列

短序列为 NR 新增格式，R15 共 9 种格式，子载波间隔 Sub6G 支持 {15，30} kHz，Above6G 支持 {60，120} kHz，不同格式下支持的最大小区半径和典型场景如表 9.5-3 所示。

表 9.5-3　短序列不同格式下支持的最大小区半径和典型场景

格式	序列长度	子载波间隔	时域总长/ms	占用带宽/MHz	最大小区半径/km	典型场景
A1	139	$15 \cdot 2^\mu$ （$\mu=0$，1，2，3）	$0.14/（2^\mu）$	$2.16 \cdot 2^\mu$	$0.937/（2^\mu）$	小小区
A2	139	$15 \cdot 2^\mu$	$0.29/（2^\mu）$	$2.16 \cdot 2^\mu$	$2.109/（2^\mu）$	正常小区
A3	139	$15 \cdot 2^\mu$	$0.43/（2^\mu）$	$2.16 \cdot 2^\mu$	$3.515/（2^\mu）$	正常小区
B1	139	$15 \cdot 2^\mu$	$0.14/（2^\mu）$	$2.16 \cdot 2^\mu$	$0.585/（2^\mu）$	小小区
B2	139	$15 \cdot 2^\mu$	$0.29/（2^\mu）$	$2.16 \cdot 2^\mu$	$1.054/（2^\mu）$	正常小区
B3	139	$15 \cdot 2^\mu$	$0.43/（2^\mu）$	$2.16 \cdot 2^\mu$	$1.757/（2^\mu）$	正常小区
B4	139	$15 \cdot 2^\mu$	$0.86/（2^\mu）$	$2.16 \cdot 2^\mu$	$3.867/（2^\mu）$	正常小区
C0	139	$15 \cdot 2^\mu$	$0.14/（2^\mu）$	$2.16 \cdot 2^\mu$	$5.351/（2^\mu）$	正常小区
C2	139	$15 \cdot 2^\mu$	$0.43/（2^\mu）$	$2.16 \cdot 2^\mu$	$9.297/（2^\mu）$	正常小区

4）PRACH 时域位置

PRACH 时域位置由帧号、子帧号、槽编号、时机编号确定，如图 9.5-5 所示。

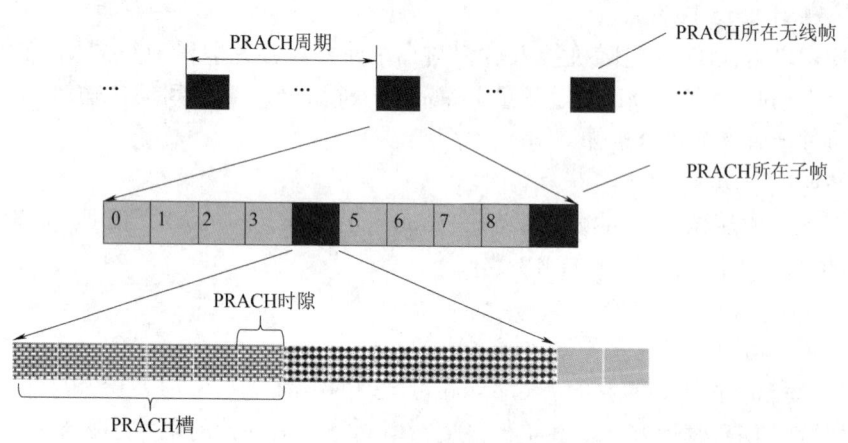

图 9.5-5　PRACH 时域位置

8. PUCCH 概述

1）主要作用

传输上行 L1/L2 控制信息以支持上/下行数据传输。上行 L1/L2 控制信息 UCI（Uplink Control Info）包括以下内容。

（1）SR（Scheduling Request）：用于上行 UL-SCH 资源请求。

（2）HARQ ACK/NACK：用于 PDSCH 上发送数据的 HARQ 确认。

（3）CSI：包括 CQI、PMI、RI、LI 等。

与下行控制信息 DCI 相比，UCI 内携带的信息内容较少（只需要告诉 gNB 不知道的信息）；DCI 只能在 PDCCH 中传输，而 UCI 既可在 PUCCH 中传输，也可在 PUSCH 中传输。

2）特点

（1）和 LTE 相比，增加了 Short PUCCH 格式（1~2 符号），可用于短时延场景下的快速反馈（Self-contained 传输）。

（2）Long PUCCH 符号数进行了增强（4~14 符号），支持不同 Slot 格式下的 PUCCH 传输。

（3）3GPP R15 不支持同一用户 PUCCH 和 PUSCH 并发，如 UCI 和 UL Data 同时出现，UCI 在 PUSCH 中传输。

9.6　本章小结

本章以移动通信的发展过程为基础，首先讲述 5G 网络体系和基本工作原理；然后讲解 5G 系统的关键技术、5G 组网技术、5G 信令流程；最后讲解 5G 无线网络空中接口。在讲解 5G 网络基本原理和关键技术的同时，还介绍了相关领域当前的研究热点以及相关的其他网络体系的结构。使学生掌握 5G 系统的基本结构和工作原理，理解 5G 关键技术理论的现状和在实际系统中的具体应用，了解 5G 系统的应用和发展前景。

思考与练习

9.1　5G 网络的 3 个主要应用场景是什么？请举例简要说明。

9.2　5G 网络的部署有哪两种方式？

9.3　5G NGC 核心网网元都有哪些？

9.4　5G 体系架构 3 个面是哪些？

第 10 章　6G 技术展望

学习指引

社会发展将带来大量新的技术场景，6G 将实现万物智联，大量场景需要低成本、高精度、高可靠性的室内外定位服务系统。以太赫兹通信技术、SM-MIMO 超大规模天线阵列、人工智能和融合一体化的网络架构等技术为代表的 6G 移动通信技术，力图给我们将来在全球范围内使用移动网络的方式带来翻天覆地的变化。本课程配套的在线开放课程资源在超星网络平台可以帮助学生进行学习。

本章重难点

（1）掌握 6G 网络的概念及愿景。
（2）了解潜在的 6G 关键技术的发展及应用。

知识目标

（1）掌握 6G 网络的概念及愿景。
（2）了解潜在的 6G 关键技术的发展及应用，从而加深对移动通信理论知识的理解，具备较扎实的移动通信理论基础知识，并了解移动通信领域发展的前沿知识。

能力目标

（1）培养学生对 6G 网络应用范围的认知能力。
（2）培养学生对 6G 网络关键应用发展的创新能力。

素质目标

（1）培养学生具有深厚的爱国情感和中华民族自豪感，打造高素质复合型应用型通信人才。
（2）培养学生具有不断进取、勇于创新和自主创业的精神。

10.1　6G 概念及愿景

10.1.1　前言

当前，全球新一轮科技革命和产业变革正在加速演进，人工智能（AI）、VR/AR、三维（3D）媒体和物联网等新一代信息通信技术的广泛应用产生了巨大的传输数据。资料显示，2010 年全球移动数据流量为 7.462 EB/月，而到 2030 年，这一数字将达到 5 016 EB/月，移动数据流量的快速增长对移动通信系统的迭代提出了更高的要求。此外，在制造、交通、教育、医疗和商业等社会的各个领域，智能化正成为不可逆转的趋势。为了实现智慧城市的愿景，数百万个传感器将被嵌入到城市中的车辆、楼房、工厂、道路、家居和其他环境中，需要具有可靠连接性的无线高速通信方式来支持这些应用。随着通信需求的提升，移动通信从 1G 逐步发展至现在的 5G，并且 5G 已经在全球范围内开始大规模部署。5G 与 4G 相比，能够提供新功能并实现更好的服务质量（QoS）。尽管如此，以数据为中心的智能化系统的快速增长对 5G 无线系统的能力带来了巨大挑战。例如，要保证虚拟现实（VR）设备良好的用户体验，至少需要 10 Gb/s 的数据速率，这已经是超越 5G（B5G）后才能实现的目标。为了克服 5G 应对新挑战的性能限制，需要开发具有新功能特性的 6G 无线系统。一方面，6G 要实现对传统蜂窝网络所有功能的融合，如支持网络致密化、高吞吐量、高可靠性、低能耗以及大规模连接；另一方面，6G 将运用新技术实现服务和业务的拓展，包括 AI、智能可穿戴设备、自动驾驶汽车、扩展现实（XR）和 3D 投影等。从 6G 愿景、6G 应用场景、6G 网络性能指标、6G 潜在关键技术、国际组织和各国 6G 研究进展等方面展开讨论，并提出加快我国推进 6G 研发的相关建议。

10.1.2　从 5G 走向 6G：打通虚实空间泛在智联的统一网络

自 20 世纪 80 年代以来，移动通信基本上以 10 年为周期出现新一代革命性技术（图 10.1-1），持续加快信息产业的迭代升级，不断推动经济社会的繁荣发展，如今已成为连接人类社会不可或缺的基础信息网络。从应用和业务层面来看，4G 之前的移动通信主要聚焦于以人为中心的个人消费市场，5G 则以更快的传输速度、超低的时延、更低功耗及海量连接实现了革命性的技术突破，消费主体将从个体消费者向垂直行业和细分领域全面辐射。特别是在 5G 与人工智能、大数据、边缘计算等新一代信息技术融合创新后，能够进一步赋能工业、医疗、交通、传媒等垂直行业，更好地满足物联网的海量需求以及各行业间深度融合的要求，从而实现从万物互联到万物智联的飞跃。

5G 的目标是在满足个人用户信息消费需求的同时，向社会各行业和领域广泛渗透，实现移动通信网络从消费型应用向产业型应用的升级。尽管当前 5G 尚未大规模应用和深入渗透，但从 5G 标准的规范来看，仍然在信息交互方面存在空间范围受限和性能指标难以满足某些垂直行业应用的不足。例如，从通信网络空间覆盖范围看，5G 仍然是以基站为中心的发散覆盖，在基站所未覆盖的沙漠、无人区、海洋等区域内将形成通信盲区，预计 5G 时代仍将有 80% 以上的陆地区域和 95% 以上的海洋区域无移动网络信号。此外，5G 的通信对象集中在陆地地表 10 km 以内高度的有限空间范围，无法实现"空天海地"无缝覆盖的通信

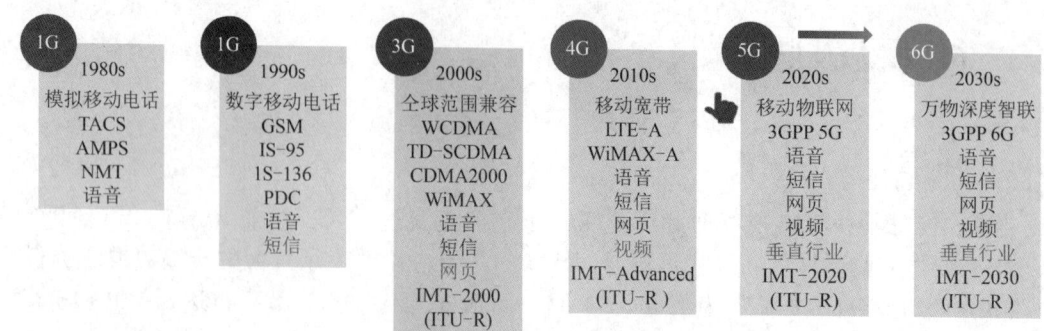

图 10.1-1　移动通信发展历程

愿景。从行业应用的网络性能需求看，更大的连接数密度、更大的传输带宽、更低的端到端时延、更高的可靠性和确定性以及更智能化的网络特性，是移动通信网络与垂直行业融合应用得以快速推广和长远发展的必然需要。例如，对于智能工厂，6G 能够将时延缩减至亚秒（小于 1 ms）级甚至微秒（μs）级，从而能够逐步取代工厂内机器间的有线传输，实现制造业更高层级的无线化和弹性化。另外，目前 5G 的连接数密度约为每平方米一个连接设备，随着传感器技术和物联网应用的发展，在很多应用场景下每平方米连接的设备数量将超过 1 个，5G 网络将无法承担更大连接设备的接入，必须依赖下一代 6G 网络超大连接数性能的支撑。

　　基于上述，我们认为 6G 总体愿景是基于 5G 愿景的进一步扩展和升级。从网络接入方式看，6G 将包含多样化的接入网，如移动蜂窝、卫星通信、无人机通信、水声通信、可见光通信等多种接入方式。从网络覆盖范围看，6G 愿景下将构建跨地域、跨空域、跨海域的空—天—海—地一体化网络，实现真正意义上的全球无缝覆盖。从网络性能指标看，6G 无论是传输速率、端到端时延、可靠性、连接数密度、频谱效率还是网络能效等方面都会有大的提升，从而满足各种垂直行业多样化的网络需求。从网络智能化程度看，6G 愿景下网络和用户将作为统一整体，AI 在赋能 6G 网络的同时，更重要的是深入挖掘用户的智能需求，每个用户都将通过 AI 助理（AI Assistant，AIA）提升用户体验。从网络服务的边界看，6G 的服务对象将从物理世界的人、机、物拓展至虚拟世界的"境"，通过物理世界和虚拟世界的连接，实现人—机—物—境的协作，满足人类精神和物质的全方位需求。

10.1.3　6G 应用场景展望

　　6G 未来将以 5G 提出的三大应用场景（大带宽、海量连接、超低延迟）为基础，不断通过技术创新来提升性能和优化体验，并且进一步将服务边界从物理世界延拓至虚拟世界，在人—机—物—境完美协作的基础上，探索新的应用场景、新的业务形态和新的商业模式。

1. 人体数字孪生

　　当前网络条件下，数字技术对人体健康的监测主要应用于宏观身体指标监测和显性疾病预防等方面，实时性和精准性有待进一步提高。随着 6G 技术的到来，以及生物科学、材料科学、生物电子医学等交叉学科的进一步成熟，未来有望实现完整的"人体数字孪生"，即通过大量智能传感器（大于 100 个/人）在人体的广泛应用，对重要器官、神经系统、呼吸系统、泌尿系统、肌肉骨骼、情绪状态等进行精确实时的"镜像映射"，形成一个完整人体的虚拟世界的精确复制品，进而实现人体个性化健康数据的实时监测。此外，结合核磁、CT、彩超、血常规、尿生化等专业的影像和生化检查结果，利用 AI 技术可对个体提供健康状况精准评估和及时干预，并且能够为专业医疗机构下一步精准诊断和制定个性化的手术方案提供重要参考。

2. 空中高速上网

为了给乘客提供飞机上的空中上网服务，4G/5G 时代通信界为此做过大量的努力，但总体而言，目前飞机上的空中上网服务仍然有很大的提升空间。当前空中上网服务主要有两种模式，即地面基站模式和卫星模式。如采用地面基站模式，由于飞机具备移动速度快、跨界幅度大等特点，空中上网服务将面临高机动性、多普勒频移、频繁切换以及基站覆盖范围不够广等带来的挑战。如采用卫星通信模式，空中上网服务质量可以相对得到保障，但是成本太高。为了解决这一难题，6G 将采用全新的通信技术以及超越"蜂窝"的新颖网络架构，在降低网络使用成本的同时，保证在飞机上为用户提供高质量的空中高速上网服务。

3. 基于全息通信的 XR

虚拟现实与增强现实（VR/AR）被业界认为是 5G 最重要的需求之一。影响 VR/AR 技术、应用和产业快速发展的一大因素是用户使用的移动性和自由度，即不受所处位置的限制，而 5G 网络能够提升这一性能。随着技术的快速发展，可以预期 10 年以后（2030—），信息交互形式将进一步从 VR/AR 逐步演进至高保真扩展现实（XR）交互为主，甚至是基于全息通信的信息交互，最终将全面实现无线全息通信。用户可随时随地享受全息通信和全息显示带来的体验升级——视觉、听觉、触觉、嗅觉、味觉乃至情感，将通过高保真 XR 充分被调动，用户将不再受到时间和地点的限制，以"我"为中心享受虚拟教育、虚拟旅游、虚拟运动、虚拟绘画、虚拟演唱会等完全沉浸式的全息体验。

4. 新型智慧城市群

随着数字时代的不断演进，通信网络成为智慧城市群不可或缺的公共基础设施。对城市管理部门而言，城市公共基础设施的建设和维护是重要职责。目前，由于不同的基础设施由不同的部门分别建设和管理，绝大部分城市公共基础设施的信息感知、传输、分析、控制仍处于各自为政现状，缺乏统一的平台。作为城市群的基础设施之一，6G 将采用统一网络架构，引入新业务场景，构建更高效、更完备的网络。未来 6G 网络可由多家运营商投资共建，采用网络虚拟化技术、软件定义网络和网络切片等技术将物理网络和逻辑网络分离。人工智能（AI）深度融入 6G 系统，将在高效传输、无缝组网、内生安全、大规模部署、自动维护等多个层面得到实际应用。

5. 全域应急通信抢险

6G 将由地基、海基、空基和天基网络构建成分布式跨地域、跨空域、跨海域的空—天—海—地一体化网络。到 2030 年以后，"泛在连接"将成为 6G 网络的主要特点之一，完成在沙漠、深海、高山等现有网络盲区的部署，实现全域无缝覆盖。依托其覆盖范围广、灵活部署、超低功耗、超高精度和不易受地面灾害影响等特点，6G 通信网络在应急通信抢险、"无人区"实时监测等领域应用前景广阔。例如，在发生地震等自然灾害造成地面通信网络毁坏时，可以整合天基网络（卫星）和空基网络（无人机）等通信资源，实现广域无缝覆盖、随时接入、资源集成支撑应急现场远距离保障和扁平化的应急指挥。此外，利用6G网络还可以对沙漠、海洋、河流等容易发生自然灾害的区域进行实时动态监控，提供沙尘暴、台风、洪水等预警服务，将灾害损失降到最低。

6. 智能工厂 PLUS

利用6G网络的超高带宽、超低时延和超可靠等特性，可以对工厂内车间、机床、零部件等运行数据进行实时采集，利用边缘计算和AI等技术，在终端侧直接进行数据监测，并且能够实时下达执行命令。6G中引入了区块链技术，智能工厂所有终端之间可以直接进行数据交互，而不需要经过云中心，实现去中心化操作，提升生产效率。不仅限于工厂内，6G可保障对整个产品生命周期的全连接。基于先进的6G网络，工厂内任何需要联网的智能设备/终端均可灵活组网，智能装备的组合同样可根据生产线的需求进行灵活调整和快速部署，从而能够主动适应制造业个人化、定制化C2B的大趋势。智能工厂PLUS将从需求端的客户个性化需求、行业的市场空间，到工厂交付能力、不同工厂间的协作，再到物流、供应链、产品及服务交付，形成端到端的闭环，而6G贯穿于闭环的全过程，扮演着重要角色。

7. 网联机器人和自治系统

目前，一些汽车技术研究人员正在研究智能网联汽车。6G有助于网联机器人和自主系统的部署，无人机快递系统就是这样一个案例。基于6G无线通信的自动车辆可以极大地改变人们的日常生活方式。6G系统将促进自动驾驶汽车或无人驾驶汽车的规模部署和应用。自动驾驶汽车通过各种传感器来感知周围环境，如光探测和测距（LiDAR）、雷达、GPS、声呐、里程计和惯性测量装置。6G系统将支持可靠的车与万物相连（V2X）以及车与服务器之间的连接。对于无人机（UAV），6G将支持无人机与地面控制器之间的通信。无人机在军事、商业、科学、农业、娱乐、城市治理、物流、监视、航拍、抢险救灾等许多领域都有广阔的应用空间。此外，当蜂窝基站不存在或者不工作时，无人机可以作为高空平台站（HAPS）为该区域的用户提供广播和高速上网服务。

10.1.4 6G 网络性能指标及潜在关键技术

1. 性能指标

6G网络将实现甚大容量与极小距离通信（VLC&TIC）、超越尽力而为与高精度通信（BBE&HPC）和融合多类通信（ManyNet），相较于5G，6G的峰值速率、用户体验速率、时延、流量密度、连接数密度、移动性、频谱效率、定位能力、频谱支持能力和网络能效等关键指标都有了明显的提升。6G与5G关键性能对比如表10.1-1所示。

表 10.1-1 6G 与 5G 关键性能对比

指标	6G	5G	提升效果
速率指标	峰值速率：100 Gb/s～1 Tb/s 用户体验速率：1 Gb/s	峰值速率：10～20 Gb/s 用户体验速率：0.1～1 Gb/s	10～100 倍
时延指标	0.1 ms，接近实时处理海量数据时延	1 ms	10 倍

指标	6G	5G	提升效果
流量密度	100~10 000（Tb/s）/km	10（Tb/s）/km	10~1 000 倍
连接数密度	最大连接密度可达 1 亿个连接/km	100 万个/km	100 倍
移动性	大于 1 000 km/h	500 km/h	2 倍
频谱效率	200~300（b/s）/Hz	可达 100（b/s）/Hz	2~3 倍
定位能力	室外 1 m，室内 10 cm	室外 10 m，室内几米甚至 1 m 以下	10 倍
频谱支持能力	常用载波带宽可达到 20 GHz，多载波聚合可能实现 100 GHz	Sub6G 常用载波带宽可达 100 MHz，多载波聚合可能实现 200 MHz；毫米波频段常用载波带宽可达 400 MHz，多载波聚合可能实现 800 MHz	50~100 倍
网络能效	可达到 200 b/J	可达 100 b/J	2 倍

2. 潜在关键技术

1）下一代信道编码及调制技术

针对各国及相关产业界愿景设想，6G 网络将实现 100 Gb/s 的数据速率，使用高于 275 GHz 频段的太赫兹（THz）频段，信道带宽也是以 GHz 为单位。同时面临毫米波、空间、海洋等更为复杂的业务传输场景，对底层的信道编码及调制相关技术提出新的挑战。

（1）新一代信道编码技术。

作为无线网络通信的基础技术，新一代信道编码技术应提前对 6G 网络的 Tb/s 吞吐量、GHz 为单位的大信道带宽、太赫兹（THz）信道特性、空天海地网络架构下基于复杂场景干扰的传输模型特征进行研究和优化，对信道编码算法和硬件芯片实现方案进行验证和评估。目前业界已经开始了一些预先研究，包括结合现有 Turbo、LDPC、Polar 等编码机制，开展未来通信场景应用的编码机制和芯片方案；针对 AI 技术与编码理论的互补研究，开展突破纠错码技术的全新信道编码机制研究等。与此同时，针对 6G 网络多用户/多复杂场景信息传输特性，综合考虑干扰的复杂性，对现有的多用户信道编码机制进行优化。

（2）极化多址接入系统的设计与优化。

当前业界普遍观点是非正交多址接入（Non-Orthogonal Multiple Access，NOMA）将成为当前 5G 和下一代 6G 移动通信的代表性多址接入技术，将当前极化编码技术引入上述系统，依据广义极化的总体原则，优化信道极化分解方案是 5G/6G 发展中不可或缺的一环。由此可见，6G 网络将进一步赋能极化多址接入系统的设计与优化，可以结合 6G 网络和业务场景的需求，对 NOMA 总体架构和关键技术进行深入研究和升级，构建基于多用户（智能化、泛在化"物—物"连接）原则的极化编码通信机制，对相应的算法做进一步优化处理。

（3）基于深度学习的信号处理技术。

结合 6G 无线通信关键参数，需要对基于深度学习的信号处理技术进行深入研究和优化，业界目前从基于深度学习的信道估计技术和基于深度学习的干扰检测与抵消技术开展相关工作。基于深度学习的信道估计技术可以通过空—时—频三维信道估计算法建模，对用户信道、传输环境等关键参数进行自主学习，对 6G 通信系统信道进行预测，主要涉及神经网络、长/短期记忆网络等关键技术。基于深度学习的干扰检测与抵消技术主要针对 6G 网络复杂多小区场景的干扰进行自主学习和预测，优化干扰检测与抵消机制主要基于 CNN、LSTM 等经典神经网络模型。

2）新一代天线与射频技术

6G 系统频段可达太赫兹（THz），天线体积小型化，业界称 6G 系统天线将是"纳米天线"，给传统天线及射频、集成电子和新材料等领域带来颠覆性变革，赋能超大规模天线技术、一体化射频前端系统关键技术等。

（1）超大规模天线技术。

超大规模天线技术（Very Large Scale Antenna，VLSA）是更好发挥天线增益、提升通信系统频谱效率的重要手段。当前 6G 太赫兹频谱特性研究还处于初级阶段，超大规模天线在理论和工程设计上面临大范围跨频段、空—天—海—地全域覆盖理论与技术设计、射频电路的高功耗和多干扰等问题，需要从以上问题出发，建立新型大规模阵列天线设计理论与技术、高集成度射频电路优化设计理论与实现方法以及高性能大规模模拟波束成形网络设计技术、新型电子材料及器件研发关键技术等机制，研制实验样机，支撑系统性能验证。

（2）一体化射频前端系统关键技术。

针对 6G 移动通信高集成、大容量等技术特性，应对 6G 网络可用频段范围内大规模天线和射频前端技术进行研究。针对核心频段技术要求和电路建模理论，优化天线架构和系统集成技术。探索高效率易集成收/发前端关键元部件以及辐射、散热等关键技术问题，突破超大规模 MIMO 前端系统技术等。同时研究新型器件设计方法，探索基于第三代化合物半导体芯片的集成与封装技术。研究从封装方面提升电路性能的方法，实现毫米波芯片、封装与天线一体化，优化前端系统的整体射频性能。

3）太赫兹无线通信技术与系统

太赫兹技术被业界评为"改变未来世界的十大技术"之一，6G 的一个显著特点就是迈向太赫兹时代。当前，太赫兹通信关键技术研究还不够成熟，很多关键器件还没有研制成功，需要持续突破。结合 6G 网络和业务需求，太赫兹领域主要研究内容包括：太赫兹空间和地面通信和信道传输理论，如信道测量、建模和算法等；太赫兹信号编码调制技术，如高速高精度的捕获和跟踪机制、波形 & 信道编码、太赫兹直接调制、太赫兹混频调制和太赫兹光电调制等；太赫兹天线和射频系统技术，如新材料研发、新器件研制、太赫兹通信基带、天线关键技术、高速基带信号处理技术和集成电路设计方法等；太赫兹通信系统实验、太赫兹硬件及设备研制等。

4）空—天—海—地一体化通信技术

业界有观点认为，6G 网络是 5G 网络、卫星通信网络及深海远洋网络的有效集成，卫星通信网络涵盖通信、导航、遥感遥测等各个领域，实现空—天—海—地一体化的全球连接。空—天—海—地一体化网络将优化陆（现有陆地蜂窝、非蜂窝网络设施等）、海（海上及海下通信设备、海洋岛屿网络设施等）、空（各类飞行器及设备等）、天（各类卫星、地球站、空间飞行器等）基础设施，实现太空、空中、陆地、海洋等全要素覆盖。当前，卫星通信纳入 6G 网络作为其中一个重要子系统得到普遍认可，需要对网络架构、星间链路方案选择、天基信息处理、卫星系统之间互联互通等关键技术进行深入研究。针对深海远洋通信网络纳入 6G 网络还处于初步论证、争议较大的环节。

5）软件与开源网络关键技术

6G 网络软件和开源的特性将更为明显，以便于软、硬件换代升级更加便利和高效。6G 网络的硬件将更为集成化、模块化和白盒化，软件将更为本地化、个性柔性化和开源化，未来网络基础设施建设和优化升级将主要依托云存储资源和软件升级，充分挖掘各类软件与系统对 6G 网络的控制作用。基于上述发展趋势，现有软件与开源网络关键技术将得到持续发展，包括大数据挖掘及处理、人工智能（AI）、软件无线电（SDR）、软件定义网络（SDN）、数据云化、开源分布式网络软件以及系统、开源网络安全、软硬件系统集成等关键技术。

6）基于 AI 的无线通信技术

6G 网络不可避免涉及高密度网络、天线阵列和数据量等通用问题，但高度自主智能化的超灵活网络是其最为明显的特征之一。6G 智能化应该是贯穿于网络端到端每一个环节的，AI 将通过网络数据、业务数据、用户数据等多维数据感知学习，高效实现地面、卫星、机载等设备之间的无缝连接，并可进行实时、高速切换，网络的自主管理和控制学习系统将持续得到优化升级，最终实现"无人驾驶"一样的自主自治网络。关键技术包括智能核心网和智能边缘网络、自组织和深度学习网络技术，基于深度学习的信道编译码技术，基于深度学习的信号估计与检测技术，基于深度学习的无线资源分配技术等。

7）区块链技术

5G 网络运营商为了优化服务，采用网络切片等技术控制和处理流量，开展用户差异化质量服务。6G 网络将持续完善用户个性化定制服务，采取更为丰富的手段，针对流量管理、边缘计算等进行每个用户的智能化柔性定制服务，整个网络体系采用自动化分布架构，网络更加趋于扁平化，这就使新兴的区块链技术备受期待。区块链是分布式数据库，可以利用其分布式信息处理技术，通过数据的去中心化传输和存储保证用户信息不被第三方窃取，稳步提升网络服务节点之间的协作效率，提高不同运营商网络协同服务能力，甚至改变未来使用无线频谱资源的方式。

8）动态频谱共享技术

6G 的太赫兹频率特性使其网络密度骤增，动态频谱共享成为提高频谱效率、优化网络部署的重要手段。动态频谱共享采用智能化、分布式的频谱共享接入机制，通过灵活扩展频谱可用范围、优化频谱使用规则的方式，进一步满足未来 6G 系统频谱资源使用需求。未来结合 6G 大带宽、超高传输速率、空—天—海—地多场景等需求，基于授权和非授权频段持续优化频谱感知、认知无线电、频谱共享数据库、高效频谱监管技术是必然趋势。同时也可以推进区块链+动态频谱共享、AI+动态频谱共享等技术协同，实现 6G 时代网络智能化频谱共享和监管。

10.1.5　ITU 面向 2030 网络及 6G 的研究

虽然 ITU 目前尚未制定 6G 标准，但根据资料显示，2019 年 5 月 ITU 探讨过 IMT-2030 标准，认为 IMT-2030 旨在提供革命性的新用户体验，每用户的连接速度在 Tb/s 量级，并且提供一系列全新的感官信息，如触摸、味觉和嗅觉等。IMT-2030 在 5G 网络的基础上，将是一个由多种不同网络构成的混合网络，包括固定、移动蜂窝、高空平台、卫星和其他尚待定义的网络，可认为 IMT-2030 是 5G 的升级。

1. ITU-T 聚焦 2030 网络的研究

2018 年 7 月 16—27 日，ITU-T 第 13 研究组在日内瓦举行的会议上成立了 2030 网络技术焦点组（FG NET-2030），旨在探索面向 2030 年及以后的新兴 ICT 部门网络需求以及 IMT-2020（5G）系统的预期进展，包括新的媒体数据传输技术、新的网络服务和应用及其使能技术、新的网络架构及其演进。该研究统称为 "2030 网络"，从广泛的角度探索新的通信机制，不受现有的网络范例概念或任何特定的现有技术的限制，包括完全向后兼容的新理念、新架构、新协议和新的解决方案，以支持现有应用和未来的新应用。

"2030 网络" 焦点组由中国（华为）、美国（Verizon）和韩国（ETRI）联合提案发起，得到来自中国、美国、俄罗斯、意大利和突尼斯等众多国家的支持。值得一提的是，该焦点组的主席由华为网络技术实验室首席科学家 Richard Li 担任。此外，2030 网络焦点组还将与其他标准制定组织合作，包括欧洲电信标准协会（ETSI）、计算机协会数据通信专业组（ACM SIGCOMM）和电气电子工程师学会通信协会（IEEE ComSoc）等。FG NET-2030 作为研究和改进国际联网技术的平台，将研究 2030 年及以后的未来网络架构、需求、用例和网络功能，研究涉及以下内容：

①研究、审查和调查现有技术、平台和标准，以明确 2030 网络的差距和挑战；

②制定 "2030 网络" 的各个方面，包括愿景、需求、架构、应用、评估方法等；

③提供标准化路线图的指南；

④与其他 SDO 建立联系并建立关系；

⑤ "2030 网络" 专注于固定数据通信网络。

ITU-T 2030 网络焦点组成立至今，已经成功召开了多次全会，来自运营商、服务提供商、设备商、学术界等多家单位的代表积极踊跃出席会议，对该焦点组的工作及面向 2030 年的未来网络进行了广泛的探讨。目前，焦点组对 6G 网络提出了 3 个方面的目标，具体如图 10.1-2 所示。

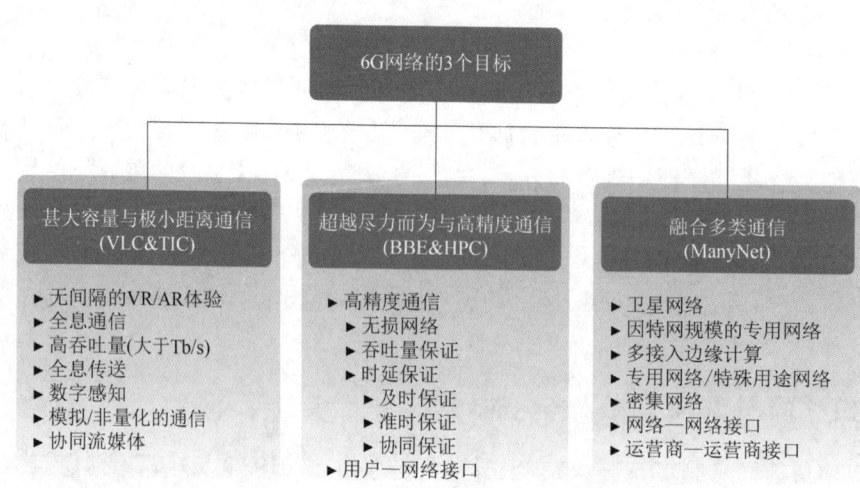

图 10.1-2　6G 网络提出的 3 个方面目标

2. ITU-R 正式启动 6G 研究

2020 年 2 月 19—26 日，在瑞士日内瓦召开的第 34 次国际电信联盟无线电通信部门 5D

工作组（ITU-R WP5D）会议上，面向 2030 及 6G 的研究工作正式启动。本次会议初步形成了 6G 研究时间表，包括未来技术趋势研究报告、未来技术展望建议等重要规划节点。ITU 将着手编写"未来技术趋势报告"，并于 2022 年 6 月完成。本报告描述了 5G 之后 IMT 系统的技术演进方向，包括 IMT 演进技术、高频谱效率技术和部署。此外，国际电联还于 2021 年上半年推出《未来技术展望建议书》，并于 2023 年 6 月完成。该建议书包含了面向 2030 年及之后 IMT 系统的总体目标，如应用场景、主要系统能力等。目前，ITU 已经发布了 6G 标准和无线接口技术框架，为下一代移动通信技术发展奠定了基础。

10.1.6　世界各国 6G 研究进展

1. 中国

中国已在国家层面正式启动 6G 研发。2019 年 11 月 3 日，中国成立国家 6G 技术研发推进工作组和总体专家组，标志着中国 6G 研发正式启动。目前涉及下一代宽带通信网络的相关技术研究，主要包括大规模无线通信物理层基础理论与技术、太赫兹无线通信技术与系统、面向基站的大规模无线通信新型天线与射频技术、兼容 C 波段的毫米波一体化射频前端系统关键技术、基于第三代化合物半导体的射频前端系统技术等。

技术研发方面，中国华为公司已经开始着手研发 6G 技术，它将与 5G 技术并行推进。华为在加拿大渥太华成立了 6G 研发实验室，目前正处于研发早期理论交流的阶段。华为提出，6G 将拥有更宽的频谱和更高的速率，应该拓展到海、陆、空甚至水下空间。在硬件方面，天线将更为重要。在软件方面，人工智能在 6G 通信中将扮演重要角色。在太赫兹通信技术领域，中国华讯方舟、四创电子、亨通光电等公司也已开始布局。2019 年 4 月 26 日，毫米波太赫兹产业发展联盟在北京成立。

运营商方面，中国电信、中国移动和中国联通均已启动 6G 研发工作。中国移动和清华大学建立了战略合作关系，双方将面向 6G 通信网络和下一代互联网技术等重点领域进行科学研究合作。中国电信正在研究以毫米波为主频、太赫兹为次频的 6G 技术。中国联通开展了 6G 太赫兹通信技术研究。

2. 美国

早在 2018 年，美国联邦通信委员会（FCC）官员就对 6G 系统进行了展望。2018 年 9 月，美国 FCC 官员首次在公开场合展望 6G 技术，提出 6G 将使用太赫兹频段，6G 基站容量将可达到 5G 基站的 1 000 倍。同时指出，美国现有的频谱分配机制将难以胜任 6G 时代对于频谱资源高效利用的需求，基于区块链的动态频谱共享技术将成为发展趋势。

2019 年，美国决定开放部分太赫兹频段，推动 6G 技术的研发实验。2019 年年初，美国总统特朗普公开表示要加快美国 6G 技术的发展。2019 年 3 月，FCC 宣布开放 95 GHz～3 THz 频段作为实验频谱，未来可能用于 6G 服务。

技术研究方面，美国目前主要通过赞助高校开展相关研究项目，主要是开展早期的 6G 技术，包含芯片的研究。纽约大学无线中心（NYU Wireless）正开展使用太赫兹频率的信道传输速率达 100 Gb/s 的无线技术。美国加州大学的 ComSenTer 研究中心获得了 2 750 万美元的赞助，开展"融合太赫兹通信与传感"的研究。加州大学欧文分校纳米通信集成电路实验室研发了一种工作频率在 115～135 GHz 之间微型无线芯片，在 30 cm 的距离上能实现 36 Gb/s 的传输速率。弗吉尼亚理工大学的研究认为，6G 将会学习并适应人类用户，智能机时代将走向终结，人们将见证可穿戴设备的通信发展。

美国在空—天—海—地一体化通信特别是卫星互联网通信方面遥遥领先。截至 2020 年 2 月底，美国太空探索技术公司（SpaceX）已顺利发射近 300 颗"星链"（Starlink）卫星，已成为迄今为止全世界拥有卫星数量最多的商业卫星运营商。该公司于 2020 年中期开始在美国提供卫星互联网宽带服务。

3. 韩国

作为全球第一个实现 5G 商用的国家，韩国同样是最早开展 6G 研发的国家之一。2019 年 4 月，韩国通信与信息科学研究院召开了 6G 论坛，正式宣布开始开展 6G 研究并组建了 6G 研究小组，任务是定义 6G 及其用例/应用以及开发 6G 核心技术。韩国总统文在寅在 2019 年 6 月访问芬兰时达成协议，两国将合作开发 6G 技术。2020 年 1 月，韩国政府宣布将于 2028 年在全球率先商用 6G。为此，韩国政府和企业将共同投资 9 760 亿韩元。韩国 6G 研发项目目前已通过了可行性调研的技术评估。此外，韩国科学与信息通信技术部公布的 14 个战略课题中把用于 6G 的 100 GHz 以上超高频段无线器件研发列为"首要"课题。

技术研发方面，韩国领先的通信企业已经组建了一批企业 6G 研究中心。韩国 LG 在 2019 年 1 月便宣布设立 6G 实验室；2019 年 6 月韩国最大的移动运营商 SK 宣布与爱立信和诺基亚建立战略合作伙伴关系，共同研发 6G 技术，推动韩国在 6G 通信市场上提早发展。三星电子也在 2019 年设立了 6G 研究中心，计划与 SK 电讯合作开发 6G 核心技术并探索 6G 商业模式，将把区块链、6G、AI 作为未来发力方向。

4. 日本

日本计划通过官民合作制定 2030 年实现"后 5G"（6G）的综合战略。据报道，该计划由日本东京大学校长担任主席，日本东芝等科技巨头公司将会全力提供技术支持，在 2020 年 6 月前汇总 6G 综合战略。日本经济产业省 2020 年投入了 2 200 亿日元的预算，主要用于启动 6G 研发。

日本在太赫兹等各项电子通信材料领域全球领先，优势明显，这是其发展 6G 的独特优势。广岛大学与信息通信研究机构（NICT）及松下公司合作，在全球最先实现了基于 CMOS 低成本工艺的 300 GHz 频段的太赫兹通信。日本电报电话公司（NTT）集团旗下的设备技术实验室利用磷化铟（InP）化合物半导体开发出传输速度可达 5G 5 倍的 6G 超高速芯片，目前存在的主要问题是传输距离极短，距离真正的商用还有相当长的一段距离。NTT 集团于 2019 年 6 月提出了名为"IOWN"的构想，希望该构想能成为全球标准。同时，NTT 还与索尼、英特尔三家公司在 6G 网络研发上合作，将于 2030 年前后推出这一网络技术。

5. 英国

英国是全球较早开展 6G 研究的国家之一，产业界对 6G 系统进行了初步展望。2019 年 6 月，英国电信集团（BT）首席网络架构师 Neil McRae 预计 6G 将在 2025 年得到商用，特征包括"5G+卫星网络（通信、遥测、导航）"、以"无线光纤"等技术实现的高性价比的超快宽带、广泛部署于各处的"纳米天线"、可飞行的传感器等。

技术研发方面，英国企业和大学开展了一些有益的探索。英国布朗大学实现了非直视太赫兹数据链路传输。GBK 国际集团组建了 6G 通信技术科研小组，并与马来西亚科技网

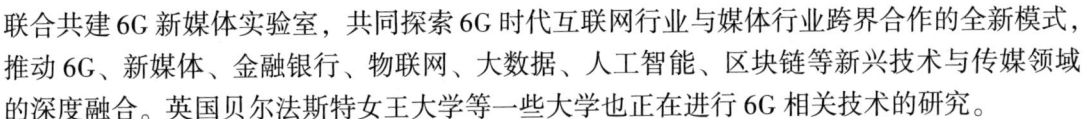

联合共建 6G 新媒体实验室，共同探索 6G 时代互联网行业与媒体行业跨界合作的全新模式，推动 6G、新媒体、金融银行、物联网、大数据、人工智能、区块链等新兴技术与传媒领域的深度融合。英国贝尔法斯特女王大学等一些大学也正在进行 6G 相关技术的研究。

6. 芬兰

芬兰信息技术走在世界前列，在大力推广 5G 技术的同时，率先发布了全球首份 6G 白皮书，对于 6G 愿景和技术应用进行了系统展望。2019 年 3 月，芬兰奥卢大学主办了全球首个 6G 峰会。2019 年 10 月，基于 6G 峰会专家的观点，奥卢大学发布了全球首份 6G 白皮书，提出 6G 将在 2030 年左右部署，6G 服务将无缝覆盖全球，人工智能将与 6G 网络深度融合，同时提出了 6G 网络传输速度、频段、时延、连接密度等关键指标。

芬兰已经启动了多个 6G 研究项目。奥卢大学计划在 8 年内为 6G 项目投入 2 540 万美元，已经启动 6G 旗舰研究计划。同时，诺基亚公司、奥卢大学与芬兰国家技术研究中心（VTT）合作开展了“6Genesis——支持 6G 的无线智能社会与生态系统”项目，将在未来 8 年投入超过 2.5 亿欧元的资金。

10.1.7　我国推进 6G 研发的相关建议

1. 加大 6G 候选频段研究力度

结合我国 5G 产业发展现状和 6G 研究需求，统筹开展 6G 频谱方案研究工作：一是考虑我国产业节奏和特点，积极推进高频毫米波、太赫兹等候选频段用于现有 5G 和未来 6G 通信网络的相关研究，做好通信产业发展的频谱资源储备；二是持续推进目前低中频频谱高效利用技术的研究，结合 6G 复杂融合场景开展动态频谱共享相关理论研究；三是鼓励支持产业各界加大与候选频谱相关的芯片、设备的技术标准制定、设备试验和研制工作，增加专项资本投入，加大研发力度，增强技术竞争力。

2. 推进 6G 国际化合作与发展

坚持 6G 全球统一标准的工作思路，积极开展国际合作。一是依托产业界力量，强化国内外运营商和设备商沟通协作，鼓励产业界上下游企业积极参与国际组织针对 6G 研究的相关议题，争取机会共同推动 6G 技术标准的制定，把握好全球产业趋势，提升产业协同发展和国际化能力。二是坚持自主创新与国际合作并行推进，在国内推动和建立产、学、研、用一体化的 6G 研发及应用体系，加强平台中各参与者之间的互动，加快 6G 的研发进度，力求掌握更多的知识产权，做好专利储备工作，便于更好地开展 6G 产业化战略部署。

3. 突破 6G 潜在关键技术

集中产业界力量突破 6G 潜在关键技术，推动我国 6G 通信设备和终端形成产业规模，在国际产业分工体系中占据有利地位。一是加大资金投入，设立多个细分领域专项课题组，鼓励产业链企业集中突破下一代信道编码、新一代天线射频、太赫兹通信、软件无线电、卫星互联网、人工智能、区块链、动态频谱共享等关键技术。二是积极推进关键产业基础储备，尤其是半导体材料等基础领域和高频器件等前沿领域，通过政策、资金倾斜鼓励高频段、大带宽的射频器件、测量仪器设备厂商开展专项技术突破。三是鼓励企业进行 6G 应用场景的前瞻研究和应用试验，积极引导相关企业开展跨行业协作，促进产业链各方协同发展形成合力，打造上下游生态环境。

10.2　本章小结

本章以 6G 移动通信的发展愿景和关键技术为基础，讲述 6G 总体愿景是基于 5G 愿景的进一步扩展和升级。从网络接入方式看，6G 将包含多样化的接入网，如移动蜂窝、卫星通信、无人机通信、水声通信、可见光通信等多种接入方式。从网络覆盖范围看，6G 愿景下将构建跨地域、跨空域、跨海域的空—天—海—地一体化网络，实现真正意义上的全球无缝覆盖。从网络性能指标看，6G 无论是传输速率、端到端时延、可靠性、连接数密度、频谱效率还是网络能效等方面都会有大的提升，从而满足各种垂直行业多样化的网络需求。从网络智能化程度看，6G 愿景下网络和用户将作为统一整体，AI 在赋能 6G 网络的同时，更重要的是深入挖掘用户的智能需求，每个用户都将通过 AI 助理（AI Assistant，AIA）提升用户体验。从网络服务的边界看，6G 的服务对象将从物理世界的人、机、物拓展至虚拟世界的"境"，通过物理世界和虚拟世界的连接，实现人—机—物—境的协作，满足人类精神和物质的全方位需求。

思考与练习

10.1　以下（　　）不是 6G 的性能指标和应用场景。

A. 全球覆盖　　　　B. 低成本效率　　　　C. 高能量　　　　D. 高智能化水平

10.2　6G 由于太赫兹和光频段的使用，其峰值速率可以达到（　　）。

A. 0.01 Tb/s　　　B. 0.1 Tb/s　　　C. 10 Tb/s　　　D. 100 Tb/s

10.3　6G 将进一步进行到（　　）交互。

A. 人—机　　　　B. 人—人　　　　C. 人—机—物　　　　D. 人—机—物—灵

10.4　6G 系统机器人和自主系统渴望（　　）。

A. 更高的可靠性　　B. 更宽带宽　　C. 更多频谱　　　D. 更低的时延

参 考 文 献

［1］ 刘良华，代才莉. 移动通信技术 ［M］. 北京：科学出版社，2018.

［2］ 杨秀清. 移动通信技术 ［M］. 北京：人民邮电出版社，2010.

［3］ 段丽. 移动通信技术 ［M］. 北京：人民邮电出版社，2009.